Sternbilder

Sternbilder

Text und Illustrationen von A. Rükl

DÖRFLER
NACHSCHLAGEWERKE

Aktualisierung der Zahlenangaben (insbesondere der Entfernungen) nach dem neuen Katalog HIPPARCOS (European Space Agency, 1997)

Text: Antonín Rükl
Übertragung aus dem Tschechischen: Jürgen Ostmeyer
Illustrationen und graphische Gestaltung: Antonín Rükl

ISBN 3-89555-189-9

1 2 3 4 5 8 7 6 5 4

3/15/39/52-02

INHALT

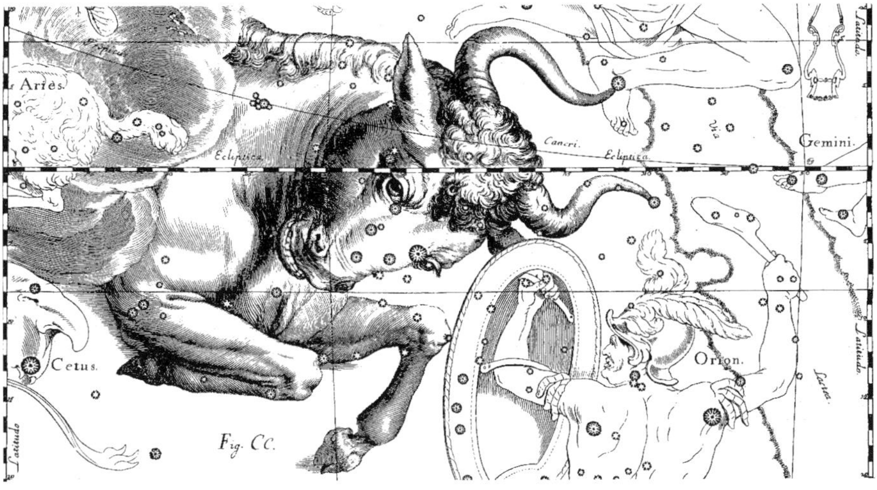

1. Das Sternbild Stier in Hevelius' Atlas von 1690.

EINLEITUNG

Die ältesten auf den heutigen Karten dargestellten Sternbilder stammen aus Mesopotamien, von den Bewohnern des Landstrichs zwischen Euphrat und Tigris, von den alten Sumerern, Babyloniern und anderen. Von diesen, aber auch von den alten Ägyptern übernahmen sie die Griechen, die dann viele weitere hinzufügten. Ein Lehrgedicht über die Sternbilder im Sinne der griechischen Mythologie verlaßte Aratos von Soli im 3. Jahrhundert v. Chr. Es hieß Phainomena – Himmelserscheinungen. Von diesem Gedicht ging der griechische Astronom Ptolemaios (Ptolemäus) aus, als er um das Jahr 150 ein Verzeichnis von 48 Sternbildern aufstellte, die zur Grundlage für die weitere Entwicklung der Sternkarten bis heute wurden.

Sternbilder wurden seit dem Altertum als komplizierte Figuren von Tieren, Fabelwesen, Heroen, Symbolen usw. beschrieben und dargestellt (Abb. 1). Es ging nicht nur um eine künstlerische Ausgestaltung von Karten; diese Figuren waren unentbehrliche Hilfsmittel für die eindeutige Beschreibung und Identifizierung der Sterne, als es noch keine modernen Bezeichnungsverfahren gab. Nur ausnahmsweise kamen sie als „aus Sternen zusammengesetzte Bilder“ zustande; ihr Sinn bestand jedenfalls darin, bestimmte Stellen am Himmel zuverlässig zu markieren.

Gegen Ende des 16. Jahrhunderts schlugen die beiden holländischen Seefahrer Pieter Dirckszoon Keyser und Frederick de Houtman 12 neue Sternbilder am südlichen Sternhimmel vor, die dann Johann Bayer (1572–1625) in seinen be-

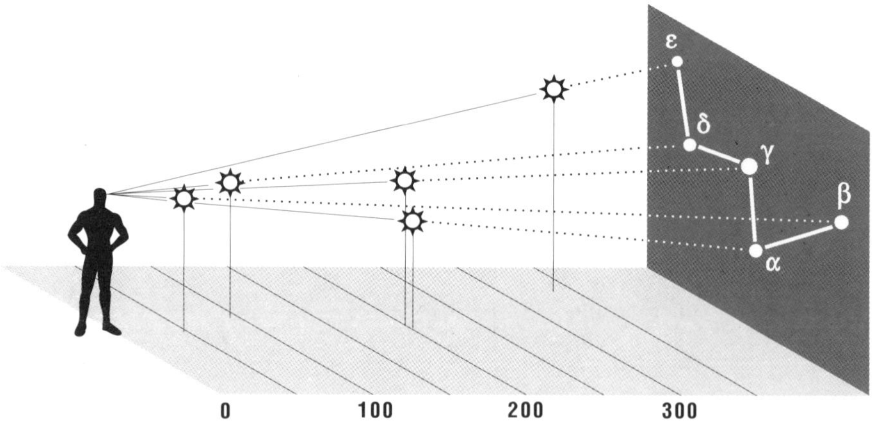

2. Sternbilder entstehen durch die Projektion zufälliger Gruppierungen auf dem Himmel.

deutenden Atlas „Uranometria“ aus dem Jahr 1603 aufnahm. Mit weiteren Sternbildern füllten der Danziger Astronom Johannes Hevelius (1611–1687) und vor allem der Franzose Nicolas Louis de Lacaille (1713–1762) das Firmament. Lacaille führte 14 neue Sternbilder ein, die er sämtlich nach wissenschaftlichen Instrumenten und Künstlerhilfsmitteln benannte. Noch im 19. Jahrhundert hatte jeder Kartograph die Möglichkeit, in der großen Sternengalerie etwas zu verbessern oder zu verderben.

Die definitive Einteilung des Sternhimmels in 88 Sternbilder erfolgte im Jahr 1930 durch die Internationale Astronomische Union (IAU). Seither gelten die Sternbilder als Teile des Sternhimmels, die von genau definierten Himmelsbreiten- und Längengraden umgrenzt werden. Internationale Gültigkeit haben auch die lateinischen Namen und ihre Abkürzungen, die in diesem Buch angeführt sind.

Die Sternbilder sind immer noch das beste Mittel für die schnelle Orientierung am Himmel. Daran ändert auch die Tatsache nichts, daß sie in der Phantasie von Menschen entstanden sind und nur eine Zufallsprojektion von Sternen auf den Nachthimmel darstellen oder daß sich diese Sterne in unterschiedlichen Entfernungen von uns befinden und sich in die verschiedensten Richtungen bewegen (Abb. 2). Innerhalb von einigen 10 000 Jahren verändern sich die meisten Sternbilder bis zur Unkenntlichkeit.

Sternbildsuche – wo, wann und wie?

Wie fängt man an? Am besten unter der Anleitung eines Kenners, der dem Einsteiger wenigstens die bekanntesten Sternbilder zeigen kann: den Großen Wagen, die Kassiopeia, den Orion, den Skorpion. Von diesen Stützpunkten ausgehend, kann man dann mit der Sternkarte in der Hand leicht weitere Sterngruppen ausfindig machen. Ein ausgezeichnetes Hilfsmittel für die Sternbild-Astronomie ist das Planetarium, das auf seiner Projektionskuppel einen künstlichen Sternhimmel entstehen läßt.

Unter freiem Himmel ist das ähnlich wie im Planetarium: man kommt sich vor wie im Inneren einer riesigen Hohlkugel, die sich langsam um den Betrachter dreht. An dieser imaginären Kugel – **der Himmelssphäre** – scheinen die Sterne festgemacht und ihre gegenseitige Stellung verändert sich nicht. Die Ursache für die Drehung der Himmelssphäre ist die Erdrotation. Wir sollten also unser Gedankenmodell so verbessern, daß sich inmitten der unendlich großen Himmelssphäre (die wir auf Abb. 3 stark verkleinert haben) um seine Nordsüdachse NS ein winziger Erdball dreht (den wir auf Abb. 3 gegenüber der Himmelssphäre ungemein vergrößert haben). Irgendwo auf dieser Erde steht nun ein Mensch und schaut in den Sternhimmel. Die Erde unter seinen Füßen ist so groß, daß sie ihm die komplette Hälfte der Himmelssphäre verdeckt. Was sieht also der Betrachter auf der verbliebenen Sphärenhälfte über dem Erdhorizont?

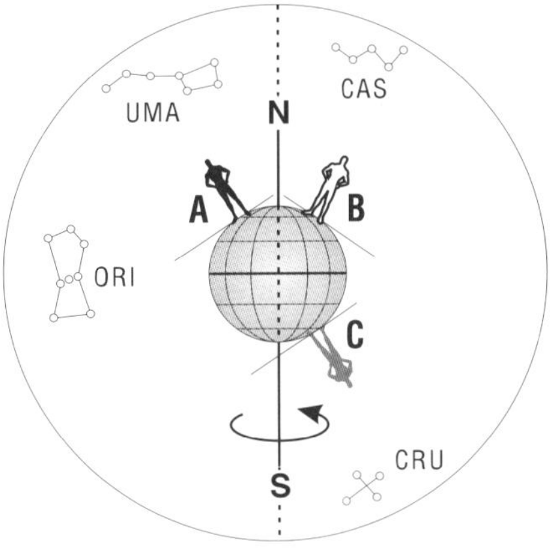

3. Die Himmelssphäre.

Die Erde ist rund, und so hat jeder Betrachter im Zenit, d.h. über seinem Kopf, andere Sterne: Herr A lebt auf der Nordhalbkugel und hat den Großen Wagen oder den Großen Bären (UMa) über seinem Kopf. Über Herrn C auf der Südhalbkugel strahlt das Kreuz des Südens (Cru), den großen Wagen hat er dort noch nie gesehen. Mr. B, über dem jetzt die Kassiopeia (Cas) im Zenit steht, lebt auf der gleichen geographischen Breite (Breitengrad) wie Herr A, allerdings am entgegengesetzten Längengrad, so daß die Drehbewegung der Erde ihn in 12 Stunden unter dem Großen Wagen hindurchführt. Jeder der Herren A, B und C bekommt hin und wieder das Sternbild Orion (Ori) zu Gesicht, das über dem Äquator liegt.

Von der geographischen Breite unseres Standorts hängt also die Auswahl der Sternbilder ab, die wir nacheinander an der sich drehenden Sphäre beobachten können. Um nun die Stellung der Sterne auf der Sphäre genauer beschreiben zu können, projizieren wir vom Erdmittelpunkt ausgehend das Gitternetz aus Län-

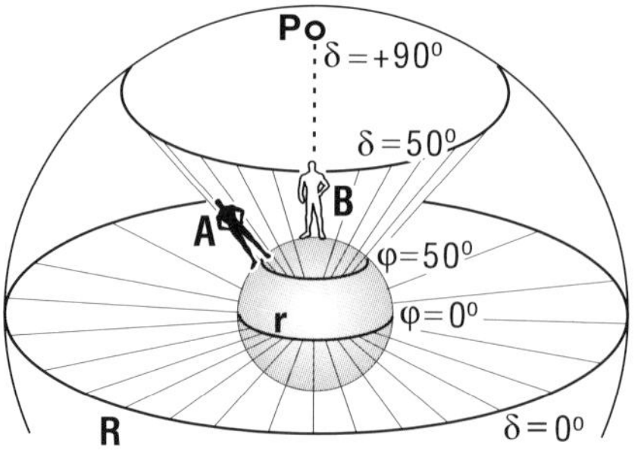

4. Geographische Breite und Deklination.

gen- und Breitengraden darauf. Auf Abb. 4 haben wir den Erdäquator **r** auf die Himmelssphäre projiziert und so den **Himmelsäquator R** erhalten, der diese Sphäre in eine Nord- und eine Südhalbkugel teilt. Auch den 50. nördlichen Breitenkreis, wo die Herren A und B stehen, haben wir auf den Himmel projiziert und so den 50. Grad nördlicher Deklination erhalten, δ = +50°. Das ist ganz simpel: Der geographischen Breite phi (φ) entspricht auf der Himmelssphäre die **Deklination** δ. Am Himmelsäquator ist die Deklination gleich Null, nördlich davon positiv, südlich negativ. Herr B, der auf dem Nordpol steht, hat über seinem Kopf den **Himmelsnordpol P**, dessen Deklination δ = +90° beträgt. Die Deklination wird in Bogengraden, -minuten und -sekunden angegeben (°; '; ") und ist üblicherweise auf Sternkarten zu sehen.

Wir wollen einmal versuchen, anhand von Abb. 5 zu bestimmen, welchen Abschnitt der Himmelssphäre Herr A auf 50° nördlicher Breite in seinem Gesichtskreis hat. Durch seinen **Zenit Z** verläuft der 50. Grad nördlicher Deklination δ = +50°. Der Himmelsäquator nähert sich also dem Zenit des Herrn A auf 50°. Auf die Sphäre haben wir den Horizont des Herrn A projiziert, die waagerechte Kreislinie **H (Horizont)**. Der Zenit steht immer 90° über dem Horizont, mit anderen Worten, der Kreisbogen, den man vom Zenit senkrecht über die Himmelssphäre auf den Horizont fällt, hat genau 90°, ist also ein Viertelkreis. Deshalb steigt hier der Himmelsäquator um die Differenz 90°–50° über den Horizont. Herr A hat also im Verlauf der Erdumdrehung die gesamte Nordhalbkugel vom Äquator bis zum Pol **P** in seinem Gesichtsfeld und kann zudem den bis zu 40° südlicher Deklination reichenden Teil der Südhalbkugel betrachten. Und noch eine wichtige Regel: Die Höhe des Himmelspols **P** über dem Horizont entspricht immer der geographischen Breite des Beobachterstandpunktes φ (auf Abb. 5 sind das 50°). Sterne, deren Winkelabstand vom Himmelspol kleiner als φ ist, sind **zirkumpolare**, d.h. nicht untergehende Sterne.

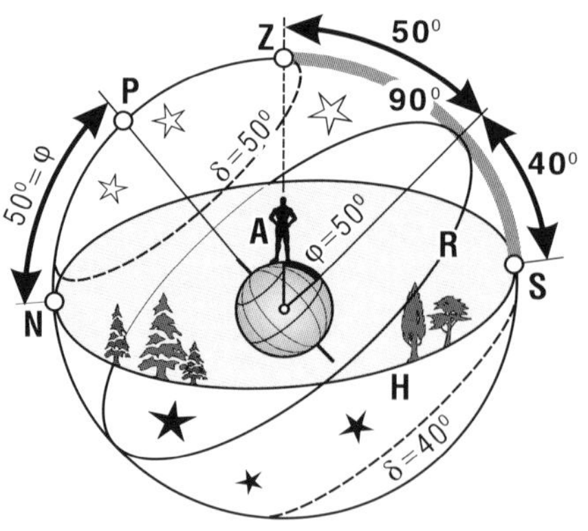

5. Der sichtbare Teil der Himmelssphäre.

Den besten Ausblick auf den Sternenhimmel hat man vom Äquator. Von dort sind Himmelsnordpol und -südpol zu sehen. Wie die Sternbilder der Reihe nach auf- und untergehen, kann man vom Äquator aus die gesamte

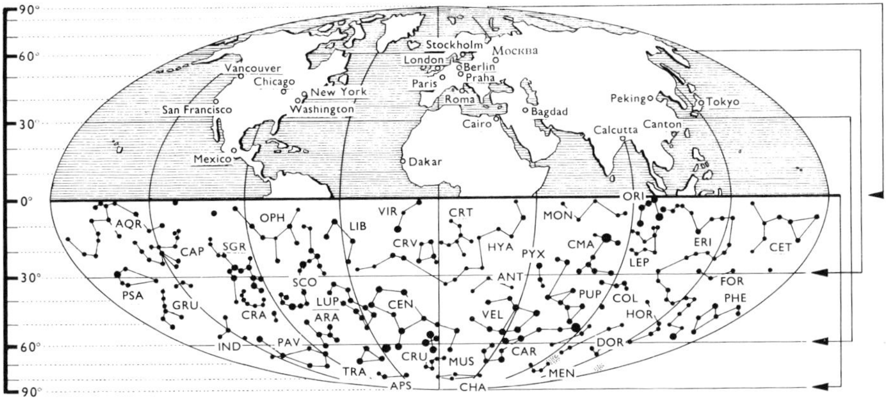

6. Wie weit südlich vom Himmelsäquator reicht die Sicht eines Bewohners der Nordhalbkugel? Dazu geht man von einer beliebig gewählten geographischen Breite (Breitengrad) 90° nach Süden. So bestimmt man die südlichste Deklination, bis zu der sich noch Sternbilder beobachten lassen. Von Kairo aus ist schon teilweise das Kreuz des Südens zu sehen.

Himmelssphäre betrachten. An den Polen kann man dagegen nur die Nord- oder Südhalbkugel überblicken. Andererseits gehen für den Beobachter am Pol die Sterne nicht auf und unter, sondern kreisen immer in der gleichen Höhe über dem Horizont.

Außer an den Polen kann man nirgends alle von der betreffenden Stelle aus sichtbaren Sternbilder gleichzeitig sehen. Man muß sich von der Erdrotation mitnehmen lassen und so nacheinander die auf- und untergehenden Sternbilder be-

7. Bewohner der Südhalbkugel überschauen die gesamte südliche Himmelsspähre, dazu einen Teil des nördlichen Sternhimmels bis in eine Entfernung von 90° von eigenem Breitengrad (südlicher Breite). Von Kapstadt aus kann man die Sternbilder Löwe, Zwillinge und Fuhrmann sehen, vom großen Bären aber nur einen Teil.

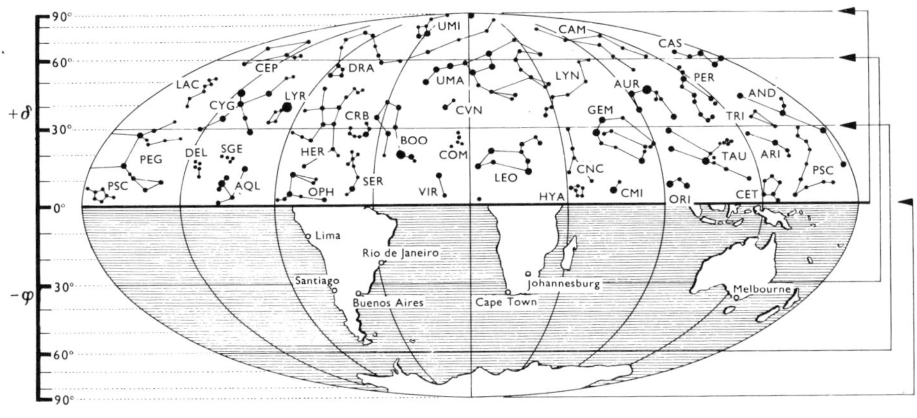

trachten, die an der sich vermeintlich um uns drehenden Himmelssphäre festgemacht scheinen. Man sollte also wissen oder voraussagen können, wie die Himmelssphäre – vom Betrachter aus gesehen – gedreht ist oder sein wird.

Dazu brauchen wir vor allem den **Meridian**. Gemeint ist aber nicht der Längenkreis auf der Erde, der in Nordsüdrichtung durch unseren Standpunkt verläuft, sondern der astronomische Mittagskreis **Meridian**, der auf der Himmelssphäre genau über dem Erdmeridian verläuft. Das ist ein höchst wichtiger und nützlicher Großkreis am Himmel, der vom Nordpunkt **N** am Horizont über den Himmelsnordpol **P** verläuft und weiter durch den Zenit **Z** zum Südpunkt **S**, wie Abb. 8 zeigt. Auf dem Meridian steht die Sonne genau am wahren Mittag. Die Richtung des Meridians (Nordsüdrichtung) bestimmen wir mit dem Kompaß oder dem Uhrzeiger: den kleinen Zeiger auf die Sonne richten und den Winkel zwischen kleinem Zeiger und Zwölf halbieren. Die Winkelhalbierende verläuft wie der Meridian **m** (Abb. 8).

Auf dem Meridian steht die Sonne am höchsten über dem Horizont. Auch die Sternbilder steigen auf dem Meridian am höchsten – sie kulminieren. Ein Äquatorsternbild wie z.B. der Orion durchläuft den Meridian 6 Stunden nach seinem Aufgehen, um dann weitere 6 Stunden nach Durchgang des Meridians wieder unterzugehen (Abb. 9). Der Meridian und der Himmelsäquator lassen auf der Sphäre eine höchst genaue Sternenuhr entstehen, die uns bestimmen hilft, wie die Himmelssphäre gerade gedreht ist. Das Zifferblatt der Sternenuhr stellt man sich auf dem Äquator so vor, daß von einem bestimmten, genau definierten Punkt aus – das ist der **Frühlingspunkt**, von dem auf S. 58 die Rede ist – der Äquator von Westen nach Osten in 24 gleiche Teile – die Stunden – eingeteilt wird. Auf Abb. 10 ist zu sehen, daß nicht nur der Äquator, sondern die gesamte Himmelssphäre von über die Pole verlaufenden Kreisen unterteilt ist wie eine geschälte Apfelsine. Das sind die **Stundenkreise**, das Gegenstück zu den Längengraden auf der Erde.

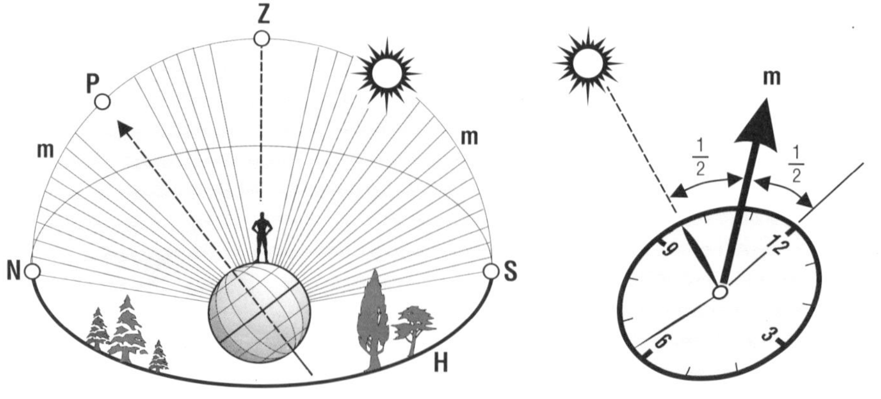

8. Meridian.

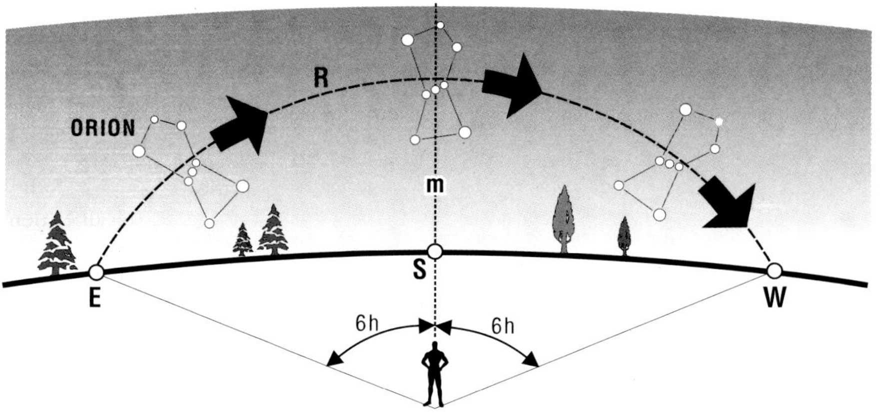

9. Die Sterne kulminieren auf dem Meridian.

Die **Sternzeit** oder siderische Zeit wird vom Meridian **m** angegeben; ihn muß man sich wie den Rand eines Riesenfächers vorstellen, der durch unseren (örtlichen) Längengrad geht und bis in den Himmel reicht. Wie ein Uhrzeiger zeigt der Meridian auf Äquator und Stundenkreisen die Sternzeit an. Auf jedem Erdmeridian herrscht natürlich im jeweiligen Augenblick eine andere Sternzeit. Auf dem Längengrad von Herrn A ist es gerade 2 Uhr Sternzeit (Abb. 10). Der in diesem Augenblick durch den Meridian gehende Stern hat die **Rektaszension** 2 h.

Die Rektaszension auf der Himmelssphäre ist das Gegenstück zur geographischen Länge auf der Erde. Die Deklination (S. 10) ist das Gegenstück zur geographischen Breite. Somit haben wir das grundlegende Koordinatensystem kennengelernt, das auf allen Sternhimmelkarten verwendet wird. Es ist das **Äquatorialkoordinatensystem**, in dem die Lage jedes Sterns durch ein Koordinatenpaar eindeutig definiert ist: Die **Rektaszension** α (alpha), gemessen von Frühlingspunkt ♈ in östlicher Richtung von 0 bis 24 Uhr, und die **Deklination** δ (delta) gemessen vom Äquator zu den Polen, von 0° bis 90° (Abb. 11). Am Himmel befindet sich also eine äußerst genaue Uhr. Jeder Stern hat seine eigene Rektaszension, die der Sternzeit des Augenblicks entspricht, in dem er durch den Meridian geht. Weiß man nun die momentane Sternzeit, weiß man zugleich, wie der Sternhimmel gerade gedreht ist. Um 6 Uhr Sternzeit ist immer der Orion am Meridian (Abb. 12).

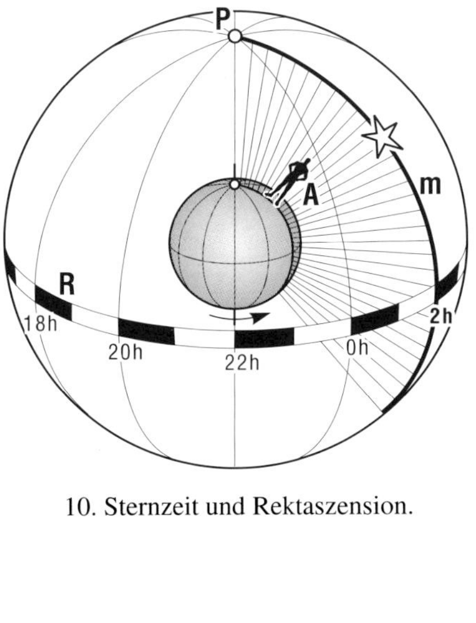

10. Sternzeit und Rektaszension.

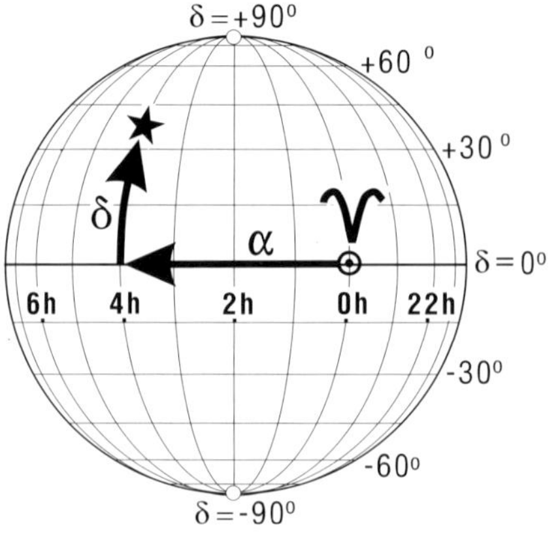

11. Äquatorkoordinaten der Sterne.

Wie erkennt man nun, wieviel Uhr es nach Sternzeit ist? In Sternwarten gibt es dafür eine besondere Uhr, für unseren Bedarf dürfte das Diagramm auf Abb. 13 genügen. Darin sind drei Angaben miteinander verbunden: Waagerecht verläuft das Datum, senkrecht die Zeit (das ist die Zonenzeit, wie sie jede Armbanduhr anzeigt, aber Vorsicht, im Sommer 1 Stunde abziehen!), auf den Schräglinien finden wir die Sternzeit. Dabei gehen wir folgendermaßen vor: Auf der waagerechten Skala wählen wir ein Datum (z.B. den 1.5.) und ziehen von dort eine senkrechte Linie. Dann wählen wir auf der senkrechten Skala die Beobachtungszeit (z.B. 20 h) und ziehen von dort eine Waagerechte. Der Schnittpunkt beider Hilfslinien gibt zwischen den schrägen Linien die Sternzeit an, in unserem Fall also 10 h 30 min.

Die Sternzeit sagt uns, welche Sternbilder gerade den Meridian passieren. Das sind die, in denen die Sternenrektaszension der Sternzeit nahe ist. Die Rektaszensionen werden auf allen Karten in diesem Buch in Stunden angegeben.

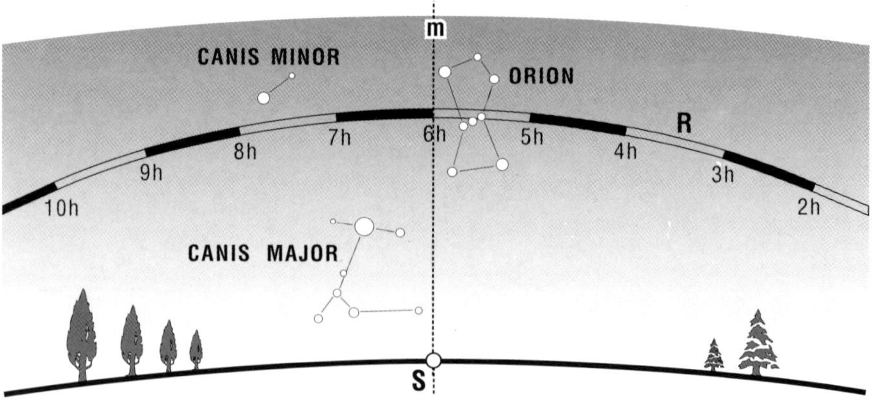

12. Anhand der Sternzeit weiß man, welche Sternbilder gerade zu sehen sind.

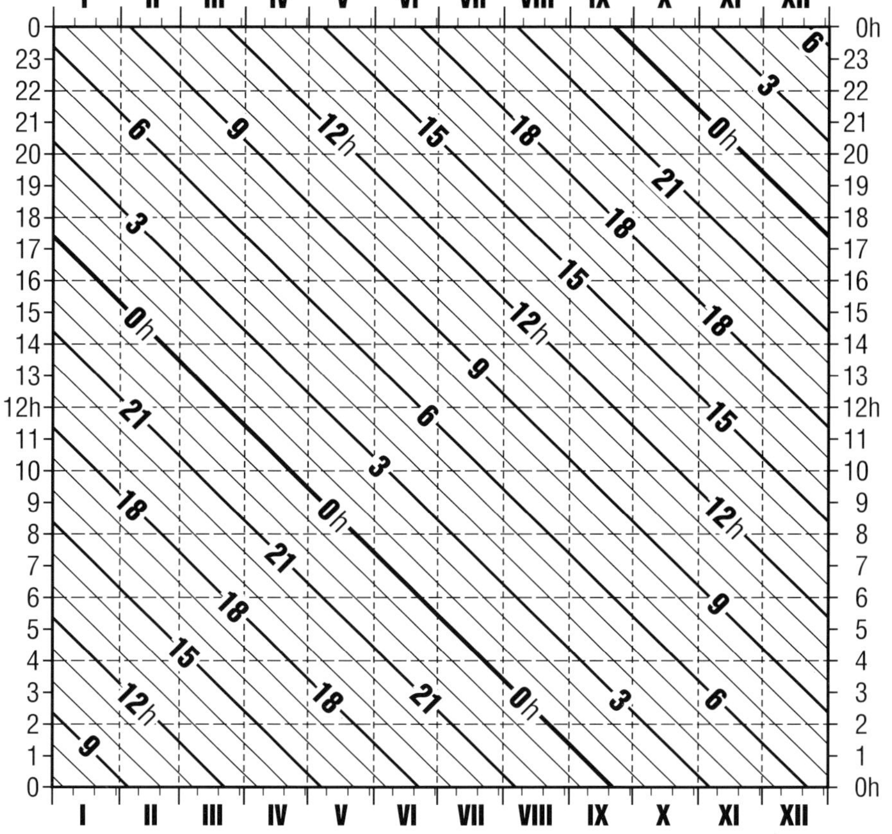

13. Diagramm für eine angenäherte Sternzeitbestimmung.

Tierkreis und Planeten

Das Aussehen des Sternhimmels und die Sichtbarkeit der Sternbilder hängen auch von der Jahreszeit ab, oder anders ausgedrückt, von der Stellung der Sonne zwischen den Sternen. Blickt man Anfang Mai nach der Sonne (Abb. 14), sieht man sie in Richtung des Sternbilds Widder (Aries). Der Widder und die ihm nahen Sternbilder sind zu dieser Zeit nicht zu sehen, da sie sich nur bei Tag über dem Horizont befinden. Einen Monat später, am 1. Juni, geht der Betrachterblick schon von einem anderen Punkt der Erdumlaufbahn aus, wir sehen die Sonne in Richtung des Sternbildes Stier (Taurus). So wandert die Sonne am Himmel von einem Sternbild zum anderen auf ihrer **Ekliptik** genannten Bahn.

Die Ekliptik durchzieht die zwölf Sternbilder des **Tierkreises**, die zu den ältesten Sternbildern überhaupt gehören. Das sind Widder, Stier, Zwillinge, Krebs, Löwe, Jungfrau, Waage, Skorpion, Schütze, Steinbock, Wassermann und Fische. Diese Sternbilder waren schon im alten Mesopotamien bekannt, vermutlich bereits im 6. Jahrtausend v. Chr., ursprünglich als Sterngruppen, die am Himmel wichtige Jahreszeiten, Tag- und Nachtgleiche sowie die Sonnenwende bezeichneten. Das ist z.B. beim Sternbild Waage ganz augenfällig, das vor 3-4 Jahrtausenden das Gleichgewicht zwischen Tag und Nacht in der Herbstäquinoktion symbolisierte. Nur sieben der zwölf Tierkreissternbilder sind tierisch. Es gibt aber noch mehr Ungereimtheiten: Die Ekliptik durchläuft in Wirklichkeit 13 Sternbilder! Das 13. ist der Schlangenträger (Ophiuchus), in dem sogar ein doppelt so langes Stück der Ekliptik liegt wie im benachbarten Skorpion. (s. Karten OPH und SCO auf S. 159 und 185.) Trotzdem wurde der Schlangenträger nie zum Tierkreis gezählt. Zeitablauf und Erdebewegung halten für den Anfänger in der Sternkunde eine weitere Schwierigkeit bereit: die **Tierkreiszeichen**.

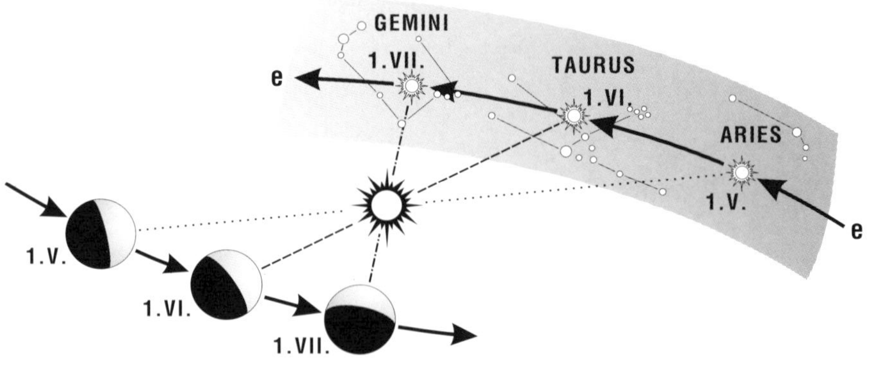

14. Tierkreissternbilder und Ekliptik.

♈	Aries (Widder)	♎	Libra (Waage)
♉	Taurus (Stier)	♏	Scorpius (Skorpion)
♊	Gemini (Zwillinge)	♐	Sagittarius (Schütze)
♋	Cancer (Krebs)	♑	Capricornus (Steinbock)
♌	Leo (Löwe)	♒	Aquarius (Wassermann)
♍	Virgo (Jungfrau)	♓	Pisces (Fische)

Durch die Sternbilder im Tierkreis wandert nicht nur die Sonne, sondern auch der Mond und die Planeten, anhand derer die alten Sterndeuter die Geschicke der Menschen und den Lauf der Dinge vorauszusagen suchten. Um besser die Lage der Planeten bestimmen zu können, teilten sie den Kreis zwischen 2000 und 1000 v. Chr. in 12 gleiche Teile zu je 30 Bogengraden (12 x 30° = 360°), also in 12 „Zeichen" ein. Das erste Zeichen, d.h. das erste Zwölftel der Ekliptik, beginnt am Schnittpunkt der Ekliptik mit dem Äquator an der Stelle, die die Sonne am 21. März passiert. Damit beginnt auf der Nordhalbkugel das astronomische Frühjahr, und deshalb heißt der besagte Schnittpunkt von Ekliptik und Äquator **Frühlingspunkt** oder auch der erste Punkt des Widders, da dort das Zeichen des Widders beginnt. Der Frühlingspunkt und das Tierkreiszeichen Widder haben das Symbol ♈ für die Widderhörner (s. oben).

Noch zu Beginn unserer Zeitrechnung lagen die Zeichen in den gleichnamigen Sternbildern. Infolge der Präzessionsbewegung der Erdachse (s. S. 58) verschiebt sich der Frühlingspunkt und mit ihm alle Zeichen langsam auf der Ekliptik, die sie in knapp 26 000 Jahren umlaufen. Die Karte auf S. 59 zeigt, daß der Frühlingspunkt derzeit im Sternbild **Fische** liegt, das Tierkreiszeichen Widder befindet sich ebenfalls in den Fischen. Der Unterschied zwischen den Begriffen **Tierkreiszeichen** und **Tierkreissternbilder** zeigt sich im Zeichen Schütze besonders krass, denn das reicht heute sogar über drei Sternbilder: Skorpion, Schlangenträger und Schütze.

Lassen wir die Tierkreiszeichen den Historikern und Astrologen und richten unsere Aufmerksamkeit auf die Tierkreissternbilder.

Wir lernen sie am Himmel erkennen und stellen anhand der Karten auf den Seiten 37 bis 43 fest, wie die Ekliptik verläuft. Oft kann man in einem der Tierkreissternbilder einen hellen Stern beobachten, der nicht auf der Karte verzeichnet ist. Das ist in der Regel einer der vier hellsten Planeten, also Venus, Mars, Jupiter oder Saturn. Planeten strahlen am Himmel in einem ruhigen Licht, im Gegensatz zu den Sternen, deren Schein flackert oder zittert. Diese sehr schnellen Helligkeitsschwankungen rühren von der Luftunruhe her und werden **Szintillation** genannt. Eine weitere Hilfe für die Planetenerkennung sind ihre Farbe und Helligkeit. Dabei leisten ein astronomisches Jahrbuch und selbstverständlich ein Fernrohr wertvolle Dienste – hier genügt meist ein guter Feldstecher.

Die **Venus** ist strahlend weiß und immer der hellste Körper am Sternenhimmel. Ihre Helligkeit schwankt zwischen $-3\overset{m}{.}5$ und $-4\overset{m}{.}5$ (^{m} = magnitudo, s. S. 20). Sie entfernt sich am Himmel nie sonderlich weit von der Sonne: Man sieht sie morgens als Morgenstern oder nach Sonnenuntergang als Abendstern. Mit einem kleinen Fernrohr kann man die Phasen des Planeten erkennen, seine Sichel, Viertel usw.

Der **Mars** hat eine rötlich-orange Färbung. Seine Helligkeit schwankt je nach Entfernung von der Erde von $+\,1\overset{m}{,}5$ bis $-\,2\overset{m}{,}8$.

Der **Jupiter** strahlt in weißem Licht und ist stets schwächer als die Venus, jedoch heller als Sirius, der hellste Stern am Himmel. Die Sterngröße des Jupiters schwankt zwischen $-\,1\overset{m}{,}6$ und $-\,2\overset{m}{,}3$. Mit einem Feldstecher kann man die vier hellsten Jupitermonde sehen.

Der **Saturn** ist schwach gelblich, seine Sterngröße wandelt sich von $+\,0\overset{m}{,}9$ bis $-\,0\overset{m}{,}1$. Im Fernrohr erscheinen die bekannten Saturnringe.

Ohne Fernrohr kann man gelegentlich auch den Planeten Merkur sehen, aber stets nur in der Dämmerung, unweit der Sonne, also kurz vor Sonnenauf- und kurz nach Sonnenuntergang. Informationen über die Sichtbarkeit des Merkurs bringen die astronomischen Jahrbücher, in denen man auch Angaben über die Beobachtung der Planeten Uranus, Neptun und Pluto findet (allerdings nur mit dem Fernrohr).

Die Planeten bewegen sich unweit der Ekliptik, und ihre Bahnen zwischen den Sternen sehen kompliziert verschlungen aus. Das kommt daher, daß wir die um die Sonne kreisenden Planeten von der sich bewegenden Erde aus sehen. Weitere Objekte des Sonnensystems wie Kleinplaneten und Kometen bewegen sich auf Bahnen, die sich in zahlreichen Fällen beträchtlich weit von der Ekliptik entfernen. Deshalb kann man sie nicht nur in den Tierkreis-, sondern auch in den übrigen Sternbildern zu Gesicht bekommen.

BILDTEIL

HIMMELSOBJEKTE – 1
Sterne

Sterne sind sehr heiße, Eigenlicht ausstrahlende Plasmakörper. Sie haben eine viel größere Masse als Planeten und in ihrem Inneren eine eigene thermonukleare Energiequelle. Als Vergleichsmaßstab für Durchmesser, Masse, Leuchtkraft und weitere Eigenschaften von Sternen wird oft die Sonne (1 Sonne, 1 ☉) angegeben, denn diese ist ein ganz normaler Stern.

Am Himmel sieht man die Sterne als unterschiedlich helle Punkte. Die Einheit für diese scheinbare Helligkeit heißt Magnitudo (lat. Größe) und wird mit einem kleinen, hochgestellten ^{m} abgekürzt. Die schwächsten noch mit dem bloßen Auge zu erkennenden Sterne sind etwa sechster Größe ($6\overset{m}{,}0$). Sehr helle Sterne haben die Größe $1\overset{m}{,}0$ (Spica), noch hellere haben nullte Größe ($0\overset{m}{,}0$, z.B. Wega), die allerhellsten Sterne haben eine negative Magnitudo (Sirius: $-1\overset{m}{,}4$).

In den Entfernungen der Sterne zu unserer Erde gibt es riesige Unterschiede, die sich natürlich auf die Magnitudo auswirken. Um nun die wahre **Leuchtkraft von Sternen** beurteilen zu können, wird ihre Magnitudo auf die sogenannte **absolute Helligkeit M** umgerechnet, die sie bei einer einheitlichen Entfernung von 32,6 Lichtjahren hätten. Das **Lichtjahr** (Lj) ist eine vor allem in der Populärliteratur verwendete Maßeinheit für die Entfernung. Ein Lichtjahr ist die Strecke, die ein Lichtstrahl in einem Jahr zurücklegt, das sind $9{,}46 \times 10^{12}$ km (annähernd 9,5 Billionen Kilometer).

Die Entfernung naher Sterne bestimmt man anhand der Größe ihrer parallaktischen Verschiebungen vor dem Hintergrund entfernterer Sterne (Abb. unten). Je weiter ein Stern von uns entfernt ist, desto kleiner sind die Winkel zwischen den Richtungen, die von verschiedenen Stellen der Erdumlaufbahn **o** um die Sonne **S** auf den Stern gefällt werden. Bei größeren Entfernungen, die Hunderte und Tausende von Lichtjahren betragen können, versagt diese trigonometrische Methode, die Entfernung zwischen den Himmelskörpern wird durch weit weniger genaue indirekte Methoden bestimmt. Deshalb darf man sich über die unterschiedlichen Entfernungsangaben bei einem und demselben Objekt in verschiedenen Quellen nicht wundern.

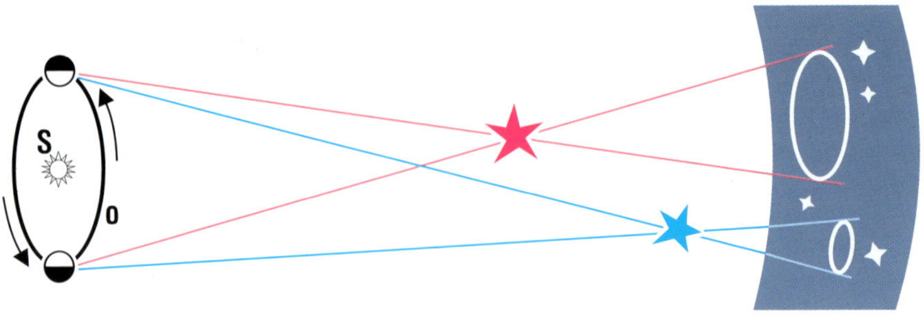

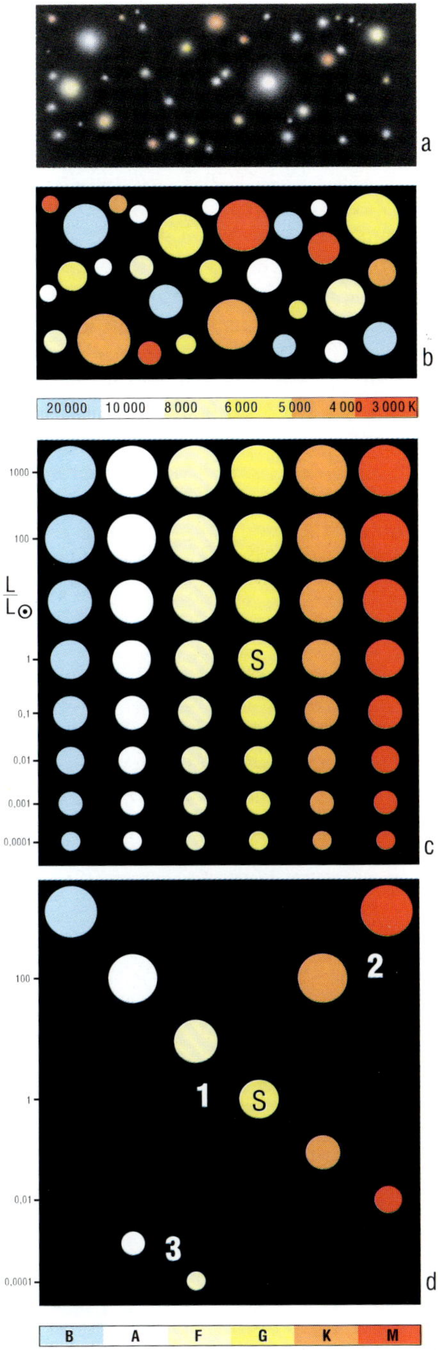

Leuchtkraft und Temperatur

Leuchtkraft und Temperatur sind bei den Sternen recht unterschiedlich. Die heißesten mit Oberflächentemperaturen von über 10 000 K (Kelvin) verstrahlen überwiegend blaues Licht, die kühlsten mit Temperaturen um 3 000 K sind rot (**a**). Die Leuchtkraft der Sterne wurde hier durch die Größe der Scheiben veranschaulicht (**b**); je größer die Leuchtkraft, desto größer die Scheibe des betreffenden Sterns. Damit soll angedeutet werden, daß Sterne mit einer größeren Oberfläche heller strahlen als kleinere, ebenso heiße. Die Farben entsprechen der Temperatur der Sterne laut beigefügter Wertskala.

Das chaotische Gewirr der Sternscheiben wollen wir sortieren und entsprechend der Größe (Leuchtkraft **L** im Verhältnis zur Leuchtkraft der Sonne **L** ⊙) und Farbe (Temperatur) in einem Diagramm darstellen, indem gleichfarbige Scheiben zu Säulen aufgestellt werden. So werden alle Sterne am Himmel sortiert, die Sonne **S** einbezogen, deren Leuchtkraft als Einheit zugrunde gelegt wird; ihre Oberflächentemperatur beträgt 6000 K. Man könnte nun annehmen, daß sich bei den Unmegen von Sternen ringsum zu jeder Farbe, d.h. Temperatur, ein kompletter Satz von Leuchtkraft-Scheiben einfinden muß (Abb. **c**). Das ist aber nicht der Fall.

Ganz gleich, wie groß die Zahl der herangezogenen Sterne ausfällt, ihre Scheiben versammeln sich bevorzugt an bestimmten Stellen des Diagramms, während andere leer bleiben (**d**). Das ist eine Folge der Sternentwicklung und deren Gesetzmäßigkeit. So sind wir in vereinfachter Form an das außerordentlich bedeutsame **Wärme-Leuchtkraft-Diagramm** gelangt, das auch als Hertzsprung-Russel-Diagramm oder **HRD** bekannt ist.

HIMMELSOBJEKTE – 2
Riesen und Zwerge

Im HRD (S. 21) reihen sich die allermeisten Sterne inklusive der Sonne **S** in die **Hauptreihe** (1) ein, die als ein zusammenhängender Streifen von links oben nach rechts unten durchs ganze Diagramm geht. Andere wichtige Sternarten stellen die **Riesen** und **Überriesen** (2) dar, ferner die **weißen Zwerge** (3). Die Leuchtkraft eines roten Riesen ist z.B. bei gleicher Temperatur eine Million mal größer als bei einem Zwerg.

Über die Temperatur und die weiteren Merkmale eines Sterns sagt sein **Spektrum** einiges aus, das durch die Zerlegung des Sternenlichts mit einem Glasprisma oder Beugungsgitter in einzelne Farbkomponenten zustandekommt. Das Aussehen des Spektrums entspricht der Temperatur des Sterns. Dementsprechend werden die Sterne in **Spektralklassen** eingeteilt. Die Unterschiede rühren nicht von unterschiedlichen chemischen Zusammensetzungen her, sondern vor allem von den unterschiedlichen Oberflächentemperaturen der Sterne. Alle Sterne bestehen in erster Linie aus Wasserstoff und Helium, die übrigen Elemente sind wesentlich schwächer vertreten. Auf dem Bild unten befinden sich Beispiele für Spektralbilder einiger heller Sterne mit unterschiedlichen Temperaturen. Die Wellenlänge ist in Nanometern (nm) angegeben.

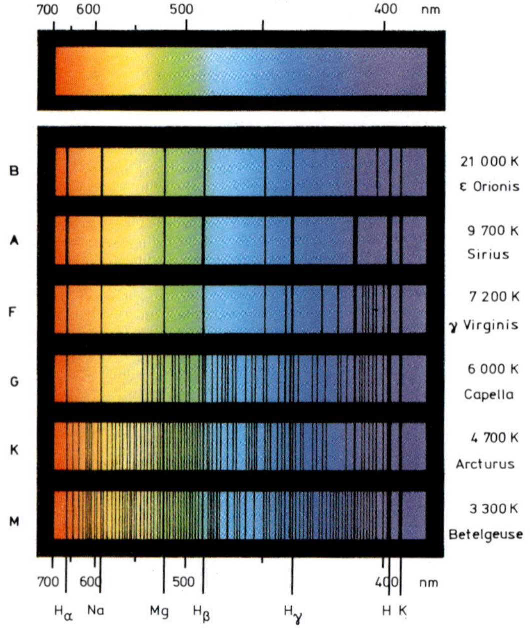

Sternspektren enthalten auf einem kontinuierlichen Farbhintergrund dunkle Linien (Absorptionslinien – die „Unterschriften chemischer Elemente“. Aufgrund von Vorkommen und Stärke bestimmter Spektrallinien in einem Sternenspektrum werden die Sterne in Spektralklassen eingeteilt, die mit den Buchstaben **O, B, A, F, G, K, M** bezeichnet werden; daneben existieren auch weitere, nur schwach vertretene Klassen. Jede Klasse zerfällt ihrerseits in zehn Unterklassen, z.B. G0, G1 bis G9, die einen der Klasse K0 nahestehenden Typ vorstellt.

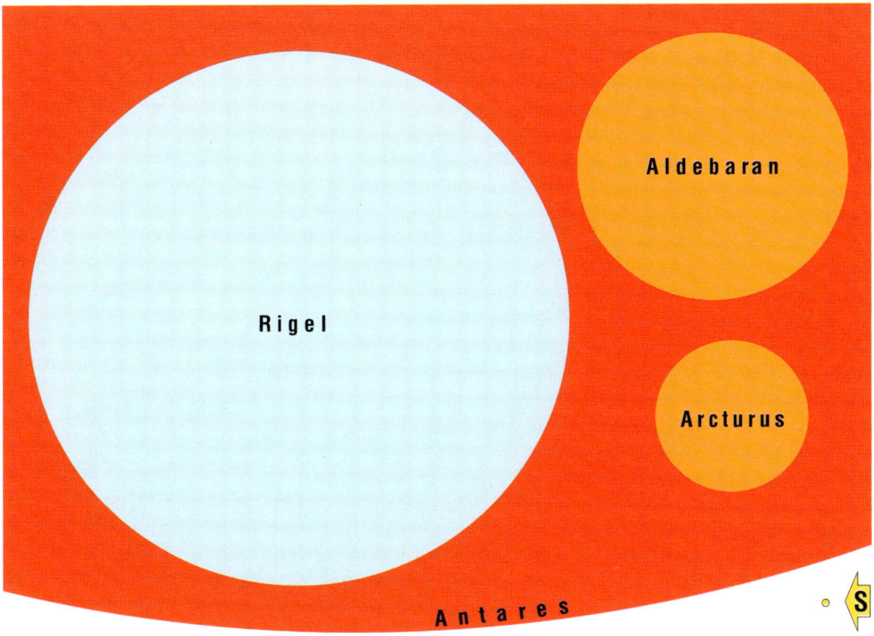

Auf dem oberen Bild wurden in gleichem Maßstab einige Sternriesen und Überriesen im Vergleich zur Sonne **S** dargestellt, deren Scheibe hier lediglich 1 mm Durchmesser aufweist.

Die untere Abbildung zeigt einen Ausschnitt der Sonne **S** (ihr Durchmesser wäre hier 110 cm) im Vergleich mit einigen roten und weißen Zwergen sowie mit der Erde **E**.

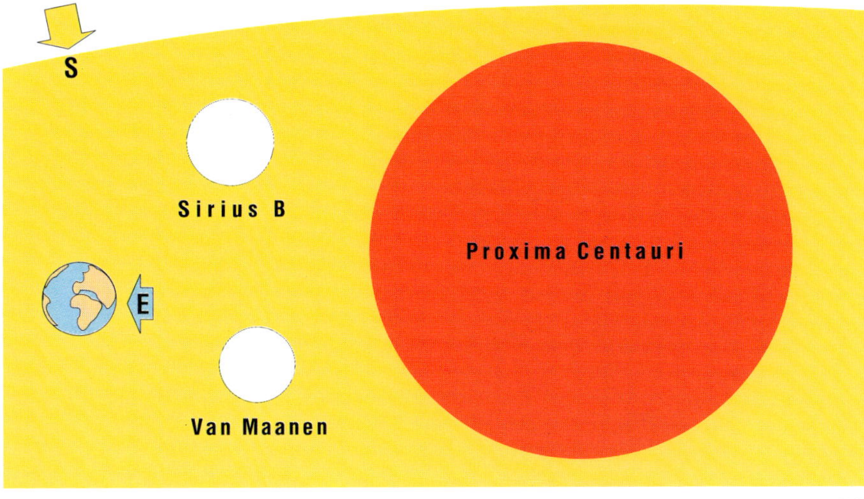

HIMMELSOBJEKTE – 3
Doppelsterne und Veränderliche

Doppel- und Mehrfachsterne sind die einfachsten Sternsysteme, zu ihnen gehören über die Hälfte aller am Himmel sichtbaren Sterne. Auf den Sternbildkarten werden hier nur die bekanntesten Beispiele verzeichnet. Kann man die beiden Komponenten mit dem Fernrohr auseinanderhalten, spricht man von einem **visuellen Doppelstern**; es gibt **physische** (wenn die Sterne um einen gemeinsamen Schwerpunkt kreisen) und **optische** (unterschiedlich weit entfernte Sterne projizieren sich durch Zufall nahe beieinander). Visuelle Doppelsterne gehören zu den beliebten Objekten für Amateurbeobachtungen und lassen sich sehr gut als Testobjekt für das Auflösungsvermögen eines Fernrohrs heranziehen. Sind sich beide Komponenten so nahe, daß man sie visuell nicht mehr auseinanderhalten kann und der Doppelcharakter des Objekts erst im Spektrum zum Vorschein kommt, spricht man von einem **spektroskopischen Doppelstern**. Besondere Aufmerksamkeit verdienen die **Bedeckungsveränderlichen**. Ihre Komponenten bedecken einander, was sich in regelmäßigen Helligkeitsschwankungen zeigt; das klassische Beispiel ist der Stern Algol im Perseus.

Veränderliche ändern regelmäßig oder unregelmäßig aus physikalischen Ursachen ihre Helligkeit, also weil sich ihr Durchmesser und ihre Oberflächentemperatur ändern. Es gibt viele Arten, auf unseren Karten sind nur einige besonders typische Beispiele eingezeichnet. Am häufigsten sind die pulsierenden Veränderlichen, z.B. die **Cepheiden**. Als Visitenkarte eines jeden Veränderlichen gilt seine **Lichtkurve**, d.h. die graphische Darstellung der Helligkeitsschwankungen im Zeitablauf.

Außerordentlich große Helligkeitsschwankungen rühren von Explosionsprozessen in den Entwicklungsendphasen der Sterne her. Je nach Charakter eines jähen Aufleuchtens unterscheidet man sogenannte neue Sterne – die **Novä –** und die gewaltigsten Erscheinungen dieser Art, die **Supernovä**.

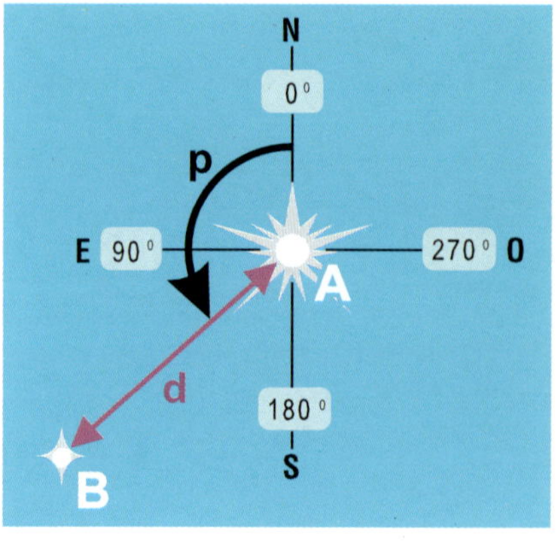

Die **Entfernung zwischen den Komponenten d** ist der Winkelabstand des Doppelsterns, normalerweise in Bogensekunden angegeben. Der **Positionswinkel p** gibt die Richtung von der helleren zur schwächeren Komponente an, in Bogengraden von Norden **N** (0°) nach Osten **E** (90°), Süden **S** (180°) und Westen **W** (270°) gemessen.

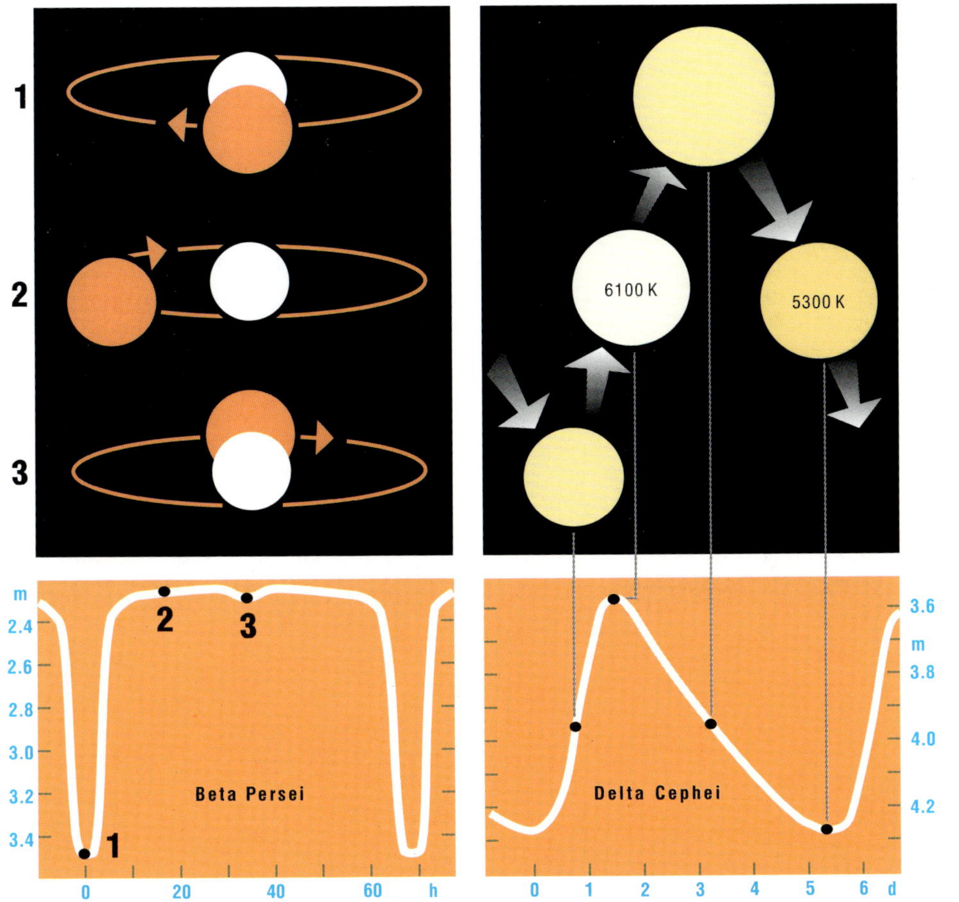

Links: **Beta Persei – Algol** ist ein typischer **Bedeckungsveränderlicher**. Der schwächere, kühlere, orangene Stern mit einer Oberflächentemperatur von 4500 K und einem 3,5mal größeren Durchmesser als die Sonne bedeckt regelmäßig den helleren, heißen Stern von 13 000 K und 2,9 Sonnendurchmessern. Die Helligkeit von Algol schwankt daher zwischen dem Maximum $2^{m}_{,}25$ und dem Minimum $3^{m}_{,}5$ in einer Periode von 68,8 h, wie die Lichtkurve links unten zeigt. Rechts: **Delta Cephei** ist ein Beispiel für die pulsierenden Veränderlichen oder **Cepheiden**. Er ist ein gelber Riese mit einem Durchmesser von 45 Sonnen. Die Außenschichten pulsieren (ihr Umfang schwillt und schrumpft abwechselnd), wobei der Sterndurchmesser um 5 %, d.h. rund 3 Millionen km (2 Sonnendurchmesser) schwankt. Die Temperatur schwankt zwischen 5300 K und 6100 K. Im Maximum ist der Stern 2900 mal, im Minimum 1300mal heller als unsere Sonne. Die Helligkeit von Delta Cephei schwankt zwischen $3^{m}_{,}5$ und $4^{m}_{,}4$ in einer Periode von 5,366341 Tagen (Lichtkurve rechts unten).

HIMMELSOBJEKTE – 4
Die Milchstraße

Die Sonne und alle am Himmel mit bloßem Auge und Amateurfernrohr sichtbaren Sterne sind nur winzige Teilchen einer gigantischen Sterneninsel, der **Galaxis** oder **Milchstraße**. Die Sonne ist knapp 30 000 Lj von der Galaxismitte entfernt, die in Richtung des Sternbildes Schütze (Sagittarius) liegt. Die Galaxis ist eine Kugelformation, doch die meisten Sterne sind in ihrer flachen, spiralig strukturierten Scheibe angehäuft. Der kugelförmige Zentralteil dieser Scheibe hat einen Durchmesser von rund 100 000 Lj und enthält einige hundert Milliarden Sterne. In der Nähe der Scheibenebene sind Wolken aus interstellarem Staub und Gas angehäuft; wenn man die Galaxis aus der Ferne von der Seite sehen könnte, müßten sie sich als ein dunkles Band bemerkbar machen, wie die schematische Abbildung auf der gegenüberliegenden Seite zeigt.

Die Interstellarmaterie läßt sich stellenweise als leuchtende oder dunkle **Nebel** beobachten. Unweit der Scheibenmittelebene kommen **offene Sternhaufen** vor. Die Scheibe wird von einem kugelförmigen „Halo" mit 100 000 Lj. Durchmesser eingehüllt, der alte Sterne und **Kugelsternhaufen** enthält (blaue Scheiben im Schema rechts). Noch weiter reicht die dünne galaktische Korona, die sich durch Gravitationswirkungen auf die Galaxisrotation bemerkbar macht.

Schaut man von der Sonne **S** in der Galaxisscheibenebene um sich, projizieren sich die umliegenden Sternenmassen und Spiralarme als ein silbriger Nebelstreifen auf die Himmelssphäre – die Milchstraße. Abseits von der Galaxismittelebene findet man „galaktische Fenster", durch die man entfernte Galaxien sehen kann.

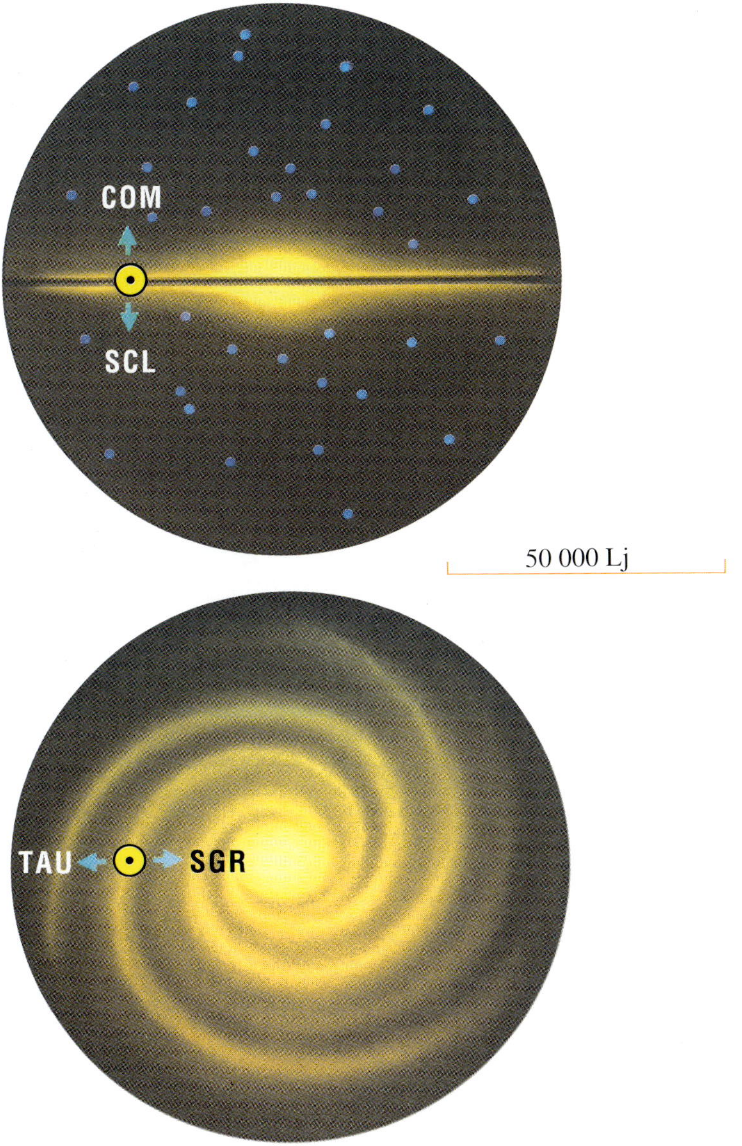

Oben die schematische Ansicht unserer Galaxis von der Seite. Das untere Bild zeigt die Draufsicht (Grundriß). Das gelbe Scheibchen gibt die Lage der Sonne an.

HIMMELSOBJEKTE – 5
Sternhaufen und Nebel

Sternhaufen und Nebel sind besonders beliebte Objekte für Amateurbeobachtungen. Manche sind als Nebelwölkchen unbestimmter Umrisse mit dem bloßen Auge, einem Feldstecher oder Kleinfernrohr zu finden. Eine Auswahl bieten auch die Sternbildkarten hier. In ihrer ganzen Schönheit kann man diese Objekte erst mit größeren Fernrohren sehen, vor allem durch fotografische und elektronische Beobachtungstechnik, die auch ganz schwache, für das Auge nicht mehr wahrnehmbare Strahlungen einfängt. Das Faszinierende an diesen kosmischen Objekten ist nicht so sehr das, was man sehen kann, sondern vor allem das, was wir dank der Mittel und Forschungsmethoden der modernen Astronomie darüber in Erfahrung gebracht haben.

Offene Sternhaufen bestehen größtenteils aus jungen, heißen Sternen, die aus einem gemeinsamen Nebel entstanden sind, sich gemeinsam entwikkelt haben und durch Schwerkraft aneinander gebunden sind. Sie haben in der Regel etwa enige zehn bis Hunderte Glieder und ihr wirklicher Durchmesser liegt bei 5-50 Lj. Bisher sind über 1000 bekannt. Sie kommen in der Nähe der Milchstraßenmittelebene vor.

Kugelsternhaufen enthalten normalerweise mehrere 10 000–100 000, sogar Millionen Sterne, die wesentlich älter sind als die in den offenen Sternhaufen. Kugelsternhaufen haben eine regelmäßige Kugelgestalt, in Richtung auf die Kugelmitte nimmt die Sternendichte zu. Der wirkliche Durchmesser von Kugelsternhaufen beträgt zwischen 50 und 300 Lj, bekannt sind rund 150. Sie gehörten zu den ältesten Formationen in der Galaxis.

Nebel sind Wolken aus Interstellarmaterie, Gas und Staub. In der Nähe sehr heißer Sterne werden die Gaswolken zum Selbstleuchten angeregt und zeigen sich als **diffuse Emissionsnebel** oder H-II-Regionen. Sie strahlen vornehmlich im roten Spektralbereich. Die **Reflexionsnebel**, in deren Licht blaue Färbung überwiegt, leuchten durch die Zerstreuung des Lichts kalter, in Staubwolken getauchter Sterne.

Planetarische Nebel entstehen um einige Typen sterbender Sterne, die die Außenhüllen ihrer Atmosphäre abwerfen. Die Zentralsterne solcher Nebel sind außerordentlich heiß (30 000 K bis 150 000 K) und bringen somit das Gas ihrer Nebel zur Fluoreszenz. Viele planetarische Nebel zeigen sich als runde Scheibe, so ähnlich wie die Planeten – daher ihr Name.

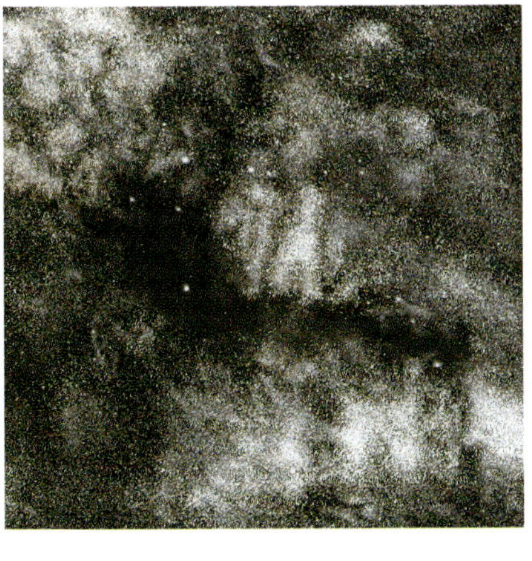

Dunkelwolken stellen ebenfalls Wolken aus Interstellarstaub und -gas dar, die sich aber weiter entfernt von hellen Sternen befinden und daher nicht leuchten. Die dunklen Wolken zeichnen sich deutlich vor dem Hintergrund hellerer Milchstraßenpartien ab. Oft lassen sie in Verbindung mit leuchtenden Nebeln Phantasiegebilde entstehen. Alle Nebel sind Ausgangsmaterial für die Entstehung weiterer Sterne.

HIMMELSOBJEKTE – 6
Galaxien

Die Galaxien sind die Grundbausteine des Alls. Sie sind Sternsysteme, die Hunderte Millionen bis Hunderte Milliarden Sterne aufnehmen, daneben freilich auch eine beträchtliche Menge interstellarer Materie. Einige ähneln unserer Galaxis, andere unterscheiden sich in Masse und Bau weitgehend von ihr. Mit kleineren Fernrohren kann man nur die hellsten und nächsten Galaxien erkennen, meist nur als unbestimmte Nebelwölkchen. Mit Großgeräten kann man in den näheren Galaxien auch einzelne Sterne, Sternhaufen und Nebel fotografieren. Auf Farbfotos erscheinen die Spiralarme der Galaxien dank der Strahlung junger, heißer Sterne, die in diesen Armen entstehen, bläulich.

Galaxien gesellen sich zu unterschiedlich umfangreichen Systemen oder Gruppen. Unsere Galaxis gehört zur sogenannten **Lokalen Gruppe**, die etwa 30 Galaxien einschließlich des bekannten Andromedanebels M 31 enthält (s. S. 46).

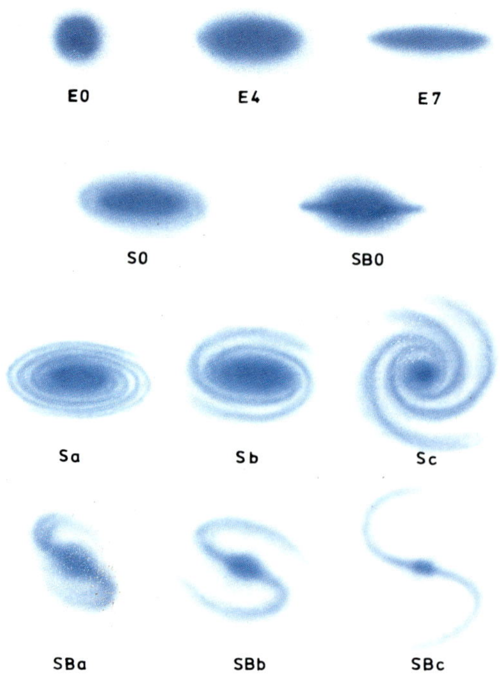

Klassifizierung der Galaxien laut Hubble. Je nach äußerem Bild werden Galaxien in **elliptische** (E), **spiralige** (S) und **balkenspiralige** (SB) eingeteilt. Je nach Entfaltung ihrer Spiralen und ihrer relativen Kerngröße werden die spiraligen in die Unterklassen a, b und c eingeteilt. Beim Typ SB (B – barred) setzen die Spiralarme an einem den Kern schneidenden Balken an. Unregelmäßig geformte Galaxien werden als Irr (irregular) bezeichnet.

Galaxien sind im Raum unterschiedlich orientiert (im Verhältnis zu uns als Beobachter), sie vermitteln uns eine Vorstellung, wie etwa unsere Galaxis – die Milchstraße – aus der Ferne aussehen müßte. Oben ein Bild der Galaxie M 101 im Sternbild Ursa Maior, die wir „von oben" sehen. Auf dem unteren Bild die Galaxie NGC 891 aus dem Sternbild Andromeda, die wir „von der Seite" beobachten.

Große Galaxiensysteme oder -haufen enthalten Hunderte und Tausende von Gliedern, in Superhaufen finden sich sogar Hunderttausende Galaxien zusammen. Die Beobachtung der Galaxien brachte die Entdeckung von der Expansion des Alls mit sich. Es hat sich herausgestellt, daß sich die Galaxien voneinander entfernen und das mit einer in Abhängigkeit von ihren Entfernungen immer größeren Geschwindigkeit. Die Fluchtgeschwindigkeit zeigt sich im Galaxisspektrum durch eine Verschiebung der Spektrallinien in Richtung auf das rote Spektrumende (sog. Rotverschiebung). Dieses Phänomen wird zur Entfernungsbestimmung von Galaxien herangezogen.

STERNKARTEN

Der Bildteil des vorliegenden Buches enthält zwei Sternkartensätze: Übersichtskarten des gesamten Sternhimmels auf den Seiten 33–45 und Karten der einzelnen Sternbilder auf den Seiten 47–215. Die **Übersichtskarten** dienen der allgemeinen Orientierung am Sternhimmel und der Erkennung von Sternbildern. Von den althergebrachten Figuren sind auf den modernen Karten nur die Namen, die komplizierten Sternbildgrenzen sowie die Namen besonders heller Sterne übriggeblieben, die ursprünglich die Lage des Sterns in der Sternbildfigur bezeichneten. Heute ist es üblich, nur helle Sterne in einem Sternbild zu einprägsamen Figuren zusammenzustellen.

Die **Karten der einzelnen Sternbilder** machen den Leser mit den Himmelsobjekten, ihrer Lage, Bezeichnung usw. bekannt. Weitere Informationen sind in Begleittext und Illustrationen zu finden. Alle Karten sind im gleichen Maßstab gedruckt, und um eine Vorstellung von der Größe des jeweiligen Sternbilds am Himmel zu geben, wurde als Maßstab das Siebengestirn des Großen Wagens beigegeben. Die Abkürzungen der Sternbilder wurden in drei Farben ausgeführt: **Rot** für die am nördlichen Sternhimmel, **Orange** für Sternbilder, durch die der Himmelsäquator verläuft, und **Gelb** für den südlichen Sternhimmel. Die Grenzen zwischen den einzelnen Sternbildern werden von strichpunktierten Linien markiert.

Helle Sterne werden mit ihren traditionellen Namen oder kleinen griechischen Buchstaben bezeichnet (Bayer-Buchstaben). Zum griechischen Buchstaben kommt dann der lateinische Name der Sternbilds im Genitiv oder eine Dreibuchstaben-Abkürzung, z.B. Beta Orionis – Beta Ori. Häufig ist auch die Bezeichnung von Sternen mit Flamsteed-Nummern, z.B. 70 Ophiuchi. Daneben gibt es noch eine ganze Reihe weiterer Systeme zur Bezeichnung von Sternen und sonstigen Objekten anhand der Nummern in verschiedenen Katalogen. Helle Sternhaufen, Nebel und Galaxien (Deep-Sky-Objekte) sind unter den Nummern in Messiers Katalog oder unter ihren Namen am bekanntesten, z.B. M 20 – Trifid (S. 183). Ansonsten werden diese Objekte häufig mit den Nummern des NGC – New General Catalogue, IC – Index Catalogue u.a. bezeichnet. Unsere Karten enthalten Sterne bis zu $5^{m}_{.}2$ sowie eine Auswahl interessanter (auch schwächerer) Himmelsobjekte, die vielfach für Amateurbeobachtungen geeignet sind.

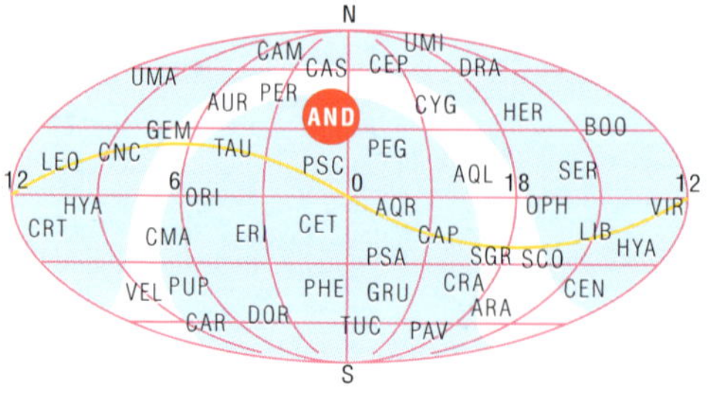

Die Orientierungskarten informieren über die Lage des betreffenden Sternbilds (durch Farbscheibe markiert – hier die Andromeda) an der Himmelssphäre. Das Milchstraßenband ist schematisch dargestellt, die Ekliptik gelb.

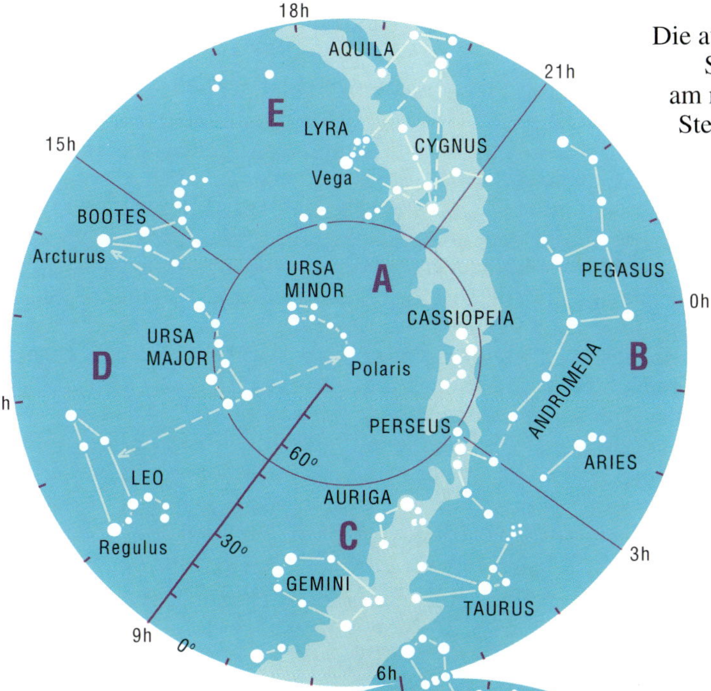

Die aufälligsten Sternbilder am nördlichen Sternhimmel.

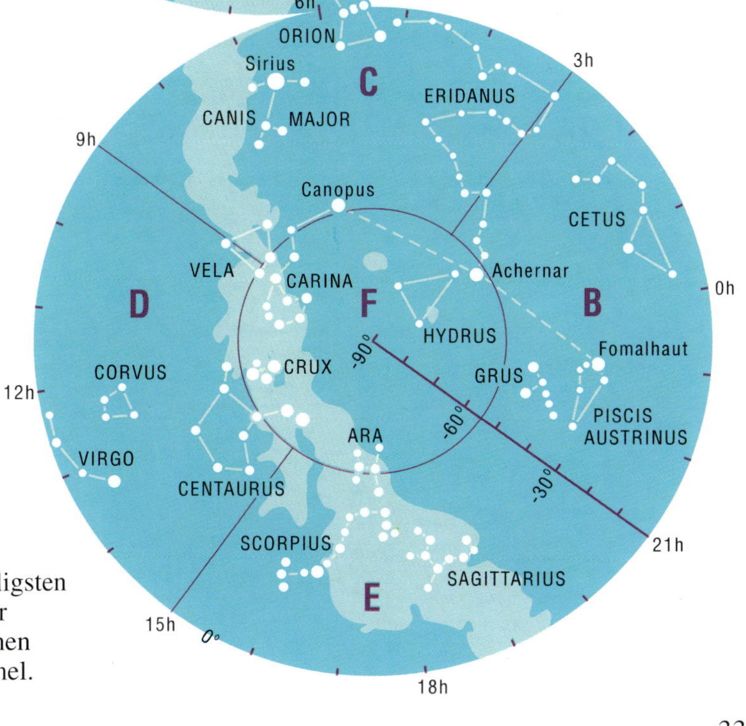

Die auffälligsten Sternbilder am südlichen Sternhimmel.

Sternbilder rings um den Himmelsnordpol

Die Übersichtskarten der folgenden Seiten zeigen Lage und Grenzen der Sternbilder, die dann auf den Seiten 47–215 detaillierter dargestellt sind. Die Äquatorialkoordinaten, d.h. Rektaszension und Deklination, gelten auf allen diesen Sternkarten für die Epoche 2000,0. (s. S. 58 u. 59 über die Präzession)

Das augenfälligste Sternbild in Nordpolnähe ist **Ursa Maior** (Großer Bär), zu dem das als **Großer Wagen** bekannte Siebengestirn gehört. Für die Bewohner der Nordhalbkugel ist dies das bekannteste Sternbild überhaupt und jeder, der den Sternhimmel kennenlernen will, sollte hier anfangen. Die Verbindungslinie der Sterne Dubhe und Merak zielt zum Polarstern (Polaris) im Sternbild **Ursa Minor** (Kleiner Bär), das auch **Kleiner Wagen** heißt. Der Polarstern liegt knapp ein Grad neben dem Nordpol (Kartenmitte). Zwischen beiden Bären windet sich das Sternbild **Draco** (Drache) mit seinem viereckigen Kopf.

Geht man vom Großen Wagen über den Polarstern genauso weit auf die andere Seite des Pols, findet man in der Milchstraße die fünf hellsten Sterne der **Cassiopeia** (Kassiopeia) in Form eines M oder – umgekehrt – eines W. Auch dieses Sternbild ist eins der bekanntesten am ganzen Nordhimmel. In seiner Nähe findet man den offenen Doppelsternhaufen Chi, h im Perseus, der mit dem bloßen Auge als ein Nebelwölkchen zu sehen ist. Zwischen Kassiopeia und Drachen liegt das nicht besonders deutliche Sternbild **Cepheus** (Kepheus). Von den Sternbildern **Camelopardalis** (Giraffe) und **Lynx** (Luchs) pflegen Amateurastronomen zu sagen, sie lägen „dort, wo nichts ist“. Sie bestehen nämlich aus ganz schwachen Sternchen, die nur bei sehr guten Beobachtungsbedingungen sichtbar werden.

Auf der Karte ist auch der 50. Grad nördlicher Deklination verzeichnet. Alle Sternbilder innerhalb dieser Kreislinie sind für die Beobachter auf dem 40. nördlichen Breitengrad zirkumpolar, d.h. sie gehen nicht unter. Allgemein gilt, daß zirkumpolare Sterne solche sind, deren Winkelabstand vom Himmelspol geringer ist als die geographische Breite des Beobachtungsortes (wie auf Abb. 5, S. 10 dargestellt).

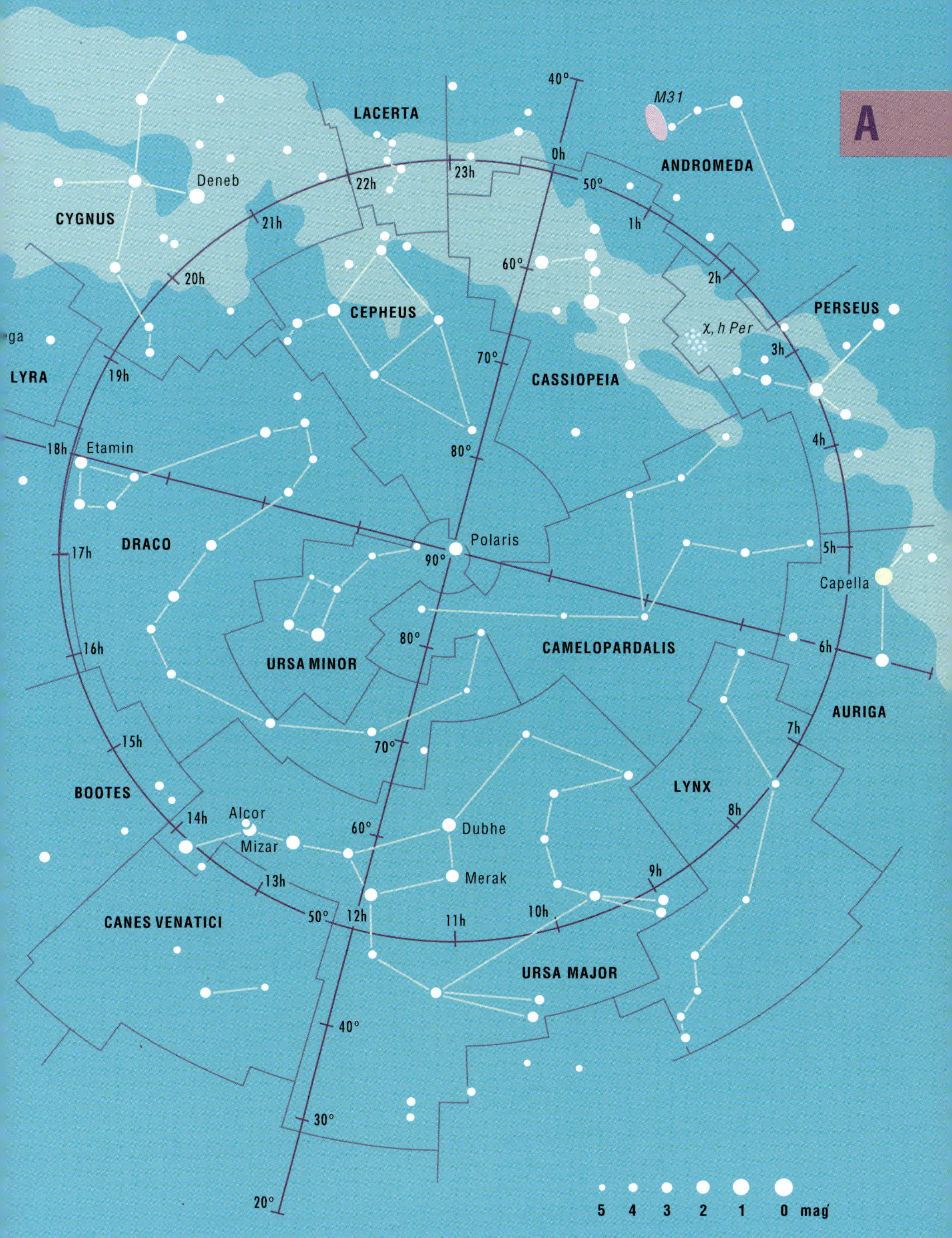
A
CYGNUS
Deneb
LACERTA
ANDROMEDA
M31
PERSEUS
χ, h Per
CEPHEUS
CASSIOPEIA
LYRA
DRACO
Etamin
Polaris
URSA MINOR
CAMELOPARDALIS
Capella
AURIGA
LYNX
BOOTES
Alcor
Mizar
Dubhe
Merak
CANES VENATICI
URSA MAJOR
0h
1h
2h
3h
4h
5h
6h
7h
8h
9h
10h
11h
12h
13h
14h
15h
16h
17h
18h
19h
20h
21h
22h
23h
20°
30°
40°
50°
60°
70°
80°
90°
5 4 3 2 1 0 mag

Herbststernbilder

Die folgenden vier Karten zeigen die Sternbilder, eingeteilt nach den Jahreszeiten (der Nordhalbkugel). Diese Sternbilder sind jeweils den größten Teil der Nacht sichtbar.

Am Herbststernhimmel dominiert das **Pegasus-Viereck** aus den Sternen Alpha, Beta, Gamma **Pegasi** und dem Stern Sirrah aus dem Nachbarsternbild **Andromeda**. Fügt man zu diesem Viereck noch die Sterne Mirach und Alamak aus der Andromeda und den Algol im Perseus hinzu, erhält man am Himmel ein Bild, daß wie eine Vergrößerung des Siebengestirns, also des Großen Wagens aussieht. Es soll uns als Orientierungsgrundlage dienen, von der wir ausgehen. Darüber steht das auffällige große **W** der Kassiopeia, südlich der Andromeda liegen zwei kleine Sternbilder: **Triangulum** (Dreieck) und **Aries** (Widder).

Das Pegasus-Viereck reicht mit seiner Südostspitze in das offene „V" des Sternbilds **Pisces** (Fische). Das ist ebenso unauffällig wie der benachbarte **Aquarius** (Wassermann), den man sich wohl am ehesten anhand der typischen Sterngruppe auf dem Äquator merken kann, die aus Figuralkarten als der Krug bekannt sind, aus dem der Wassermann sein Wasser gießt. Etwas deutlicher ist **Capricornus** (Steinbock), auf der Ekliptik südwestlich vom Dreieckskopf des Pegasus. Der Buchstabe „V" im Sternbild Fische zielt wie ein großer Pfeil auf die Mitte des Sternbilds **Cetus** (Walfisch).

Auf der Südhalbkugel kann man in diesem Bereich versuchen, vor allem die hellsten Sterne zu finden, d.h. Fomalhaut im Sternbild **Piscis Austrinus** (Südlicher Fisch) und den Achernar im sehr langen **Eridanus** (Eridanus). Gemeinsam mit dem Canopus im Sternbild **Carina** (Schiffskiel) bilden die genannten Sterne ein auffälliges, nahezu auf einer Geraden liegendes Dreigestirn, das bei der Orientierung gute Dienste tut. Südlich von Fomalhaut liegt **Grus** (Kranich), in der Nähe von Achernar der **Phoenix**. Die schwachen Sternchen in den Sternbildern **Fornax** (Ofen, Chemischer Ofen), **Sculptor** (Bildhauer) und **Microscopium** (Mikroskop) sind nur bei ausgezeichneten Beobachtungsbedingungen an Orten zu sehen, wo dieser Himmelsabschnitt hoch genug über den Horizont aufsteigt.

B
CEPHEUS
Cih
χ, h
CASSIOPEIA
PERSEUS
Algol
Alamak
ANDROMEDA
M31
Mirach
Deneb
LACERTA
CYGNUS
TRIANGULUM
Sirrah
Hamal
ARIES
PISCES
PEGASUS
Enif
EQUULEUS
Mira
CETUS
Deneb Kaitos
AQUARIUS
CAPRICORNUS
FORNAX
SCULPTOR
Fomalhaut
PISCIS AUSTRINUS
MICROSCOPIUM
ERIDANUS
PHOENIX
GRUS
HOROLOGIUM
Achernar
INDUS
RETICULUM
TUCANA
60°
50°
40°
30°
20°
10°
0°
-10°
-20°
-30°
-40°
-50°
-60°
3h
2h
1h
0h
23h
22h
21h
e

Wintersternbilder

Der Wintersternhimmel prangt mit hellen Sternen, und die Orientierung ist auch für den Einsteiger leicht. Das beherrschende Sternbild ist der **Orion**, dessen hellste Sterne ein deutliches Viereck mit drei regelmäßig angeordneten Sternen in der Mitte bilden. Die ganze Gruppe ähnelt einem Schmetterling mit gespreizten Flügeln. Nach der ursprünglichen figürlichen Vorstellung vom Jäger Orion heißt das mittlere Dreigestirn „Gürtel des Orion". Der nördlichste Stern im „Gürtel" liegt sehr nahe beim Äquator. Der nach Norden verlängerte Gürtel zeigt auf den orange gefärbten Aldebaran im Sternbild **Taurus** (Stier). Noch weiter auf dieser Linie liegt eine auffällige Gruppe, die Plejaden. Zwischen den Plejaden und der Kassiopeia bilden die Sterne des **Perseus** eine Brücke. Unweit davon strahlt einer der hellsten Sterne am Himmel, Capella im Sternbild **Auriga** (Fuhrmann). Die Verbindung zwischen den Sternen Rigel und Beteigeuze im Orion zielt auf das Sternbild **Gemini** (Zwillinge), das man sich anhand der Sterne Castor und Pollux merkt. In deren Nachbarschaft befindet sich das unauffällige Sternbild **Cancer** (Krebs).

Nach der alten Sage wurde der Jäger Orion von zwei Hunden begleitet, einem großen und einem kleinen. Zum Sternbild **Canis Maior** (Großer Hund) weist die Verbindungslinie der Sterne im Gürtel des Orion. Der hellste Stern im Großen Hund – der Sirius – ist zugleich der hellste Stern am ganzen Himmel. Zwischen dem Sirius und den Zwillingen findet man das Sternbild **Canis Minor** (Kleiner Hund) mit dem hellen Procyon.

Zur Orientierung am Winterhimmel dient das **„Wintersechseck",** an dessen Ecken die Sterne Capella – Aldebaran – Rigel – Sirius – Procyon – Pollux nebst Castor strahlen. Weniger bekannt, aber auch nützlich bei der Orientierung ist das **„Winterdreieck"** Procyon – Beteigeuze – Sirius.

Geht man vom Sirius längs der Milchstraße nach Süden, findet man die Sternbilder **Vela** (Segel) und **Carina** (Schiffskiel). Der Stern Alpha Carinae – Canopus ist nach dem Sirius der hellste Stern am Himmel und wird oft bei Raumflügen für die Navigation genutzt. Vom Stern Rigel im Orion aus kann man die Mäander des Sternbilds **Eridanus** bis zum hellen Achernar verfolgen.

C
CASSIOPEIA
URSA MAJOR
CAMELOPARDALIS
LYNX
Capella
PERSEUS
AURIGA
Castor
Pollux
GEMINI
TAURUS
Pleiades
M35
Praesepe
CANCER
Aldebaran
Hyades
ORION
ARIES
Betelgeuse
Bellatrix
CETUS
Procyon
HYDRA
CANIS MINOR
MONOCEROS
M42
Rigel
Sirius
ERIDANUS
PYXIS
LEPUS
CANIS MAJOR
FORNAX
PUPPIS
COLUMBA
CAELUM
VELA
Canopus
HOROLOGIUM
PICTOR
CARINA
RETICULUM
Achernar
DORADO
VOLANS
LMC
60°
50°
40°
30°
20°
10°
0°
-10°
-20°
-30°
-40°
-50°
-60°
h
8h
7h
6h
5h
4h
3h
e
e

Frühlingssternbilder

In diesem Himmelsabschnitt bestehen zwischen Nord- und Südhalbkugel beträchtliche Unterschiede. Während in der Nähe des Himmelsäquators und weiter nördlich nur wenige helle Sterne zu finden sind, stellt sich dem Betrachter im Süden eine der reichsten Sternhimmelpartien dar. Doch gerade am nördlichen Frühlingshimmel befinden sich abseits der Milchstraße sogenannte galaktische Fenster, die den Ausblick in fernste Bereiche des Alls auf fremde Galaxien und Galaxienhaufen erlauben.

Am nördlichen Sternhimmel geht man bei der Orientierung vom Großen Wagen aus, vom Sternbild **Ursa Maior** (Großer Bär). Die Verbindungslinie der Sterne Dubhe und Merak weist nach Süden zum Sternbild **Leo** (Löwe). Den Löwen erkennt man leicht an der Sterngruppe, die wie eine große Sichel oder ein umgekehrtes Fragezeichen aussieht. In der ursprünglichen Vorstellung war das die Löwenmähne. Regulus, der hellste Stern im Löwen, liegt auf der Ekliptik. Verlängert man die Deichsel des Großen Wagens oder den Schwanz des Bären im Bogen zum Äquator, findet man in dieser Richtung den orangefarbenen Stern Arcturus im Sternbild **Bootes** (Bärenhüter). Geht man auf diesem Bogen weiter bis unter den Äquator, findet man dort die helle Spica im Sternbild **Virgo** (Jungfrau). Die drei Sterne Regulus – Arcturus – Spica bilden das **Frühlingsdreieck,** eine gute Orientierungshilfe. Unter dem ganzen Dreieck zieht sich das überlange Sternbild **Hydra** (Nördliche Wasserschlange) hin, deren Kopf unter dem Sternbild Krebs liegt. Zwischen Hydra und Jungfrau liegt das kleine, aber hübsche Sternbild **Corvus** (Rabe), daneben der weniger auffällige **Crater** (Becher).

Südlich der Hydra liegt ein wunderschöner Milchstraßenabschnitt mit den beiden bekanntesten Südhimmel-Sternbildern **Crux** (Kreuz des Südens) und **Centaurus** (Kentaur). Um diese zu Gesicht zu bekommen, muß man nicht auf die Südhalbkugel reisen. Das Kreuz des Südens erscheint schon am Wendekreis des Krebses (23,5° nördlicher Breite) dicht über dem Horizont. Man sollte es aber nicht mit dem „falschen Kreuz“ an der Grenze zwischen den Sternbildern **Vela** (Segel) und **Carina** (Schiffskiel) verwechseln! Das echte Kreuz des Südens liegt in der Nachbarschaft der hellen Sterne Alpha und Beta Centauri.

D
DRACO
Alcor
Mizar
Dubhe
Merak
60°
50°
40°
30°
20°
10°
0°
-10°
-20°
-30°
-40°
-50°
-60°
URSA MAJOR
LYNX
CANES VENATICI
LEO MINOR
BOOTES
CANCER
Arcturus
COMA BERENICES
LEO
e
Denebola
Regulus
Vindemiatrix
VIRGO
15h
14h
13h
12h
11h
10h
9h
SEXTANS
Spica
CORVUS
CRATER
HYDRA
e
LIBRA
HYDRA
PYXIS
ANTLIA
CENTAURUS
Omega Centauri
VELA
NORMA
LUPUS
CIRCINUS
CRUX
Agena
Toliman
Acrux
CARINA

Sommersternbilder

Bei guten Beobachtungsbedingungen wird der Silberstreifen der Milchstraße zu einem brauchbaren Leitfaden beim Aufsuchen der Sternbilder am Sommerhimmel. Die bekannteste Orientierungsfigur ist das **Sommerdreieck**, dessen Ecken von den hellen Sternen Wega, Deneb und Atair gebildet werden. Die blauweiße Wega in der **Lyra** (Leier) gehört zu den hellsten Sternen am Himmel. Deneb liegt am Schwanz des Sternbilds **Cygnus** (Schwan), den man sich mit gespreizten Flügeln vorstellen muß, wie er längs der Milchstraße nach Süden fliegt. Im Schwan gabelt sich die Milchstraße in zwei Streifen. Atair im Sternbild **Aquila** (Adler) wird zu beiden Seiten von schwächeren Sternen begleitet, was dem Gürtel des Orion ähnlich sieht. Das Sommerdreieck kann auch im Herbst in der ersten Nachthälfte beobachtet werden; dann ist der Nachthimmel dunkler als im Sommer, und so kommt die Milchstraße besser zur Geltung. Nördlich von Atair liegen die beiden kleinsten Sternbilder: **Sagitta** (Pfeil) und **Delphinus** (Delphin).

Nördlich der Wega findet man den Kopf des Drachen, westlich der Lyra ist das recht ausgedehnte, aber nicht sonderlich deutliche Sternbild **Hercules** (Herkules) zu finden, dessen schwache Sterne ein spiegelverkehrtes K bilden. Zwischen Herkules und Bärenhüter (s. Frühlingssternbilder) liegt die kleine, aber leicht einzuprägende **Corona Borealis** (Nördliche Krone) mit der hellen Gemma. Unter der Krone befindet sich **Serpens Caput** (Schlangenkopf). Den langen Schlangenkörper hält der **Ophiuchus** (Schlangenträger) in der Hand, von ihm geht der Schlangenschwanz oder **Serpens Cauda** aus, der zwischen den beiden Milchstraßenarmen bis zum Sternbild Adler reicht – der einzigartige Fall eines zweigeteilten Sternbilds.

Unter den Ekliptik- bzw. Tierkreissternbildern stechen in den hellsten Milchstraßenabschnitten am meisten **Scorpius** (Skorpion) und **Sagittarius** (Schütze) hervor. Auf der Brust des Skorpions sieht man den rötlichen Stern Antares, westlich davon das Sternbild **Libra** (Waage). Südlich vom Skorpion wird das Sternbild **Ara** (Altar) sichtbar, das die Assoziation eines einfachen Sessels hervorrufen könnte. Hinter dem Skorpion findet man längs der Milchstraße das Nachbarsternbild **Lupus** (Wolf). Von der aus den hellsten Sternen des Schützen gebildeten „Teekanne" geht man nach Osten zum Sternbild **Capricornus** (Steinbock) weiter. Südlich vom Schützen bildet ein unregelmäßiger Bogen aus schwachen Sternen das kleine Sternbild **Corona Australis** (Südliche Krone).

E
CEPHEUS
URSA MAJOR
DRACO
Deneb
BOOTES
Vega
M13
CYGNUS
CORONA
BOREALIS
LYRA
Gemma
VULPECULA
HERCULES
DELPHINUS
SAGITTA
SERPENS CAPUT
Altair
21h
20h
19h
18h
17h
16h
15h
AQUILA
OPHIUCHUS
SCUTUM
SERPENS CAUDA
LIBRA
CAPRICORNUS
Antares
MICROSCOPIUM
SAGITTARIUS
SCORPIUS
LUPUS
CORONA
AUSTRALIS
GRUS
ARA
TELESCOPIUM
INDUS
NORMA
TUCANA
PAVO
TRIANGULUM
AUSTRALE
CIRCINUS
CENTAURUS
60°
50°
40°
30°
20°
10°
0°
-10°
-20°
-30°
-40°
-50°
-60°

Sternbilder rings um den Himmelssüdpol

Für Bewohner der Nordhalbkugel ist diese Region wirklich exotisch, doch gibt es auch hier hinreichend Ausgangspunkte. Am einfachsten ist die Orientierung im Streifen der Milchstraße, wo **Crux** (Kreuz des Südens) einen verläßlichen Anhalt bietet. Beim Kreuz des Südens befindet sich in der Milchstraße eine quasi dunkle Öffnung, die in Wirklichkeit den dunklen Kohlensack-Nebel (Coal sack) darstellt. Auf das Kreuz zeigen „Wegweiser" (Pointers), d.h. die Verbindungslinie der hellen Sterne Alpha und Beta Centauri. Diese Verbindunglinie ist ein zuverlässiges Mittel, um das Kreuz des Südens eindeutig vom „falschen Kreuz" an der Berührungsstelle von **Vela** (Segel) und **Carina** (Schiffskiel) zu unterscheiden. Von den kleineren Sternbildern sind beim Kreuz des Südens **Musca** (Fliege) und unweit Alpha Centauri **Triangulum Australe** (Südliches Dreieck) zu sehen.

In der Nähe des südlichen Himmelspoles liegt kein heller Stern, der ähnlich wie der Polarstern im Norden den Pol markiert. Der Südpol liegt im sehr undeutlichen Sternbild **Octans** (Oktant), das kaum zur Orientierung nützt. Man kann die Lage des Pols annähernd am Kreuz des Südens abschätzen, dessen Längsbalken auf den Pol weist, oder aber mit Hilfe der Magellanschen Wolken, die mit dem Pol ein annähernd gleichseitiges Dreieck bilden. Beide Magellanschen Wolken (die kleine, Small Magellanic Cloud – SMC und die große, Large Magellanic Cloud – LMC) sind auch bei Mondschein gut zu sehen. Es sind kleine Galaxien in der allernächsten Nachbarschaft unserer Galaxis.

Eine gute Orientierungsachse am Südhimmel gibt die Verbindungslinie von drei sehr hellen Sternen ab; das sind Canopus im Schiffskiel, Achernar im Eridanus und Fomalhaut im Südlichen Fisch. Längs dieser Verbindungslinie versuchen wir, weitere kleine und weniger deutliche Sternbilder zu finden wie **Pictor** (Maler), **Dorado** (Schwertfisch), **Reticulum** (Netz), **Horologium** (Pendeluhr) und **Phoenix**. Von den übrigen Sternbildern rund um den Südpol läßt sich **Pavo** (Pfau) anhand des einsamen helleren Sterns Alpha Pavonis, auch Peacock genannt, leicht finden.

F
CENTAURUS
ANTLIA
PYXIS
Omega Centauri
VELA
CRUX
LUPUS
Toliman
PUPPIS
NORMA
CIRCINUS
TRIANGULUM AUSTRALE
MUSCA
CARINA
CHAMAELEON
VOLANS
ARA
APUS
Canopus
OCTANS
MENSA
LMC
PICTOR
PAVO
DORADO
TELESCOPIUM
HYDRUS
RETICULUM
SMC
HOROLOGIUM
INDUS
TUCANA
Achernar
ERIDANUS
MICROSCOPIUM
GRUS
PHOENIX
PISCIS AUSTRINUS
Fomalhaut
5 4 3 2 1 0 mag

ANDROMEDA

Andromedae And Andromeda

Auf Figuralkarten wird Andromeda als das an den Felsen gekettete Opfer eines Seeungeheuers (Cetus) dargestellt. Das war die Strafe der Götter für die Beleidigung durch ihre königliche Mutter Kassiopeia, die sich rühmte, ihre Tochter sei schöner als die Nymphen, die Töchter des Meergottes Neptun.

Die Andromeda findet man beim Viereck des Pegasus, an das sie anschließt. Die hellsten Sterne sind **Alpha – Sirrah, Beta – Mirach** und **Gamma – Alamak**. Alle drei haben eine Größe von rund $2\overset{m}{,}1$, und ihre Entfernung von der Sonne beträgt 97, 200 und 355 Lj (in obiger Reihenfolge). Beta And ist ein roter Riese von 30 Sonnen Durchmesser.

Die **Galaxie M 31 – NGC 224** (Große Galaxie in der Andromeda, ältere Bezeichnung Andromedanebel) ist der nächste große Spiralnebel, der zur Lokalen Galaxiengruppe gehört. Er ist 2,9 Millionen Lj entfernt und hat einen Durchmesser von rund 170 000 Lj. Unweit befinden sich vier Satelliten-Galaxien, **M 32 – NGC 221**, etwa 0,4° südlicher, **M 110 – NGC 205** 0,6° nordwestlich, weitere zwei in der Kassiopeia: **NGC 185** und **NGC 147**. Mit dem bloßen Auge ist M 31 als ein längliches Silberwölkchen zu sehen, im Feldstecher mit einem Durchmesser von gut 3°, in einem kleinen Fernrohr wird die hellere Mitte sichtbar, mit größeren Geräten kann man zahlreiche Details erkennen, aber erst die mit großen Fernrohren gemachten Fotografien zeigen Sterne und weitere Objekte in dieser Galaxie.

Galaxie M 31 mit den Satelliten **M 32** (rechts) und **M 110** (links oben).

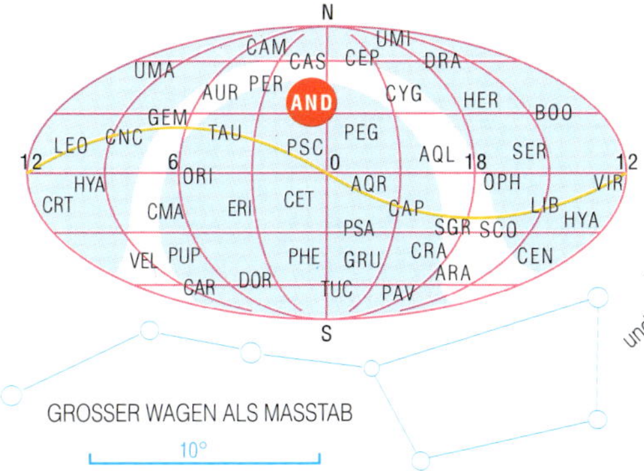

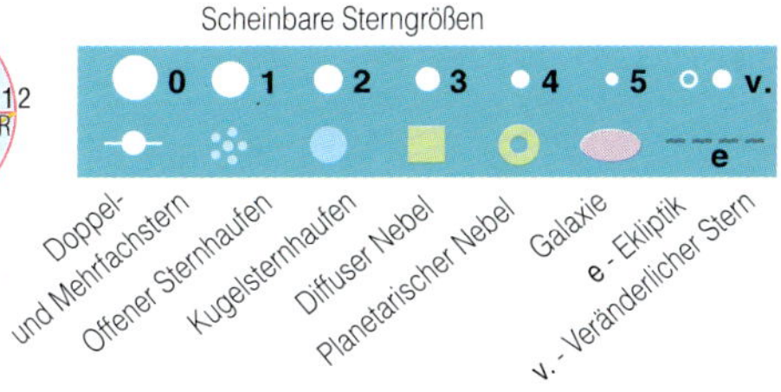

AND

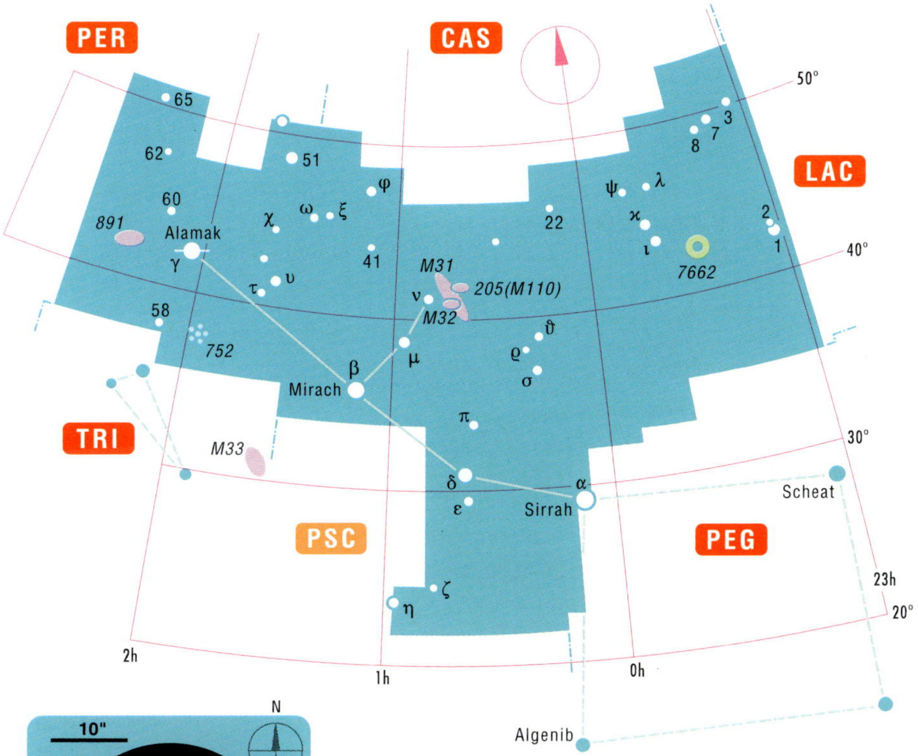

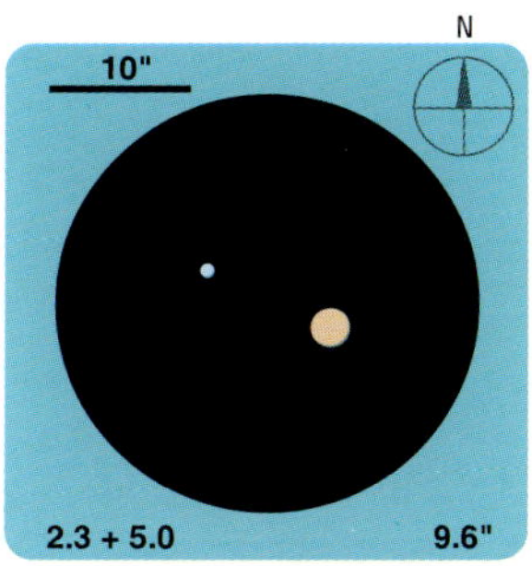

Gamma Andromedae – Alamak. Einer der schönsten farbigen Doppelsterne mit orangener und blaugrüner Komponente. Entfernung 355 Lj. Die schwächere Komponente ist ein sehr engständiger visueller Doppelstern (0,6"), das ganze System bildet einen Vierfachstern.

ANTLIA

Antliae Ant Luftpumpe

Eins der 14 Sternbilder am Südhimmel, die der französische Astronom Nicolas Louis de Lacaille nach seinem Aufenthalt am Kap der Guten Hoffnung (1750 bis 1754) einführte. Dabei handelt es sich durchweg um kleine, unauffällige Sternbilder aus schwachen Sternen. Die ursprüngliche Bezeichnung lautete Antlia Pneumatica und bezieht sich auf eins der Geräte, die Lacaille am Himmel verewigt hat. Zum Leitfaden bei der Suche nach Antlia kann der lange Hydrakörper dienen.

Alpha Antliae, $4^{m},3$, ist etwa 370 Lj entfernt. Seine Spektralklasse ist K4, also ist er kühler als die Sonne. **Epsilon Antliae**, $4^{m},5$, strahlt aus einer Entfernung von 700 Lj, ein orangener Riese der Spektralklasse K3. **Jota Antliae,** $4^{m},6$, ist 200 Lj entfernt und hat die Spektralklasse K1.

Zeta 1 und **Zeta 2 Antliae** bilden gemeinsam einen leicht mit dem Feldstecher zu unterscheidenden optischen Doppelstern. Mit dem Fernrohr kann man Zeta 1 wieder als Doppelstern erkennen.

NGC 3132 (Abb. unten) ist ein heller planetarischer Nebel an der Grenze zwischen den Sternbildern Antlia und Vela, rund 2000–2800 Lj entfernt, mit einem tatsächlichen Durchmesser von ca. 0,5 Lj und den Winkelmaßen 84" x 52". Das Zentralgestirn von $10^{m},0$ mit seiner überaus heißen Oberflächentemperatur von 100 000 K ist die Strahlungsquelle des Nebels.

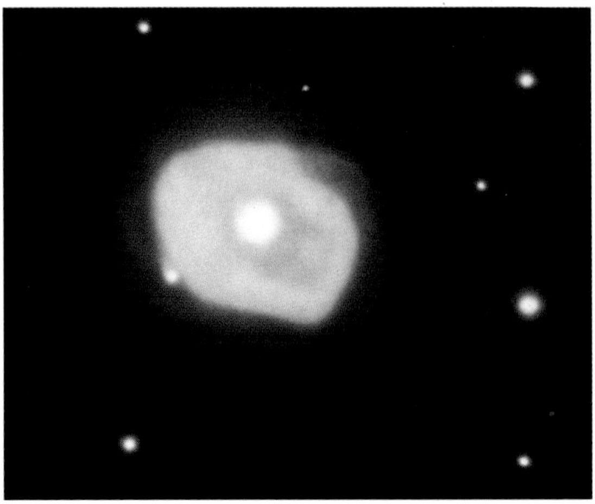

Rechts: **NGC 2997** – großer Spiralnebel vom Typ Sc mit zwei deutlichen Armen. Seine Helligkeit macht nur $11^{m},0$ aus, seine volle Pracht kommt erst in großen Fernrohren richtig zur Geltung.

ANT

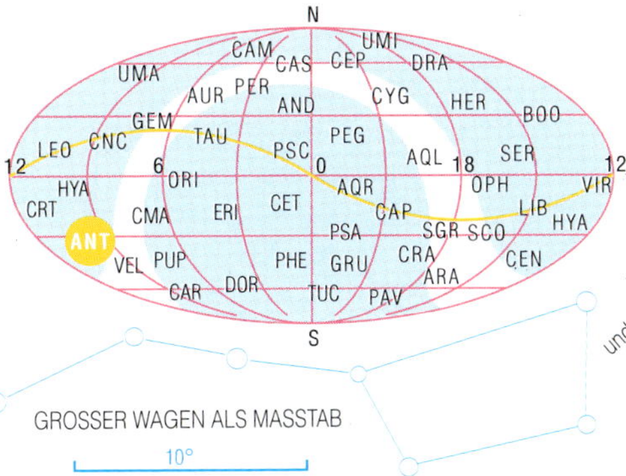

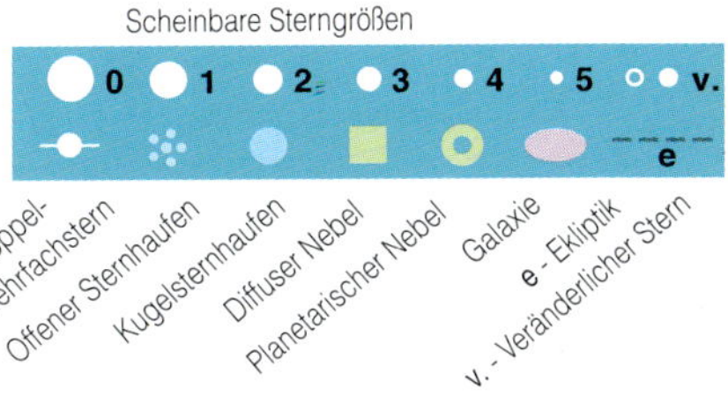

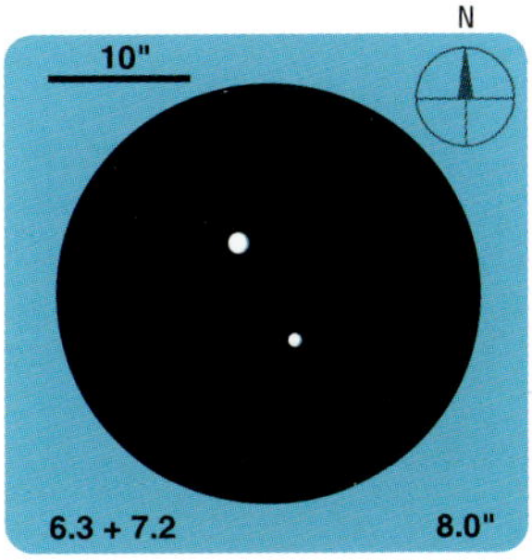

Doppelstern **Zeta 1 Antliae**, der mit Zeta 2 einen optischen Doppelstern bildet.

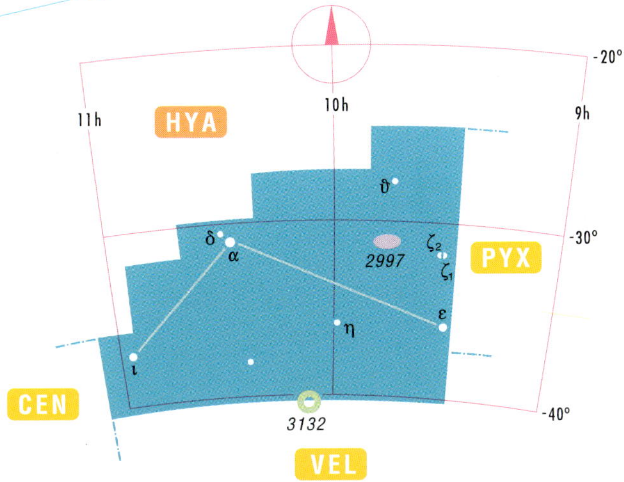

APUS

Apodis Aps Paradiesvogel

Eins der 12 Sternbilder am Südhimmel, die der holländische Seefahrer Keyser Ende des 16. Jahrhunderts vorschlug und die dann von Johann Bayer in seinem bedeutenden Atlas „Uranometria“ aus dem Jahr 1603 aufgeführt wurden. Apus ist griechisch für „beinlos“. Der Paradiesvogel hat ein prächtiges Gefieder, aber häßliche Beine, die von den Eingeborenen vor dem Verkauf an Europäer oft abgeschnitten wurden.

Den Paradiesvogel suchen wir vom Milchstraßenstreifen und vom Kreuz des Südens ausgehend. Das Bild rechts unten zeigt den Paradiesvogel nach Hevelius' Atlas vom Ende des 17. Jahrhunderts.

Alpha Apodis, $3^{m}\!,8$, ist der hellste Stern im Paradiesvogel, 410 Lj weit weg, mit der Spektralklasse K5. **Beta Apodis**, $4^{m}\!,2$, ist ein Doppelstern mit einem Begleiter ($12^{m}\!,0$) im Winkelmaßabstand 51"; die hellere Komponente ist 158 Lj entfernt und hat die Spektralklasse K0. **Gamma Apodis**, $3^{m}\!,9$, leuchtet aus einer Entfernung von 160 Lj und ist ein Stern der Spektralklasse K0.

Winkelmaß

Astronomische Beobachtungen kommen nicht ohne Entfernungs- oder Durchmesserangaben der Himmelsobjekte im Winkelmaß aus. Die Kunst, am Himmel in Winkeln, d.h. in Bogengraden zu messen, wollen wir uns hier schnell aneignen. Meist kommt man dabei mit einer groben Schätzung aus, dazu genügen ein scharfes Auge und die eigene Hand. Hält man einen Maßstab mit einem Einheitsabstand von 0,9 mm 50 cm vor dem Auge (was etwa dem ausgestreckten Arm entspricht) gegen den Himmel, entspricht jede Maßeinheit am Himmel einem Bogengrad (1°). Wir messen, wieviel Grad die Breite von Daumen, Faust, gespreizten Fingern entspricht, und überprüfen dann bei der nächstbesten Gelegenheit unseren „Handwinkelmesser“ direkt am Großen Wagen über uns – er dient in diesem Buch als Maßstab zu allen Sternbildkarten. Wenn man ein Sternbild zum erstenmal sucht, hilft die Kenntnis von seinen Winkelmaßen. Zum Abschätzen kleinerer Winkel eignet sich auch der Durchmesser der Mondscheibe, der 0,5° beträgt; sie läßt sich bei ausgestrecktem Arm mit dem kleinen Finger abdecken.

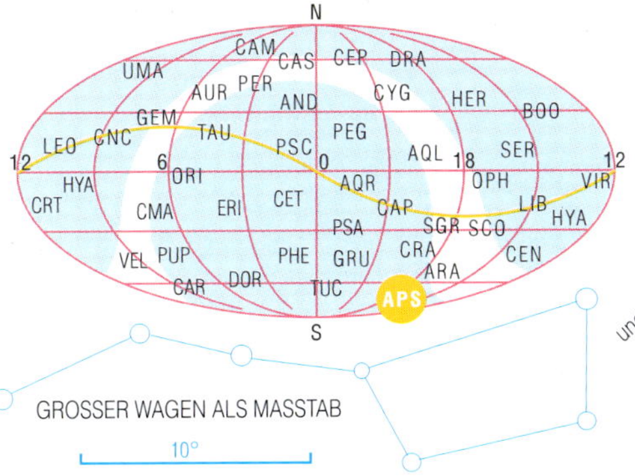

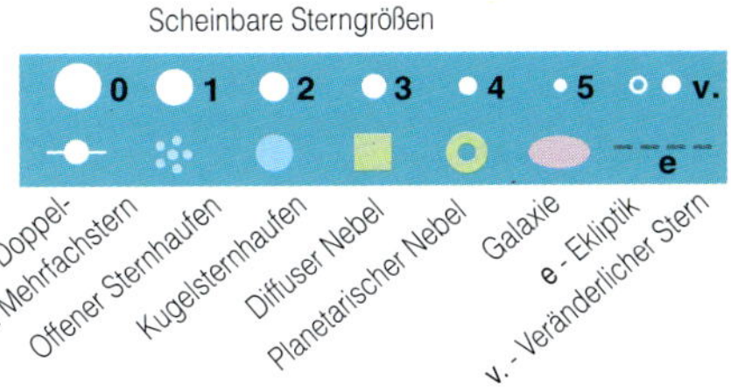

APS

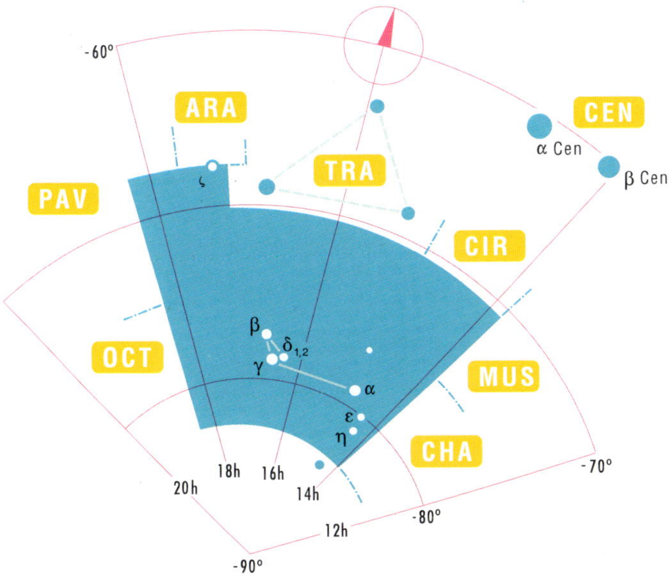

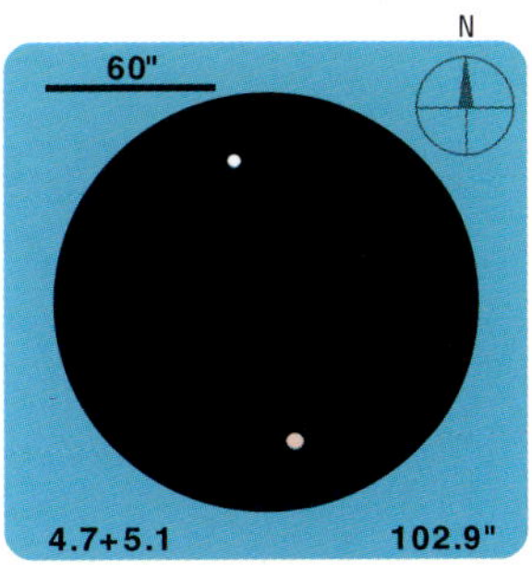

Delta Apodis ist ein Stern von 4^{m},2, den schon der Feldstecher als schönen Doppelstern entlarvt.

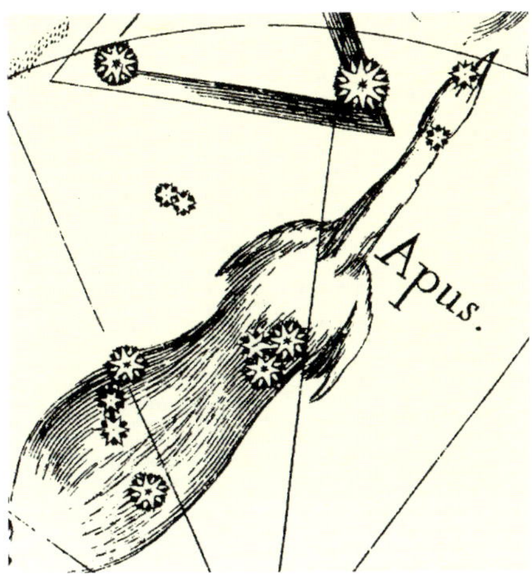

AQUARIUS

Aquarii Aqr Wassermann

Die Tierkreissternbilder waren schon den alten Babyloniern und Ägyptern bekannt. Der Wassermann wurde als Männergestalt mit einem Krug dargestellt – die Quelle des lebenspendenden Wassers. Der Krug ist eine auffällige Gruppierung, bestehend aus den Sternen Eta, Pi, Gamma und Zeta, die südlich vom Pegasus auf dem Himmelsäquator liegt. **Alpha Aquarii – Sadalmelik,** $3\overset{m}{,}0$, Entfernung 760 Lj, ein gelber Überriese, Spektrum G2. Die Bezeichnung stammt vom arabischen Al Sad al Melik und heißt soviel wie „Glücklicher Stern der Könige“. **Beta Aquarii – Sadalsuud**, $2\overset{m}{,}9$, Entfernung 610 Lj, ein gelber Überriese, Spektrum G0. Der Name bedeutet „glücklicher Stern für die ganze Welt“. **Zeta Aquarii** ist ein Doppelstern mit Komponenten von $4\overset{m}{,}3$ und $4\overset{m}{,}5$ in einem Winkelabstand von 2,0"; dieser Wert steigt nach dem Jahr 2160 bis auf 6,0" an. Die Umlaufzeit beider Teile beträgt 856 Jahre, das System ist 104 Lj entfernt.

M 2 – NGC 7089 – heller Kugelsternhaufen von $6\overset{m}{,}5$ und einem Winkeldurchmesser von 12'. Die Entfernung von der Sonne macht etwa 40 000 Lj aus, der tatsächliche Durchmesser fast 400 Lj, der Haufen enthält etwa 100 000 Sterne.

M 72 – NGC 6981 ist ein Kugelsternhaufen von $9\overset{m}{,}3$. Winkeldurchmesser 5', tatsächlicher Durchmesser etwa 300 Lj, von der Sonne 55 000 Lj entfernt.

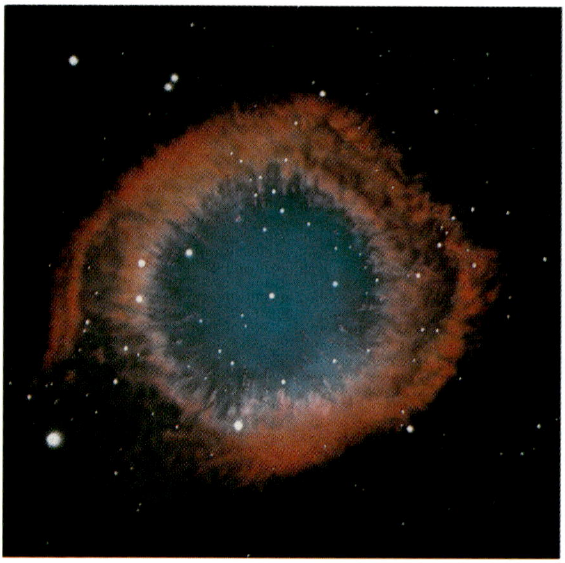

NGC 7293 – Helix oder **Sonnenblumennebel**. Der größte und wohl auch nächste bekannte planetarische Nebel mit dem Winkeldurchmesser 12' x 16' (halbe Mondscheibe) und geringer Flächenhelligkeit. Unter Idealbedingungen mit dem Feldstecher zu beobachten. Die Entfernung dieses Nebels wird auf 140–450 Lj geschätzt.

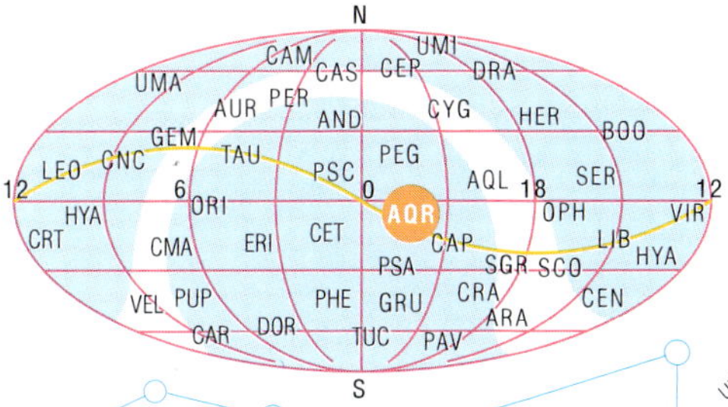

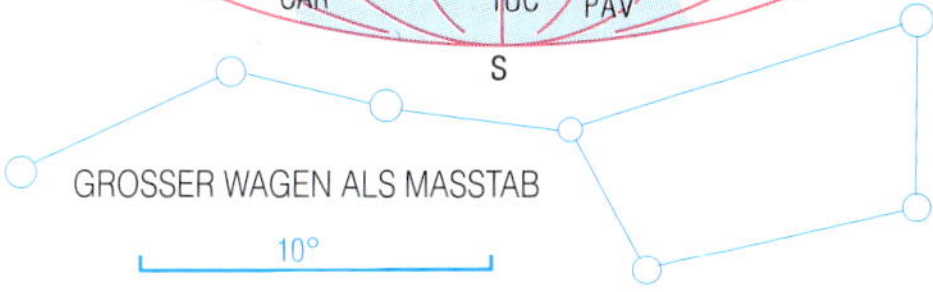

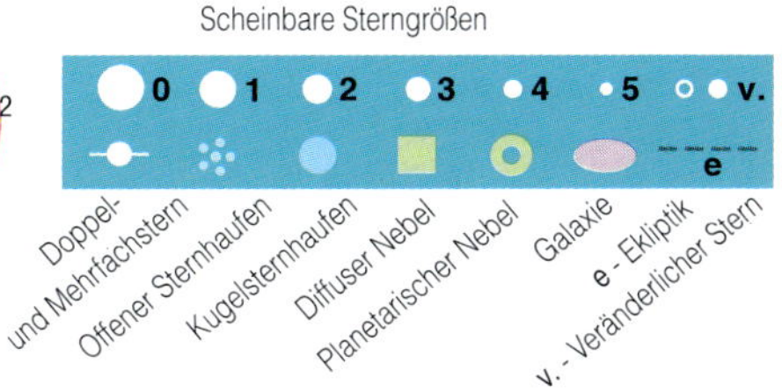

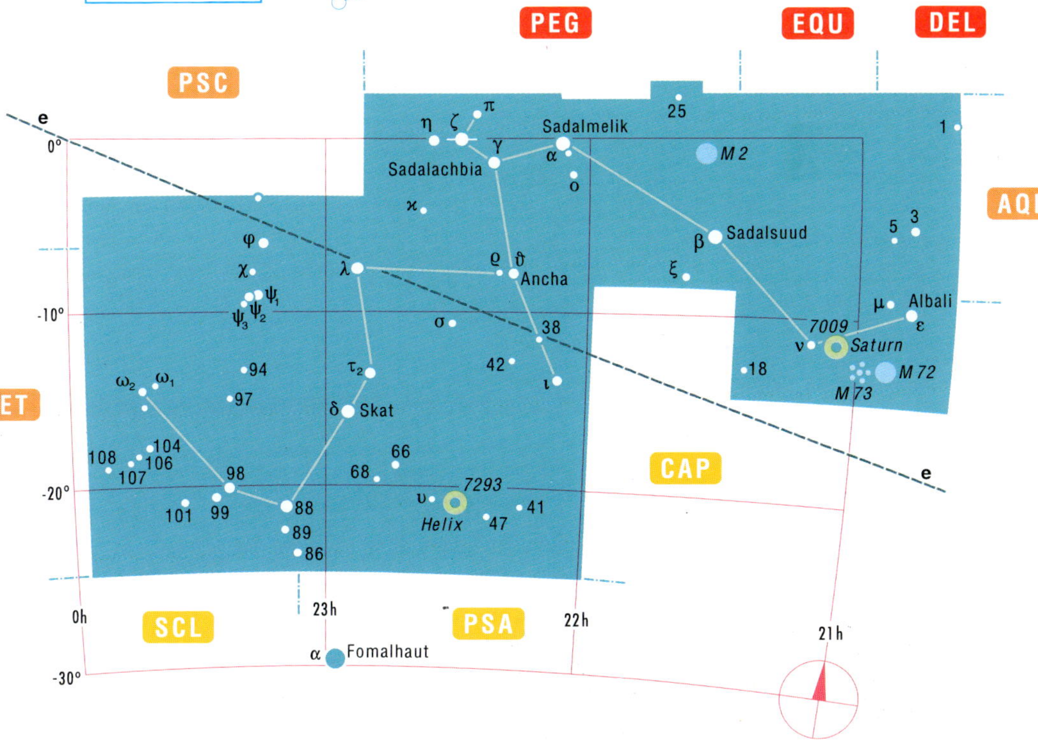

NGC 7009 – Saturn. Ein heller planetarischer Nebel, $8\overset{m}{.}0$, Abmessungen 30" x 26". Das Zentralgestirn ist ein blauer Zwerg mit der Oberflächentemperatur 55 000 K, etwa 3900 Lj entfernt.

AQUILA

Aquilae Aql Adler

Ein schon in Mesopotamien und dem alten Griechenland bekanntes Sternbild. Der Adler brachte in der Mythologie dem obersten Gott Zeus die Blitze. Er trug auch den Sterblichen Ganymed in den Himmel, wo dieser dem Zeus als Mundschenk dienen mußte. Der Adler ist ein kleines, schönes Sternbild in der Milchstraße, seinen hellsten Stern Atair kann man nicht übersehen. Gemeinsam mit den Sternen Deneb im Schwan und Wega in der Leier bildet Atair das „Sommerdreieck“.

Alpha Aquilae – Atair (Altair) ist einer der ganz nahen Sterne, nur 16,8 Lj weit weg. Mit seinen $0^{m}.8$ ist er ein Stern erster Größe. Er gehört zur Spektralklasse A7, sein Durchmesser ist 1,5mal größer als die Sonne, seine Leuchtkraft 9mal stärker. Atair rotiert außerordentlich schnell um die eigene Achse, in nur 6,5 Stunden, und hat offensichtlich die Gestalt eines stark abgeplatteten Ellipsoids. **Beta Aquilae – Alshain** ist gleichfalls ein recht naher Stern, nur 45 Lj von der Sonne entfernt. Er ist ein gelber Riese der Spektralklasse G8. **Gamma Aquliae – Reda** oder **Tarazed**, $2^{m}.7$, 460 Lj entfernt, ist ein orangener Riese der Spektralklasse K3 mit einem Begleiter ($10^{m}.7$) in 132,6" Abstand.

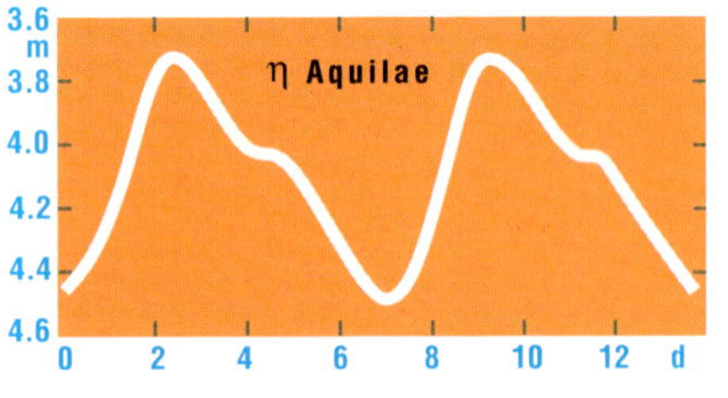

Oben: Lichtkurve des veränderlichen Sterns **Eta Aquilae**. Das ist ein pulsierender Veränderlicher oder Cepheide, über 1000 Lj weit weg, dessen Helligkeit in der Periode von 7,2 Tagen um eine ganze Magnitudo schwankt.

Unten: **NGC 6781** – Planetarischer Nebel, $11^{m}.8$, Abmessungen 111" x 109", Zentralgestirn $16^{m}.3$.

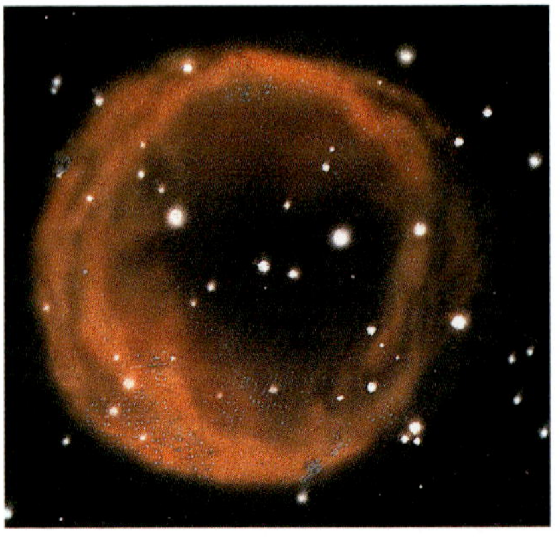

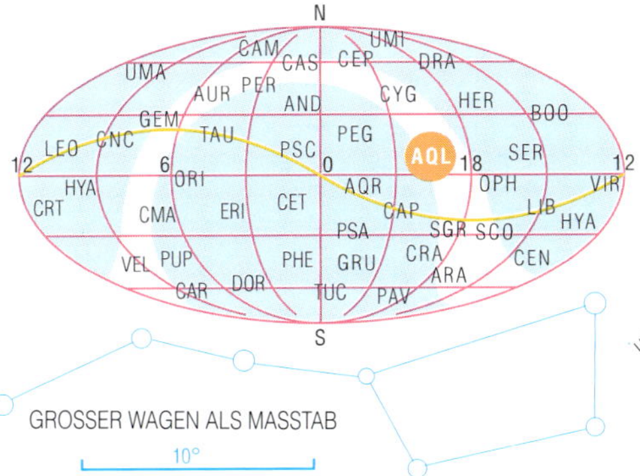

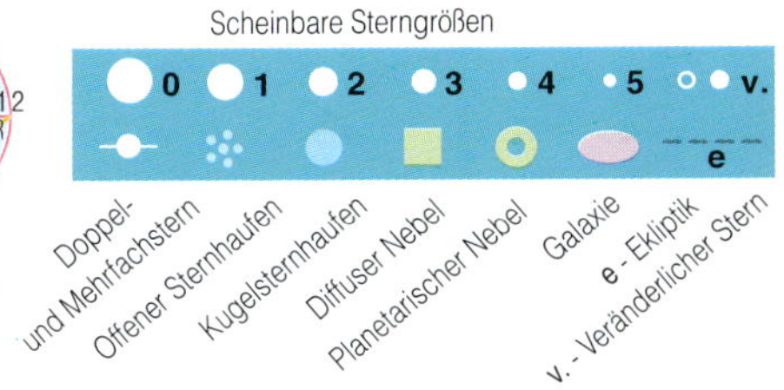

AQL

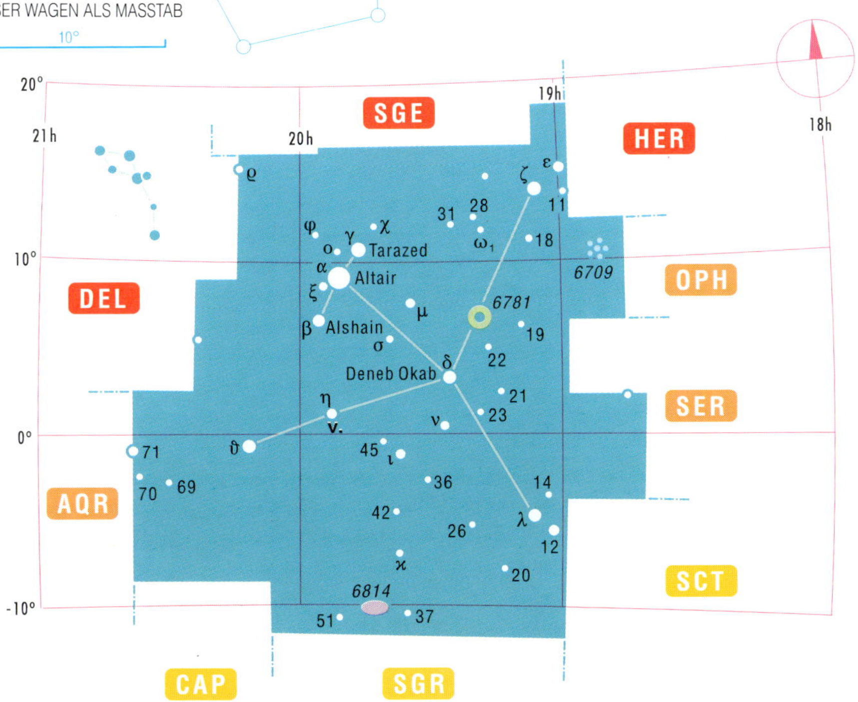

NGC 6709 – heller offener Sternhaufen, Winkeldurchmesser 13'.

NGC 6814 – Spiralnebel vom Typ Sb, Winkeldurchmesser 3'.

ARA

Arae Ara Altar

Ein kleines, aber einprägsames Sternbild, dessen Kontur wie ein Stuhl oder Sessel aussieht, schon im alten Griechenland und Rom bekannt. In der Mythologie war das der Altar des Kentauren Chiron, der als eins der weisesten Wesen auf der Erde galt. Das Sternbild wurde auch als der von Noah nach der Sintflut errichtete Altar interpretiert, ebenso als Altar des Moses oder aus dem Tempel Salomons. Man findet ihn leicht in der Milchstraße südlich vom Skorpion, sofern der Beobachterstandpunkt den Blick wenigsten bis zum 65. Grad südlicher Deklination erlaubt.

Der hellste Stern im Altar ist **Beta Arae**; er hat die Größe $2^{m}_{,}9$ und sein Licht braucht rund 600 Jahre, um uns zu erreichen. Der Stern ist ein orangener Riese der Spektralklasse K3. Nur eine Zehntelmagnitudo schwächer ist **Alpha Arae**, 240 Lj entfernt, Spektralklasse B2.

Ein wunderschöner Nebelkomplex, verbunden mit dem offenen Sternhaufen **NGC 6193**, kommt auf Fotografien zustande. Der Emissionsnebel **NGC 6188** war vermutlich die Wiege dieser Gruppe aus jungen, sehr heißen, etwa vor einer Million Jahren entstandenen Sternen. Die Entfernung wird auf 4500 Lj geschätzt.

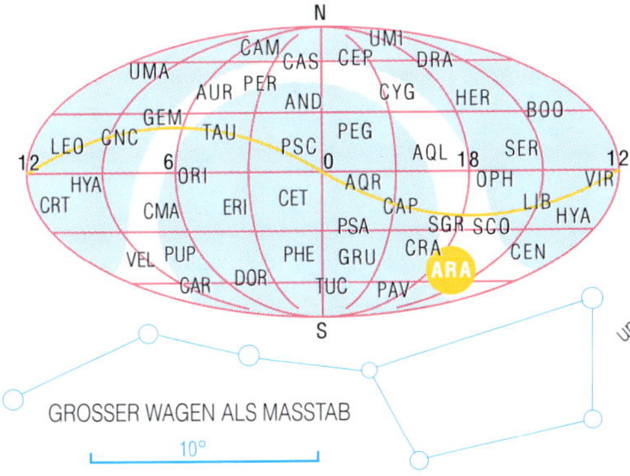

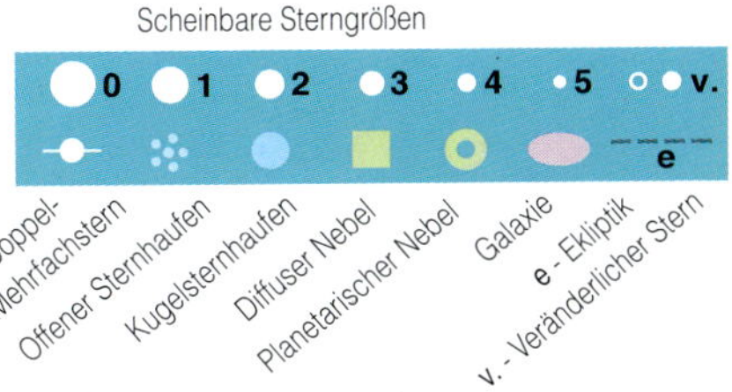

ARA

Rechts: **NGC 6397** gehört zu den nächsten Kugelsternhaufen und ist ca. 7200 Lj entfernt. Er hat einen Winkeldurchmesser von 26', der hellste darin sichtbare Stern hat eine Größe von $10^m\!,0$.

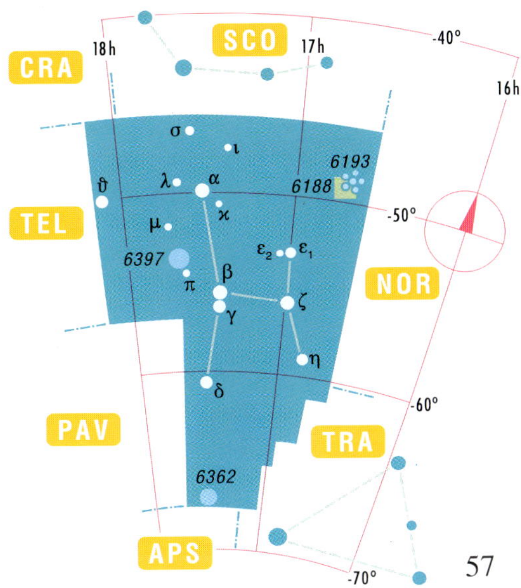

Links: Im Nebelkomplex um den Sternhaufen **NGC 6193** fällt ein Dunkelnebel auf, der entfernt dem bekannten Pferdekopfnebel im Orion ähnelt. Der Dunkelnebel ist ein Überbleibsel der großen Molekularwolke, aus der der Sternhaufen hervorgegangen ist. Die intensive UV-Strahlung der jungen Riesensterne regt den die dunkle Wolke säumenden Emissionsnebel **NGC 6188** zum Leuchten an.

ARIES

Arietis Ari Widder

Ein ursprünglich im ersten Tierkreiszeichen liegendes Tierkreissternbild, das traditionell mit dem Frühlingsanfang in Verbindung gebracht wird. Als Widder war dieses Sternbild bei den alten Babyloniern, Griechen und Ägyptern bekannt. Der griechischen Mythologie zufolge war es ein Widder in goldenem Vlies, ausgesandt vom Götterboten Hermes, die beiden Königskinder Phryxa und Helle zu retten. Der Widder wurde danach dem Zeus geopfert, das goldene Vlies verborgen und von einem Drachen bewacht. Es wurde später von Iason und seinen Argonauten geraubt, die auf dem Schiff Argo angesegelt kamen.

Südlich der Andromeda fällt der Stern **Alpha Arietis – Hamal** ($2\overset{\mathrm{m}}{,}0$) ins Auge, dessen Licht 66 Jahre lang zu uns unterwegs ist. Er ist ein Riese aus der Spektralklasse K2. Knapp 4° südwestlich von Hamal strahlt **Beta Arietis – Sheratan**, $2\overset{\mathrm{m}}{,}6$, 60 Lj entfernt. Das für den Widder bezeichnende Dreigestirn wird von **Gamma Arietis – Mesarthim** vervollständigt, einem der bekanntesten Doppelsterne, der sich auch mit kleinen Fernrohren beobachten läßt. Er ist 204 Lj weit entfernt.

Das Symbol für den Widder – ♈ – dient auch als Zeichen für den **Frühlingspunkt**, der vor über 2000 Jahren in diesem Sternbild lag. Damals wurde von diesem Punkt ausgehend die Ekliptik in 12 gleichlange Abschnitte von je 30° eingeteilt, die **Tierkreiszeichen** genannt wurden. Der erste Abschnitt östlich vom Frühlingspunkt wird bis heute das Zeichen Widder genannt, obleich er – infolge der Präzession – im Nachbarsternbild Fische liegt.

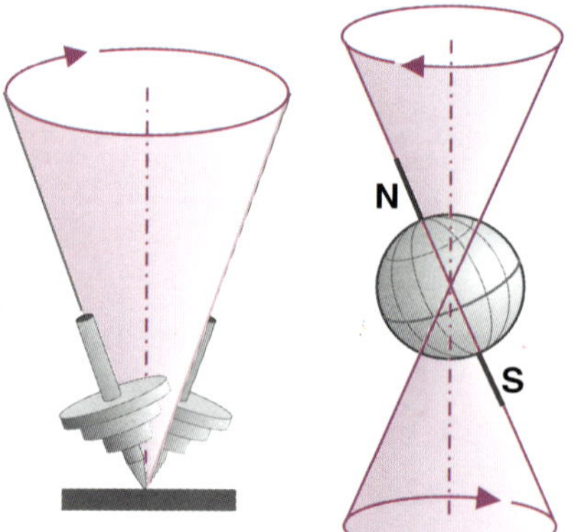

Die Erdachse beschreibt im Ablauf von 25 725 Jahren (Platonisches Jahr) im Bereich des Mantels einen Doppelkegel, dessen Spitze im Erdschwerpunkt liegt. Diese periodische Bewegung heißt **Präzession** und ist die durch Außenkräfte herbeigeführte Bewegung einer Schwungkörperachse. Die Präzession bewirkt auch die Lageänderung des Himmelsäquators zwischen den Sternen und damit von ihren Äquatorkoordinaten, ihrer Rektaszension und Deklination.

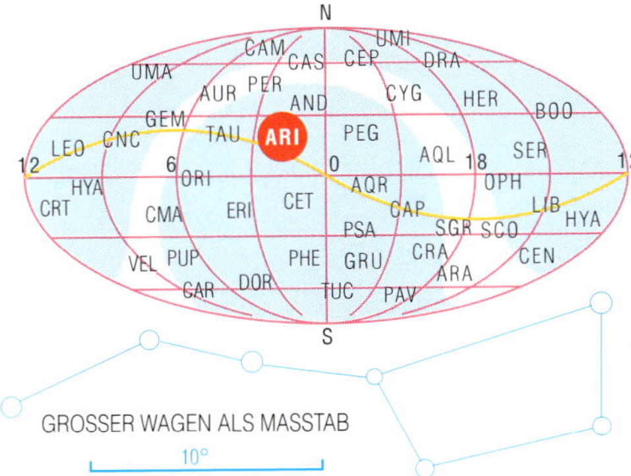

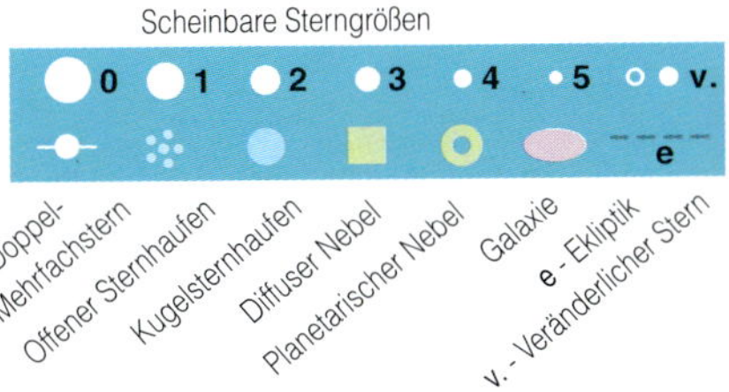

ARI

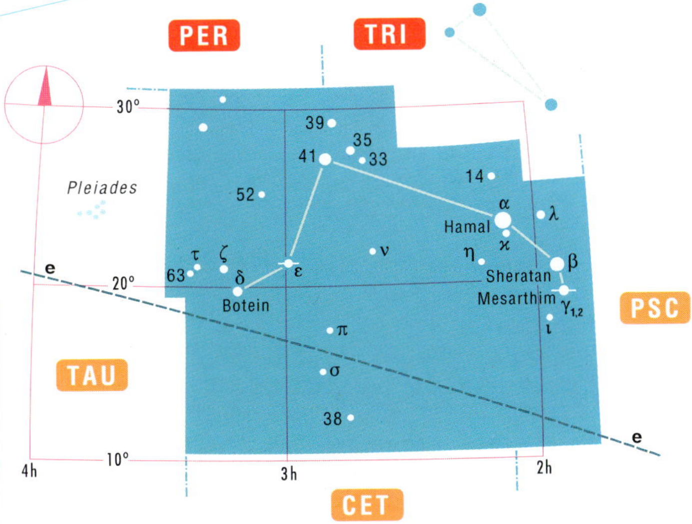

Gamma Arietis ist einer der ersten überhaupt entdeckten (R. Hooke, 1664) und einer der schönsten Doppelsterne. Beide Komponenten haben die Spektralklasse A0 und sind weiß.

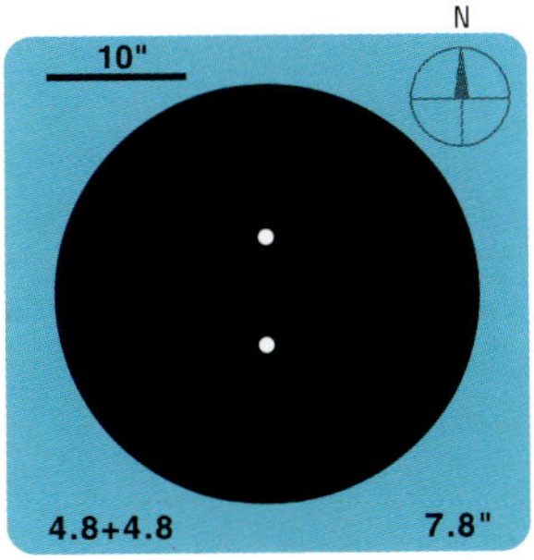

Der **Frühlingspunkt** ♈, der Schnittpunkt der Ekliptik **e** mit dem Äquator **a**, hat sich in den letzten 2000 Jahren infolge der Präzession von der Grenze des Sternbilds Widder bis weit in die Fische verlagert. Gleichzeitig ändert sich die Lage des Äquators **a**.

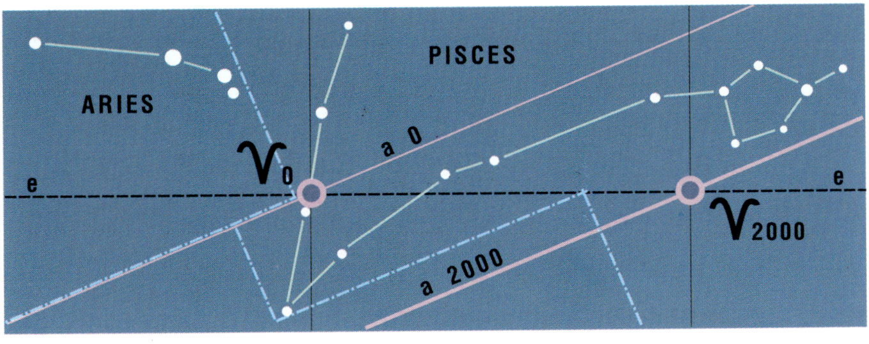

AURIGA

Aurigae Aur Fuhrmann

Der Fuhrmann wird auf den alten Figuralkarten meist mit einer Ziege auf dem Rücken und zwei bis drei Zicklein dargestellt. Capella, wie der Name seines hellsten Sterns lautet, heißt soviel wie kleine Ziege, die Sterne Epsilon, Eta und Zeta sind die Zicklein. Der Sage nach ist der Fuhrmann Erichthonius, der Sohn des Gottes Vulcanus. Er ist der erste, der vier Rosse vor einen Wagen gespannt hat.

Alpha Aurigae – Capella ist der nördlichste Stern im „Wintersechseck" ($0^m_{,}1$, Entfernung 42 Lj). Capella ist ein Doppelstern und besteht aus zwei gelben Riesen mit dem Durchmesser 7 und 9 Sonnen, die einmal in 104 Tagen um einen gemeinsamen Schwerpunkt kreisen. Im Jahr 1993 gelang es, mit dem Interferometer auf dem Mt. Wilson/USA den Doppelstern zu unterscheiden. Unweit Capella befindet sich **Epsilon Aurigae – Almaaz** am Himmel, ein beachtenswerter Bedeckungs-Doppelstern, dessen Helligkeit einmal in 27 Jahren von $2^m_{,}9$ auf $3^m_{,}8$ abfällt. In seinem Helligkeitsminimum wird dieser Überriese von seinem Begleiter verdeckt, der vermutlich von einer riesigen Staubgasscheibe eingehüllt ist.

Mit dem Feldstecher oder einem kleinen Fernrohr findet man im Fuhrmann eine Reihe offener Sternhaufen. Außer dem unten abgebildeten M 37 sind das **M 36 – NGC 1960** und **M 38 – NGC 1912**, beide über 4000 Lj weit weg. Der kleinere und hellere M 36 hat einen Winkeldurchmesser von 12' und eine Helligkeit von fast $6^m_{,}0$. Der Sternhaufen M 38 hat einen Durchmesser von rund 20', Größe von $6^m_{,}6$ und enthält rund 100 Sterne. Hell und klar ist auch der Sternhaufen **NGC 2281**, $6^m_{,}5$, im Winkelmaß fast halb so groß wie die Mondscheibe.

Der offene Sternhaufen **M 37 – NGC 2099** ist auch für ein kleines Fernrohr ein sehr dankbares Objekt. Auf einer Fläche von 24' Durchmesser geben die Beobachter 150–500 und mehr Sterne an, der hellste hat rund $10^m_{,}0$. Die Entfernung des Sternhaufens beträgt ca. 4400 Lj, sein wirklicher Durchmesser etwa 25 Lj.

AUR

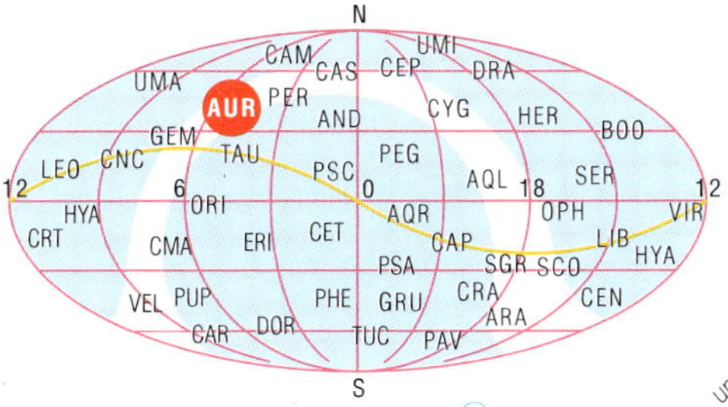

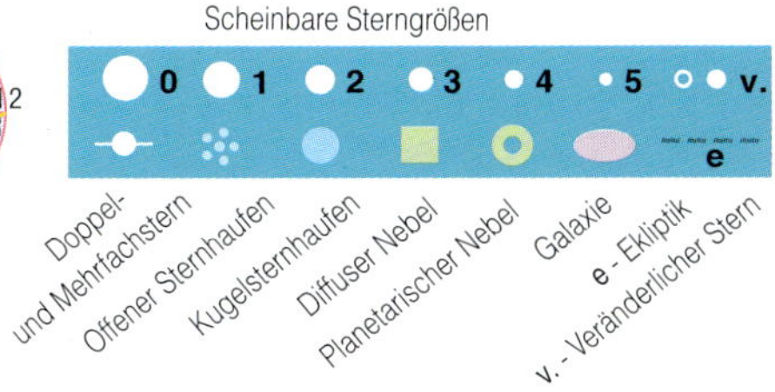

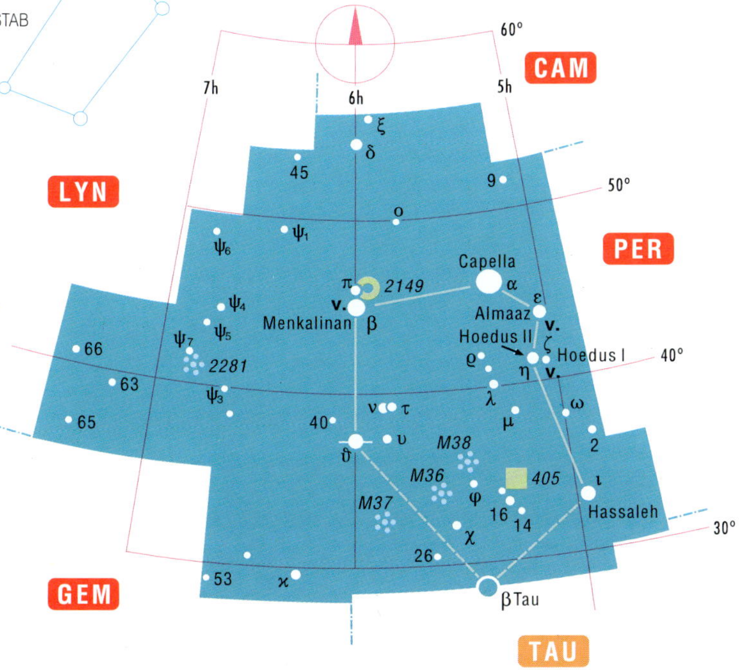

Der ca. 1600 Lj entfernte Staubgasnebel **IC 405** wird vom Stern AE Aurigae, 6ᵐ,7, angestrahlt, ein Beispiel für ein zufälliges Aufeinandertreffen eines sich schnell bewegenden Sterns mit einer Interstellarmateriewolke.

BOOTES

Bootis Boo Bärenhüter

Die alten Sumerer kannten ihn als Hirten oder Schäfer, in den abendländischen Kulturen war er als Guardian (Wächter, Hüter) bekannt, bei den Engländern als Ploughman oder Pflüger, da er hinter dem Pflug schreitet, wie bei ihnen der Große Wagen bis heute heißt. In diesem Sternbild sticht der orangegelbe Arcturus hervor, der vierthellste Stern am Himmel, auf den der verlängerte Bogen aus drei Sternen am Schwanz des Großen Bären (Deichsel des Großen Wagens, „Pfannenstiel“ – Big Dipper) weist.

Alpha Bootis – Arcturus hat seinen griechischen Namen von arktos – Bär, vor dem der Hirte seine Herde verteidigte. Alpha ist ein orangener Riese, dessen Durchmesser 27mal größer als die Sonne ist, wie die Abbildung unten andeutet. Auch die sehr superschnelle Eigenbewegung des Arcturus ist interessant: Er fliegt mit einer Geschwindigkeit von 118 km/sec durch den Raum und verschiebt sich dabei am Himmel pro Jahr um 2,28". Vor 2 Millionen Jahren war er 800 Lj weit entfernt und hatte sich in Richtung des Sternbilds Cepheus als ein Sternchen von $6\overset{m}{,}7$ Helligkeit projiziert. Heute ist er 36,7 Lj weit weg und hat eine Helligkeit von $-0\overset{m}{,}05$. In weiteren 2 Millionen Jahren wird er ein schwacher Stern von $6\overset{m}{,}7$ in Richtung des Sternbilds Vela sein.

Außer den schönen Doppelsternen **Epsilon** und **My Bootis** kann man mit kleinen Fernrohren auch den Doppelstern **Xi Bootis** mit seinen Komponenten von $4\overset{m}{,}7$ und $7\overset{m}{,}0$ in einem Winkelabstand von 7" erkennen.

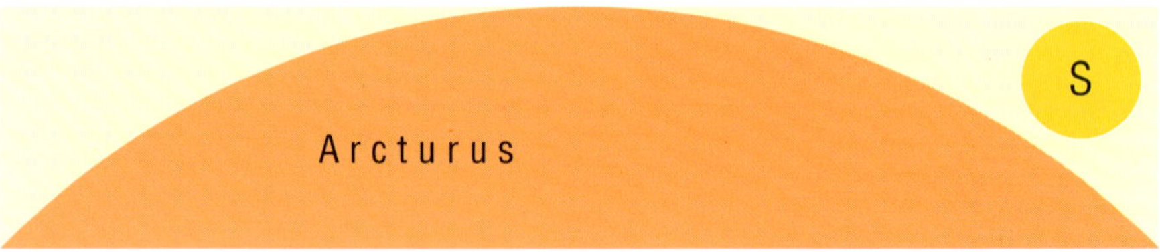

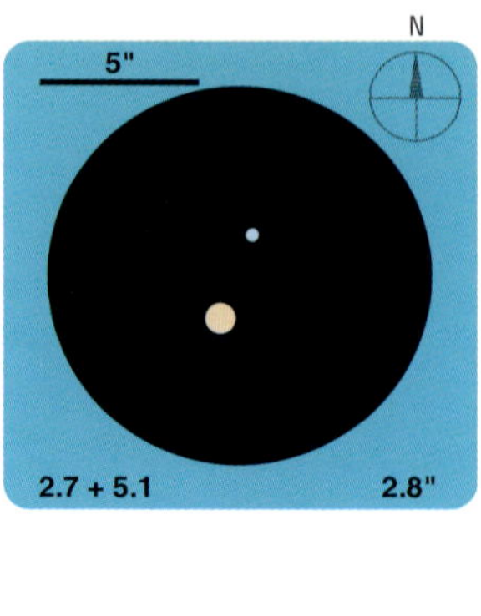

Epsilon Bootis – Izar, ein besonders schöner Doppelstern mit kräftigem Farbkontrast (orange – blau). Er heißt nicht umsonst auch **Pulcherrima**, die Schönste. Entfernt ca. 210 Lj.

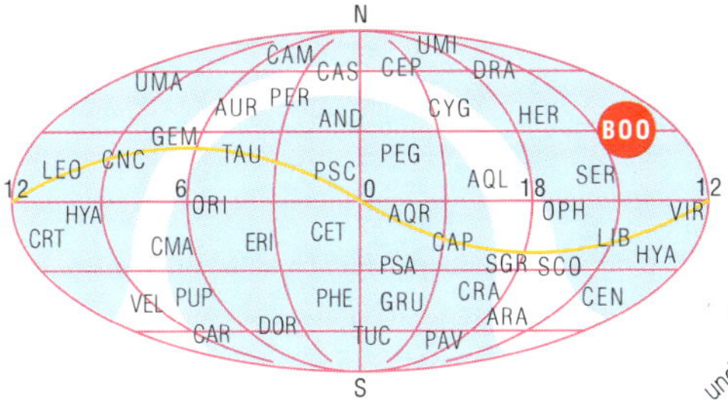

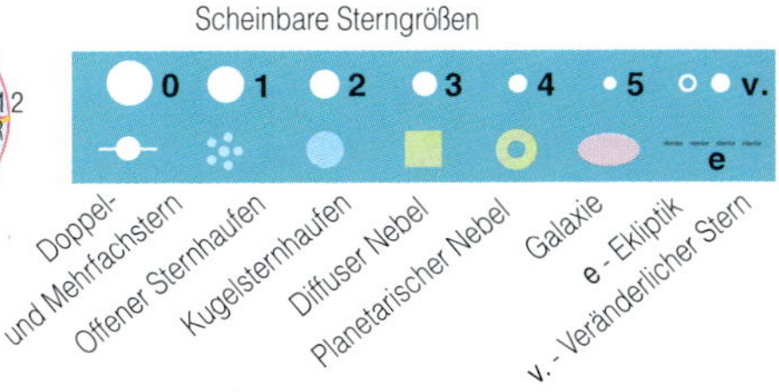

BOO

My Bootis – **Alkalurops** ist ein Dreifachstern. Mit einem kleinen Fernrohr sieht man zwei Komponenten, ein größeres Gerät zerlegt die schwächere in zwei Sterne von 7,^{m}0, 2,2" weit voneinander entfernt.

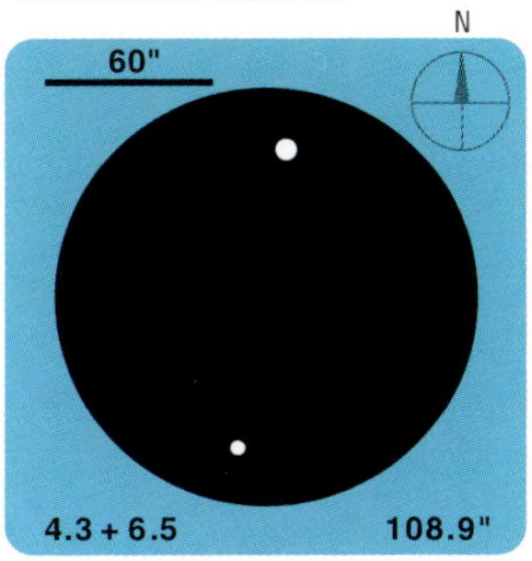

CAELUM

Caeli Cae Grabstichel

Winziges, schwaches, nur schwer zu findendes Sternbild, eins der problematischen 14 Sternbilder, die Nicolas Louis de Lacaille im 18. Jahrhundert am Südhimmel eingeführt hat. Auf älteren Sternkarten wird es als Caelum Sculptoris bezeichnet, nach der endgültigen Festlegung der Sternbildgrenzen durch die Internationale Astronomische Union heißt es schlicht Caelum. Außer vier schwachen Sternen von $4^{\mathrm{m}},5 - 5^{\mathrm{m}},0$ ist hier mit dem Auge nichts Besonderes festzustellen. Dabei sollte man aber nicht vergessen, daß auch unscheinbare Sternbilder wichtig sein können, etwa zur Lagebestimmung einer Erscheinung.

Alpha Caeli, $4^{\mathrm{m}},4$, ist ein Doppelstern, der sich nur mit einem größeren Fernrohr beobachten läßt. Der Begleiter hat eine scheinbare Größe von bloß $12^{\mathrm{m}},4$ und ist im Winkelmaß 6,6" von der helleren Komponente entfernt. Das Licht braucht 66 Jahre, um von diesem System die Erde zu erreichen.

Sichtbare und unsichtbare Strahlung

Die elektromagnetische Strahlung, vor allem deren sichtbarer Bereich – das Licht – ist die einzige Informationsquelle über die Objekte im Sternenall. Das Licht setzt sich aus Spektralfarben von Violett über Blau, Gelb, Orange bis Rot zusammen. Eine hinreichend intensive sichtbare Strahlung nimmt der Mensch mit den Augen wahr. Das menschliche Auge ist aber ein Detektor mit recht beschränkten Fähigkeiten und kann über das umliegende All nur oberflächliche und recht unzulängliche Informationen liefern. Ein viel objektiveres und genaueres Bild schaffen – in Verbindung mit großen Fernrohren – fotografische oder, noch moderner, elektronische Aufzeichnungen und Bildverarbeitungen.

Ebenso wichtig wie das Licht ist die unsichtbare Strahlung für eine komplexe Kenntnis eines kosmischen Objekts. Neben der klassischen optischen Astronomie befassen sich auch die Radio-, Infrarot-, Ultraviolett- und Röntgenastronomie mit der Weltraumforschung. Die Aufzeichnungen der Detektoren für unsichtbare Strahlung werden normalerweise mit Rechnern zu Bildern in beliebigen Farben verarbeitet. Zwischen einem solchen gedruckten Computerbild und dem entsprechenden Fernrohrbild bestehen oft riesige Unterschiede.

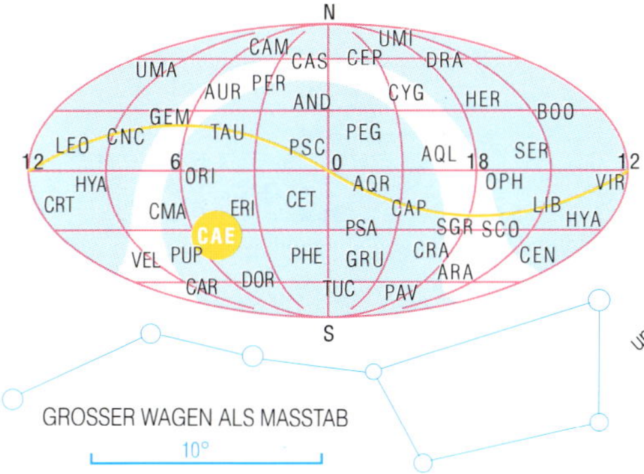

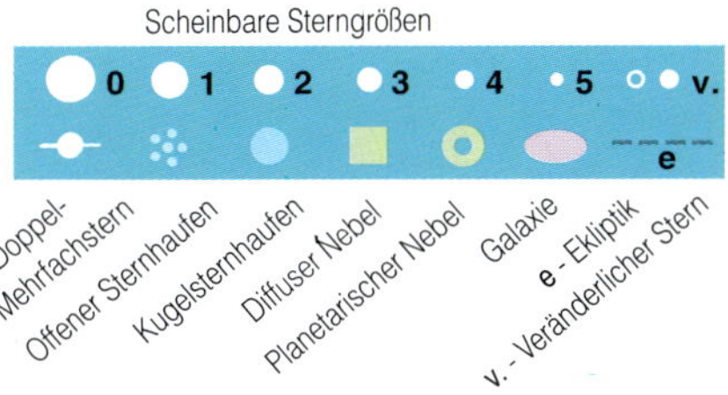

CAE

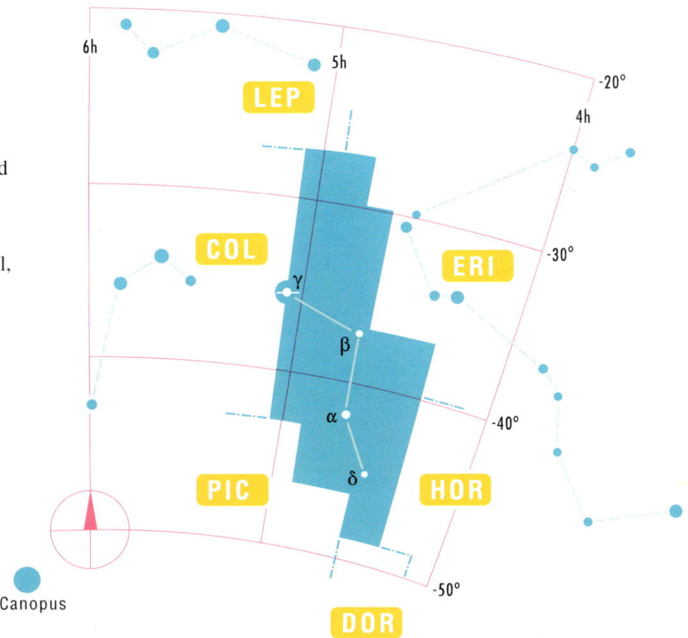

Das Sternbild Grabstichel liegt zwischen Taube (Columba) und Eridanus; bei der Suche nach ihm kann man sich mit dem unweiten Canopus, dem zweithellsten Stern am Himmel, helfen. Auch die Eridanusmäander dienen der Orientierung am südlichen Sternhimmel.

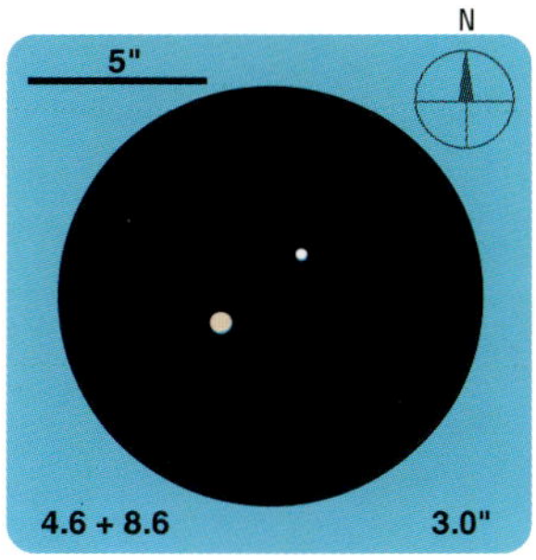

Der Doppelstern **Gamma Caeli** läßt sich auch mit kleinen Fernrohren beobachten. Die hellere Komponente hat die Spektralklasse K2 und eine sehr schwache gelborangene Farbe.

CAMELOPARDALIS

Camelopardalis Cam Giraffe

Durch die Verbindung der Bezeichnungen für Kamel und Leopard entstand der griechische Name für die Giraffe als Tier mit Kamelkopf und Leopardenflecken. Jakob Bartsch, der Schwiegersohn von Johann Kepler, bezeichnete 1624 den weiten Bereich ohne hellere Sterne zwischen dem Polarstern und dem Sternbild Auriga als Sternbild Giraffe.

Alpha Camelopardalis ist ein blauer Überriese der Spektralklasse O. Aus der Entfernung von einigen tausend Lj erscheint er als ein Stern von $4\overset{m}{,}3$. Etwas heller ist **Beta Camelopardalis**, $4\overset{m}{,}0$, ein gelber Überriese der Spektralklasse G0, 1000 Lj weit entfernt. Beta ist ein Doppelstern mit einem Begleiter von $7\overset{m}{,}4$ in einer Winkelentfernung von 81". Ein weiterer ansprechender Doppelstern für kleine Fernrohre ist **Sigma 1694 (Struve 1694)** aus Komponenten von $5\overset{m}{,}3$ und $5\overset{m}{,}8$ im Winkelabstand von 21,4".

Vor dem Hintergrund eines Himmelsabschnitts mit nur wenigen Sternen sticht der offene Sternhaufen **NGC 1502** mit dem Durchmesser 8' und Sternen von $7\overset{m}{,}0$ – $10\overset{m}{,}0$ hervor.

Unter den Galaxien in der Giraffe befindet sich auch **IC 342**, die zur Lokalen Galaxiengruppe gehört. Es ist vermutlich die drittnächste Galaxie nach M 31 und M 33. Die Abkürzung IC heißt Index Catalogue, eine Ergänzung zum bekannten Katalog NGC.

Der Spiralnebel **NGC 2403** ist die hellste Galaxie nördlich vom Äquator, die sich nicht in Messiers Katalog befindet. Sie hat einen Winkeldurchmesser von 17,8', eine Gesamthelligkeit von $8\overset{m}{,}4$ und gehört zum Typ Sc. Ihre Entfernung beträgt etwa 8 Millionen Lj, vermutlich gehört sie zusammen mit den beiden größeren Galaxien M 81 und M 82 zum Galaxienhaufen in Ursa Maior.

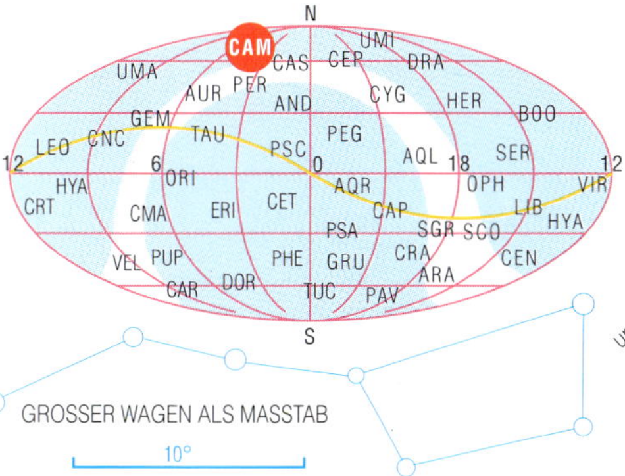

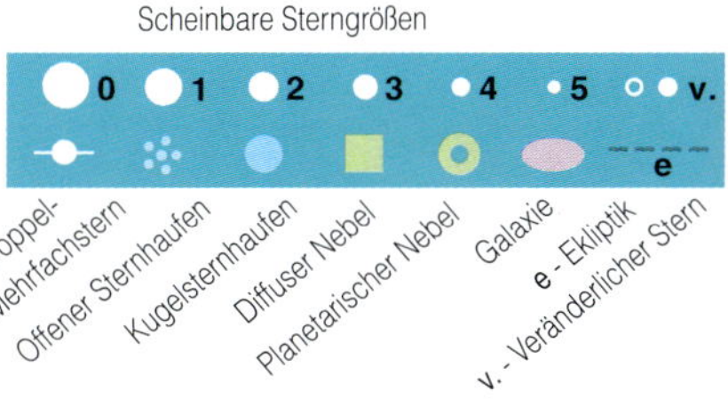

CAM

NGC 2523 – eine Balkenspirale, Typ SBb, Gesamthelligkeit $11^m,9$, Winkelmaße 3,0' x 2,2'.

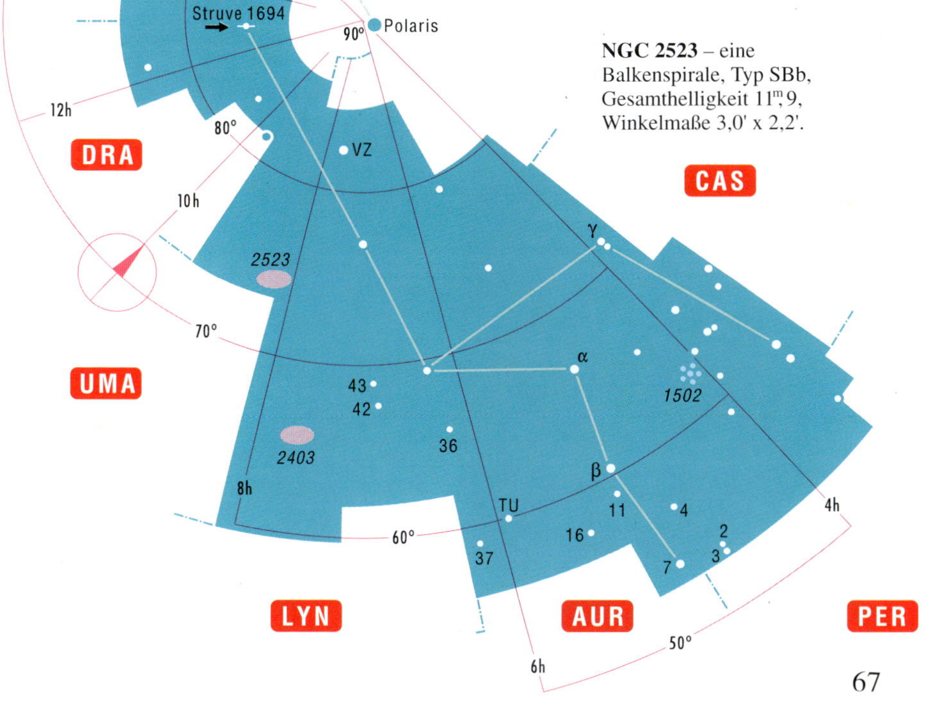

CANCER

Cancri Cnc Krebs

Das schwächste Tierkreissternbild. In der griechischen Mythologie sandte die Göttin Hera einen Krebs aus, den Herakles (bei den Römern Herkules) zu töten. Der Kraftmensch Herakles zertrat den Krebs, der dann jedoch von Hera für seine Tapferkeit und Ergebenheit unter die Sternbilder erhoben wurde. Vor 2–3 Jahrtausenden stand die Sonne zur Sommersonnenwende im Krebs – daher die Bezeichnung Wendekreis des Krebses. Nach der Sonnenwende wandert die Sonne wieder nach Süden zurück; der Krebs ist das Symbol für die Vor- und Rückwärtsbewegung.

Alpha Cancri – Acubens, $4^{m}{,}3$ ist ein mit größeren Fernrohren unterscheidbarer Doppelstern. Der Begleiter liegt 11,3" seitlich der Hauptkomponente, ist aber ca. 1000mal schwächer mit einer Helligkeit von nur $11^{m}{,}8$. Das System liegt etwa 174 Lj weit weg. Die Komponenten A, B des Dreifachsterns **Zeta Cancri** haben eine Umlaufzeit von 60 Jahren und sind heute im Schnitt 19 AE (Astronomische Einheit, Abk. AE, 1 AE = 150 Millionen Kilometer) voneinander entfernt. Die Komponente C umkreist sie in 1200 Jahren in einer Entfernung von 175 AE. Der ganze Dreifachstern ist von uns 83 Lj entfernt.

M 67 – NGC 2682, der reiche offene Sternhaufen von $7^{m}{,}0$ und dem Winkeldurchmesser 28' enthält etwa 500 Sterne zwischen $9^{m}{,}0$ und $16^{m}{,}0$ und ist ca. 2300 Lj entfernt.

Der grandiose offene Sternhaufen **M 44 – NGC 2632** ist seit dem Altertum als **Praesepe = Krippe** bekannt. Das Sternpaar Asellus Borealis und Asellus Australis stellt zwei Eselchen dar (den nördlichen und südlichen), die an dieser Krippe fressen. Die englische Bezeichnung lautet Beehive – Bienenstock. M 44 ist mit dem bloßen Auge zu sehen, mit dem Feldstecher sieht man viele Sterne von $6^{m}{,}0$ und weniger. Das Objekt hat den Winkeldurchmesser 95' (drei Monddurchmesser!) und ist etwa 577 Lj entfernt.

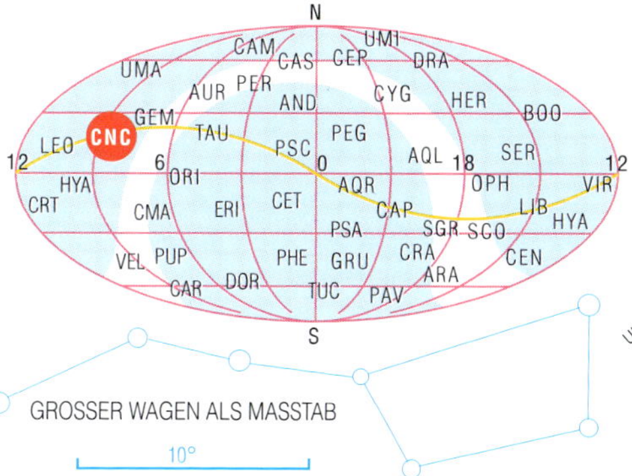

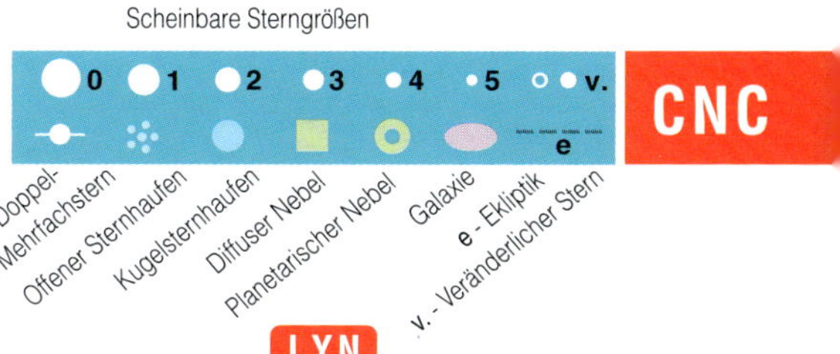

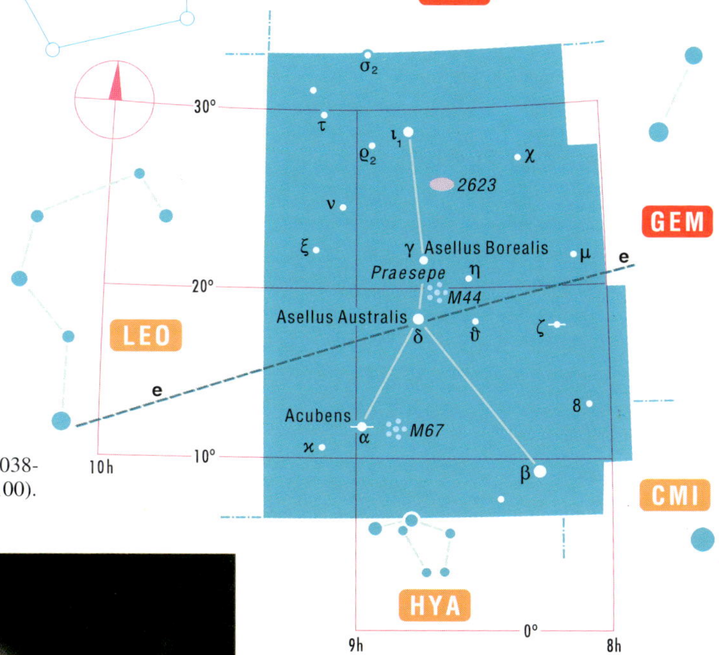

NGC 2623 ist das Kollisionsprodukt zweier Galaxien – s. auch NGC 4038-39 im Sternbild Rabe (S. 100).

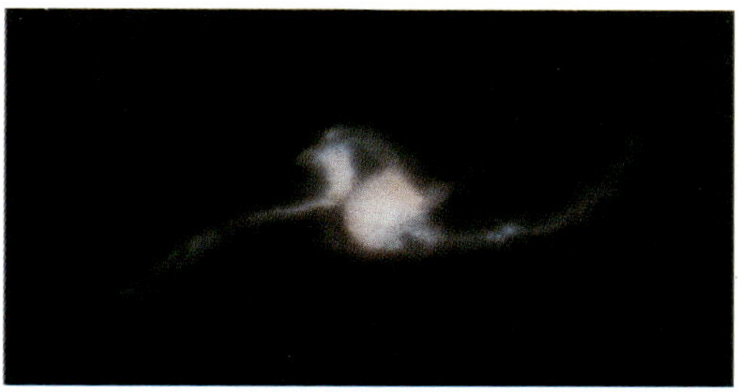

Unten: **Zeta Cancri** ist ein Dreifachstern, seine Komponenten A und B lassen sich nur mit einem größeren Fernrohr unterscheiden.

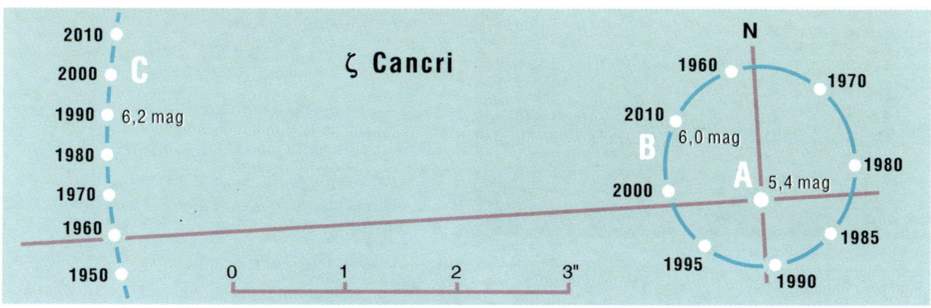

CANES VENATICI

Canum Venaticorum CVn Jagdhunde

Eins der sieben Sternbilder, die um das Jahr 1630 von J. Hevelius eingeführt und schließlich in die endgültige Form der Sternbilder übernommen wurden, wie sie die IAU 1930 festgelegt hat. Figuralkarten zeigen die beiden Jagdhunde mit Halsband und Leine, die Bootes in der Hand hält. Dieses unauffällige Sternbild südlich des Großen Wagens birgt eine Reihe von interessanten Objekten.

Alpha Canum Venaticorum – Cor Caroli – Karls Herz, $2\overset{m}{,}8$, ein 1660 zu Ehren des englischen Königs Charles I. benannter Stern; ein schöner Doppelstern für kleinere Fernrohre. **Y CVn – La Superba –** ein deutlich roter Veränderlicher, der seine Helligkeit im Bereich zwischen $5\overset{m}{,}0$ und $6\overset{m}{,}5$ in einer Periode von 160 Tagen ändert.

M 51 – NGC 5194 – Spiralgalaxie (Whirlpool- oder Pinwheel Galaxy). Die heutige Form ist das Resultat der Schwerkraftwirkung einer kleinen Galaxie (NGC 5195 am Ende des längsten Spiralarms), die der großen Galaxie nahegekommen ist und vor etwa 500 Millionen Jahren lange Arme „herausgezogen“ hat; diese haben sich später zu Spiralen in der heutigen Gestalt zusammengedreht.

M 3 – NGC 5272 ist ein heller Kugelsternhaufen ($6\overset{m}{,}0$), im Feldstecher sichtbar. Auf Fotografien kann er einen Durchmesser von 20' zeigen. Die Entfernung von der Sonne beträgt ungefähr 34 000 Lj.

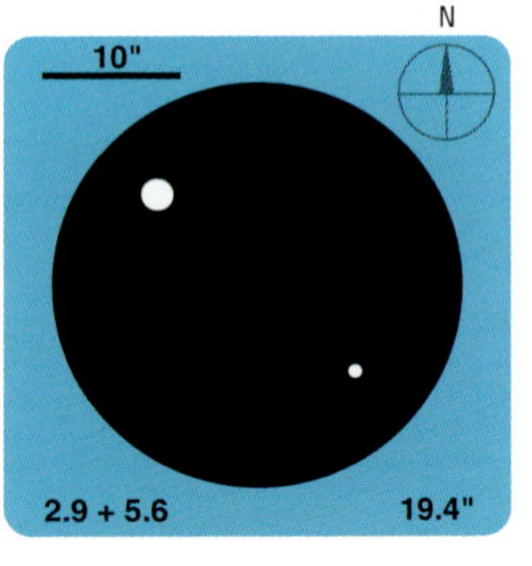

Oben: Der Doppelstern **Alpha CVn**. Die hellere Komponente hat ein sehr starkes Magnetfeld und ist 110 Lj entfernt, die schwächere Komponente 82 Lj.

Links: Der Kugelsternhaufen **M 3** enthält über 45 000 Sterne, die heller als $22\overset{m}{,}5$ sind; die hellsten haben $11\overset{m}{,}0$.

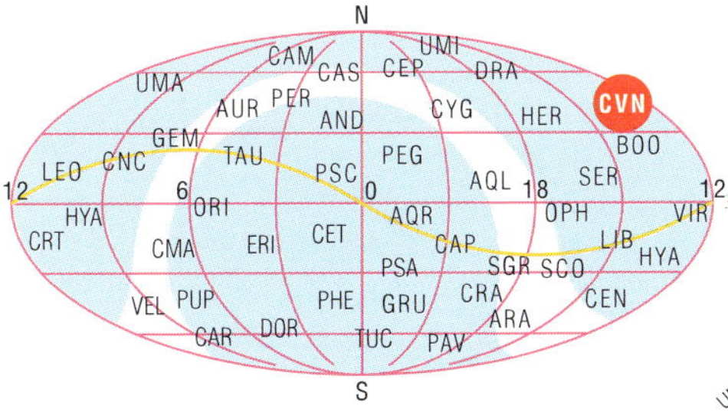

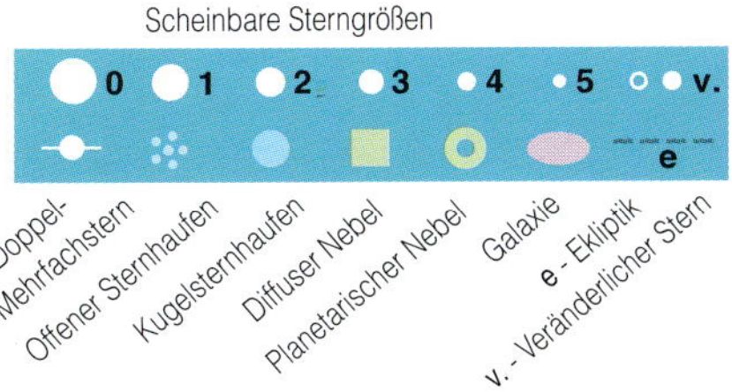

CVN

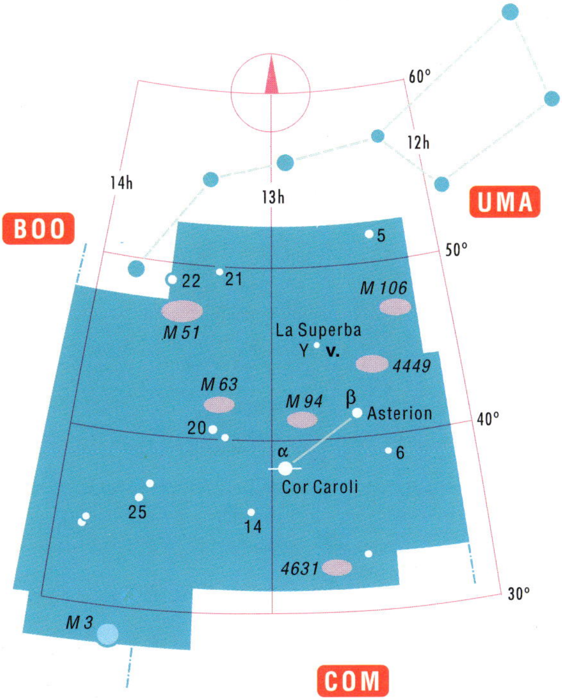

Die Galaxie **M 51** entdeckte Messier im Jahr 1773, die Spiralstruktur wurde erstmals 1845 von Lord Rosse in einem Spiegelfernrohr von 72 Inch Durchmesser beobachtet. Sie ist eine der besonders nahen Spiralgalaxien vom Typ Sc. Ihr Durchmesser beträgt über 100 000 Lj, ihre Entfernung 14 Millionen Lj. Die Satellitengalaxie NGC 5195 ist scheinbar mit dem Ende des langen Arms verbunden, doch liegt sie in Wirklichkeit weiter zurück und wird teilweise von den Staubwolken in M 51 verdeckt.

CANIS MAIOR

Canis Maioris CMa Großer Hund

Dank Sirius, dem hellsten Stern am Himmel, gehört der Große Hund zu den ältesten Sternbildern. Einer griechischen Sage zufolge siegte der Große Hund in einem Wettlauf mit dem allerschnellsten Fuchs auf Erden und wurde zur Feier des Sieges von Zeus an den Himmel gesetzt. Eine andere Version berichtet, der Große und der Kleine Hund seien die Begleiter des Orion gewesen (S. 160). Der Orion hilft, den Großen Hund zu finden: Die Verbindungslinie der Sterne im Gürtel des Orion weist auf den Sirius.

Alpha Canis Maioris – Sirius hat eine Größe von $-1^{m},4$ und die Spektralklasse A0. Er ist 1,8mal größer als die Sonne und hat die 24fache Leuchtkraft. Er ist ein ganz gewöhnlicher Stern, der am Himmel nur dank seiner Nähe (nur 8,6 Lj!) hervorragt. Berühmt ist der 1862 von A. Clarke entdeckte Siriusbegleiter, von dem sich erst 1915 herausstellte, daß er ein sogenannter weißer Zwerg ist, dessen Masse etwa der Sonne, der Durchmesser hingegen nur der Erde entspricht, während seine Dichte annähernd 130 kg/cm^3 ausmacht. Die Magnitudo von Sirius B ist 8,5, doch verschwindet das Sternchen im Glanz von Sirius A und läßt sich nur in einem größeren Fernrohr erblicken. Nach dem Jahr 2008 stehen beide Komponenten in einer Winkelentfernung von mehr als 8" – das ist eine Chance für Amateurfernrohre! Ihr Entfernungsmaximum von 11,3" erreichen sie im Jahr 2020.

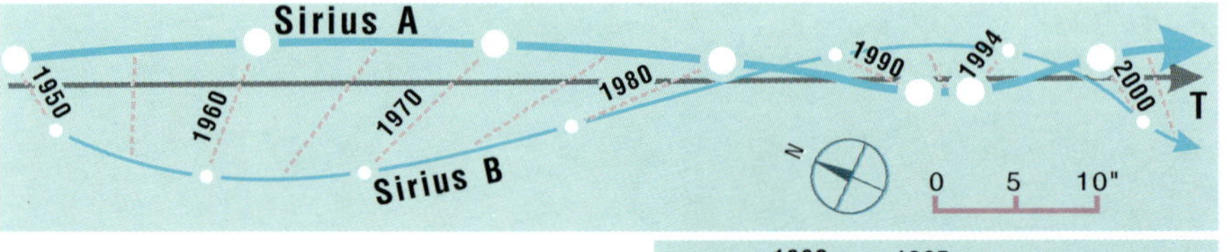

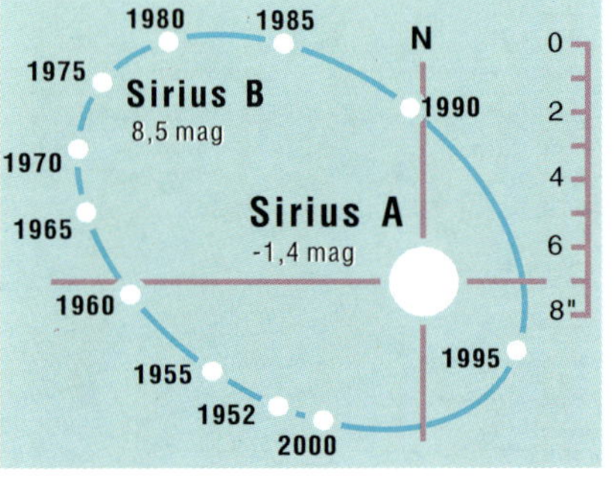

Oben: Eigenbewegung des Doppelsterns Sirius A, B am Himmel. Mit dem Buchstaben T ist die Bahn des Systemschwerpunkts bezeichnet.

Rechts: Die relative Bahn von Sirius B um Sirius A. Umlaufzeit 50 Jahre.

CMA

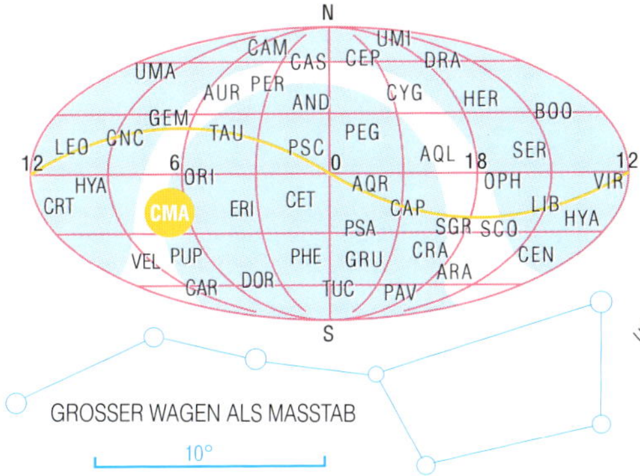

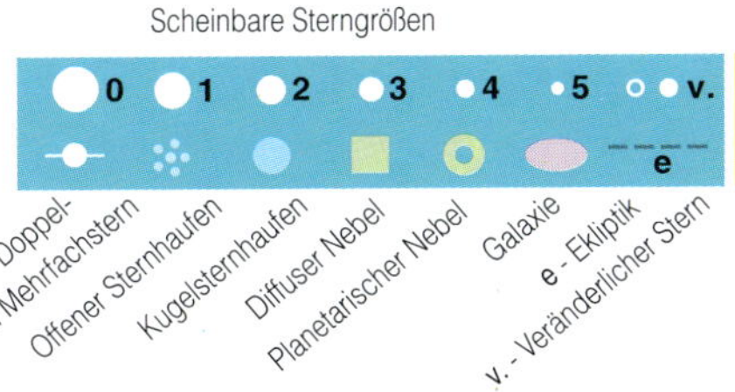

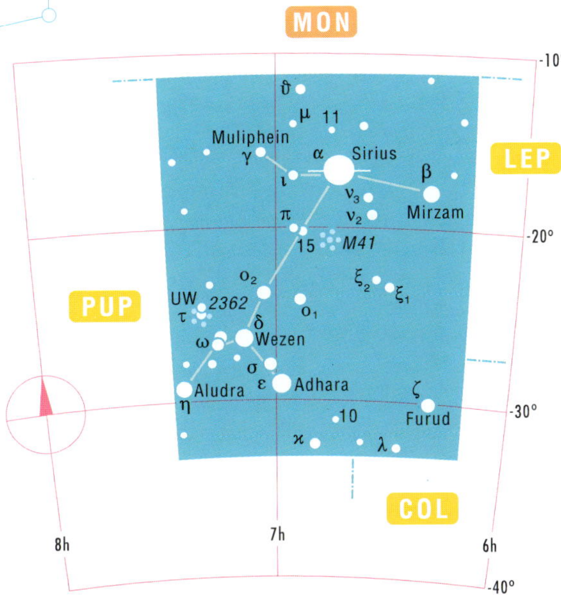

Links unten: Der offene Sternhaufen **M 41 – NGC 2287**, $5^{m}{,}0$, Winkeldurchmesser 40', Entfernung etwa 2400 Lj. Mit dem Feldstecher lassen sich ungefähr 20 Sterne finden. Schönes Beobachtungsobjekt für jedes Fernrohr.

Rechts unten: Der offene Sternhaufen **NGC 2362**, etwa 60 Sterne, gruppiert um den hellen Stern **Tau CMa**, der wahrscheinlich aber nicht zu diesem Haufen gehört.

CANIS MINOR

Canis Minoris CMi Kleiner Hund

Der kleinere der beiden Hunde, die den großen Jäger Orion begleiten. Das Miniatursternbild wird vom hellen Procyon beherrscht, einem Stern nullter Größe, einer Ecke des auffälligen und fast gleichseitigen „Winterdreiecks" (an den restlichen Ecken strahlen Beteigeuze und Sirius). Der Name Procyon stammt aus dem Griechischen und heißt „vor dem Hund". Damit ist gesagt, daß der Procyon dem Sirius und anderen Sternen des Großen Hundes vorausgeht, sofern man seine Beobachtungen aus dem Mittelmeerraum oder von den meisten Orten auf der Nordhalbkugel vornimmt.

Alpha Canis Minoris – Procyon, $0^{m}_{,}4$, der achthellste Stern am Himmel und auch einer der ganz nahen Sterne. Das Licht braucht vom Procyon zu uns nur 11,4 Jahre. Spektralklasse F5, Durchmesser 2 Sonnen, Oberflächentemperatur 7000 K, Leuchtkraft 7 Sonnen. Der Procyon ist ein bemerkenswerter Doppelstern, begleitet von einem weißen Zwerg von 10,8 mag, also viel schwächer als der Siriusbegleiter. Procyon B hat nur doppelten Erddurchmesser, dafür aber eine Dichte von 140 kg/cm^3. Weiße Zwerge sind kollabierte Sterne in ihrer Entwicklungsendphase. Sie sind nicht größer als Planeten, haben aber ein Gewicht, das der Sonne nahekommt.

Beobachtungen durch die Atmosphäre

Die Erdatmosphäre behindert und verzerrt astronomische Beobachtungen. Sie wirkt als dichter Filter, der auf die Erdoberfläche außer dem Licht der kosmischen Körper nur noch einen gewissen Bereich ihrer Radiostrahlung durchdringen läßt. Die übrigen Bestandteile der elektromagnetischen Strahlung werden von der Atmosphäre in verschiedenen Höhen über der Erdoberfläche verschluckt und können nur von künstlichen Satelliten und Raumsonden aufgefangen werden. Nicht einmal die Lichtstrahlen gelangen wandlungs- und verlustfrei durch das All auf die Erdoberfläche. Sie erfahren vor allem beim Passieren der Atmosphäre einen Schwund, der von der Streuung und teilweisen Absorbierung von Licht in der Atmosphäre herrührt. Dieses Phänomen heißt ***atmosphärische Extinktion*** *und nimmt vom Zenit zum Horizont zu. Je näher ein Stern dem Horizont, desto schwächer erscheint er, und das auch bei ideal reiner, durchsichtiger Luft. Viel stärker wird das Sternenlicht durch die von Staub, Smog oder Nebel verschmutzte Luft geschwächt. In Städten und Stadtnähe werden Beobachtungen auch weitgehend von der Lichtverschmutzung des Himmels beeinträchtigt, die durch die Lichtstreuung von Straßenbeleuchtung und unzähligen anderen Lichtquellen herrührt.*

CMI

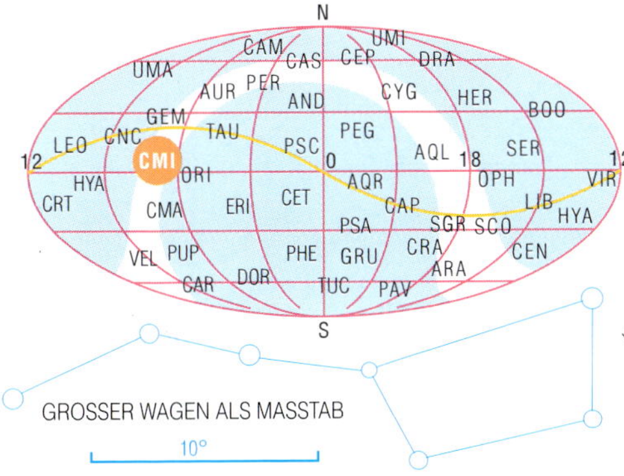

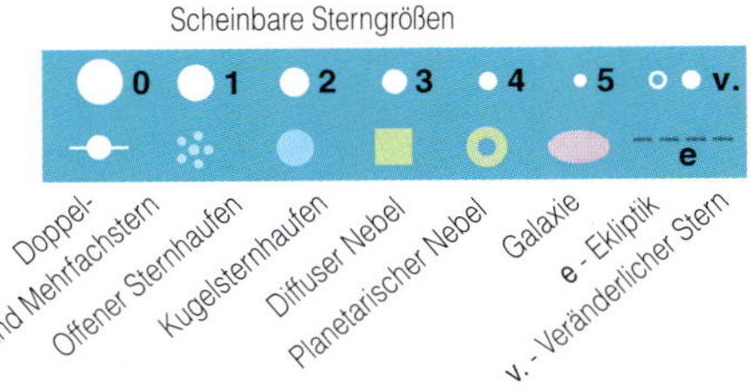

Links unten: Die relative Bahn von Procyon B um Procyon A. Umlaufzeit 41 Jahre.

Rechts unten: Die Eigenbewegung des Procyon in 1000 Jahren im Vergleich mit dem Winkeldurchmesser des Mondes, der 0,5° ausmacht. In einem Jahr verschiebt sich der Procyon vor dem Sternenhintergrund um 1,25".

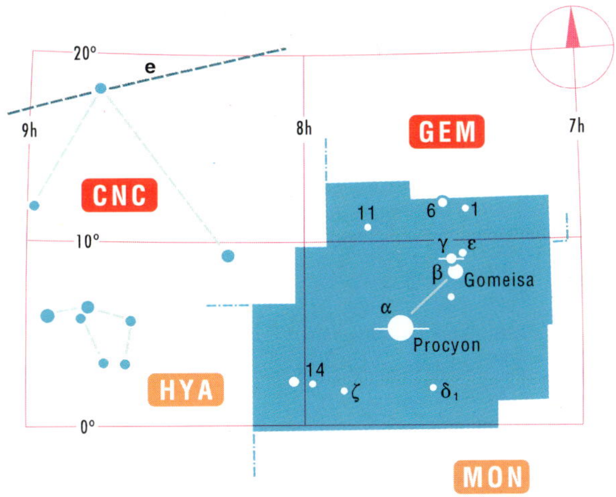

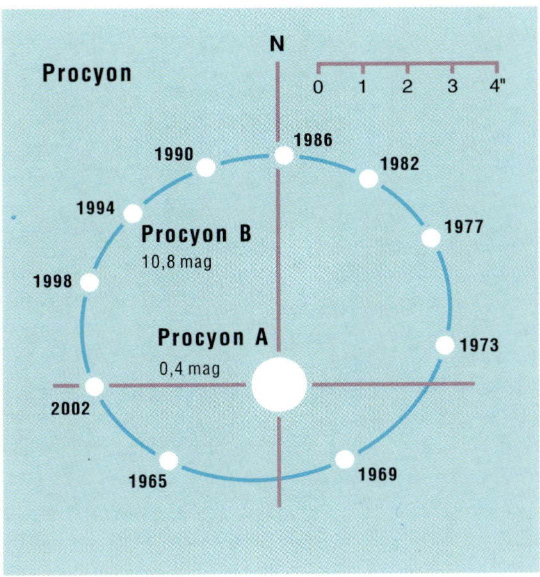

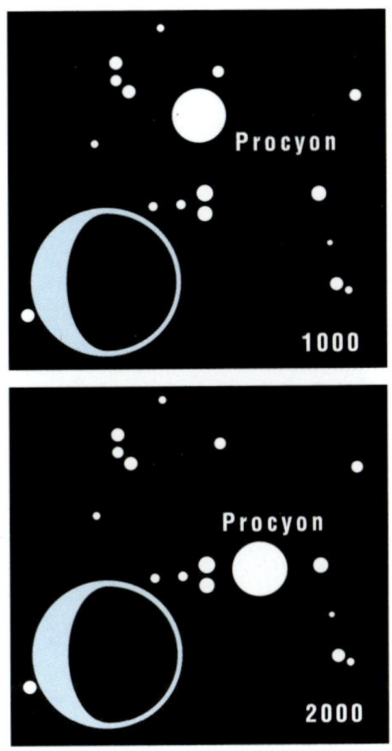

CAPRICORNUS

Capricorni Cap Steinbock

Figuralkarten zeigen an dieser Stelle einen eigenartigen Ziegenbock mit einem Fischschwanz (Abb. rechts unten). Die Sage berichtet von einem wilden Gelage des Gottes Pan mit anderen Göttern, auf dem urplötzlich das Ungeheuer Typhon erschien. Auf der Flucht vor diesem verwandelten sich die Götter in Tiere. Pan jedoch sprang in aller Hast (daher der Ausdruck Panik) in einen Fluß, noch ehe er sich völlig in einen Bock verwandelt hatte. So nahmen seine Untergliedmaßen die Gestalt eines Fischschwanzes an. Darüber amüsierte sich der Göttervater Zeus derart, daß er schließlich diesen „Meeresbock" an den Himmel setzte. Das Sternbild war bereits den alten Babyloniern bekannt. Als die Ekliptik in die Tierzeichen eingeteilt wurde, befand sich der Steinbock im südlichsten Abschnitt, wo sich die Sonne zur Wintersonnenwende befindet, d.h. über dem Wendekreis des Steinbocks. Seither haben sich unter dem Einfluß der Präzession die Tierkreissternbilder vom gleichnamigen Zeichen entfernt (s. auch Aries).

Alpha Capricorni – Giedi, Algiedi, Gredi ist ein optischer Doppelstern, dessen Komponenten unter günstigen Bedingungen mit bloßem Auge zu sehen sind. Die Sterne stellen kein physikalisches System dar. Der hellere Alpha 2 ist 109 Lj weit entfernt, der schwächere Alpha 1 rund 690 Lj. Beide Komponenten sind ihrerseits Doppelsterne.

Der Kugelsternhaufen **M 30 – NGC 7099**, $7^{m}\!,3$, hat den Winkeldurchmesser 9' und liegt etwa 24 000 Lj weit entfernt.

Atmosphärische Refraktion

Die Himmelskörper befinden sich nicht dort, wo wir sie sehen. Unglaublich, aber wahr. Man muß sich vorstellen, daß die Erdatmosphäre aus vielen dünnen Schichten besteht, deren Dichte mit der Höhe abnimmt. Ein in die Atmosphäre eintretender Lichtstrahl wird bei jedem Übergang zwischen zwei unterschiedlich dichten Schichten geringfügig gebrochen und ändert somit seine Richtung. Auf unser Auge trifft ein Sternenstrahl aus einer anderen Richtung, aus einer größeren Höhe über dem Horizont.

*Die Gesamtabweichung der Lichtstrahlen, **astronomische Refraktion** genannt, ist im Zenit am kleinsten und am Horizont am größten, wo sie etwa 35', also über einen halben Grad ausmacht! Wenn nun Sonne oder Mond, deren Winkeldurchmesser etwa einen halben Grad betragen, mit ihrem Unterrand den Horizont berühren, sind sie in Wirklichkeit bereits unter dem Horizont.*

*Heterogenität, Temperaturunterschiede und Bewegungen der Atmosphäreschichten führen zu unablässigen, schnellen und unregelmäßigen Richtungsänderungen der Lichtstrahlen, was zu erheblichen Beeinträchtigungen der Beobachtungsbedingungen führen kann. Eine ähnliche Ursache hat auch das bekannte Flimmern oder Funkeln der Sterne, die **Szintillation**.*

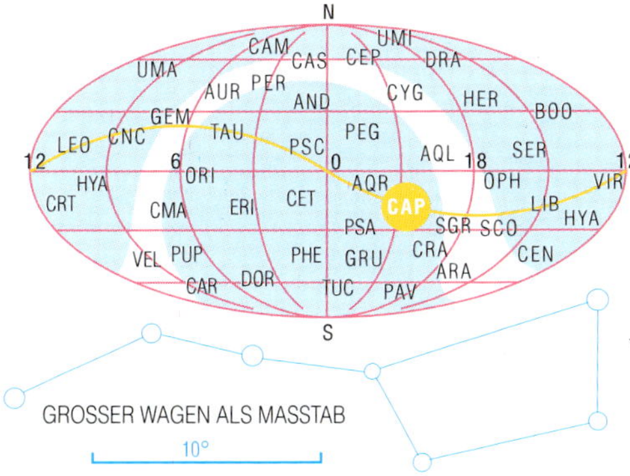
N
S
UMI
CAM
CAS
CEP
DRA
UMA
AUR
PER
AND
CYG
HER
BOO
GEM
TAU
PEG
LEO
CNC
PSC
AQL
SER
12
6
0
18
12
HYA
ORI
AQR
OPH
VIR
CRT
CMA
ERI
CET
CAP
LIB
SGR
SCO
HYA
PSA
CRA
VEL
PUP
PHE
GRU
CEN
ARA
CAR
DOR
TUC
PAV
GROSSER WAGEN ALS MASSTAB
10°

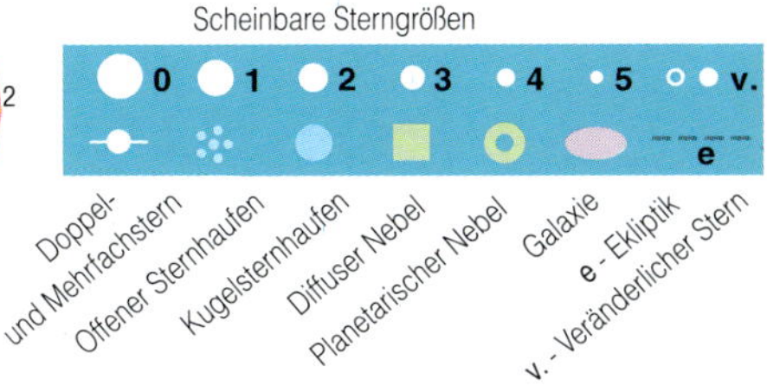
Scheinbare Sterngrößen
0
1
2
3
4
5
v.
e
Doppel- und Mehrfachstern
Offener Sternhaufen
Kugelsternhaufen
Diffuser Nebel
Planetarischer Nebel
Galaxie
e - Ekliptik
v. - Veränderlicher Stern

CAP

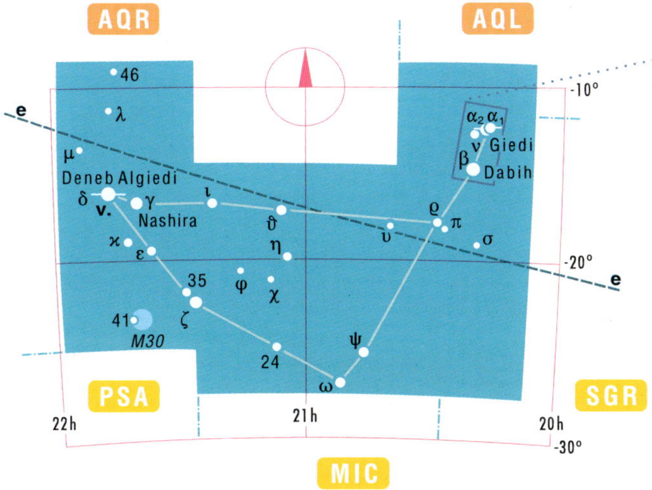
AQR
AQL
46
λ
-10°
e
μ
α2 α1
Giedi
ν
β
Dabih
Deneb Algiedi
δ
v.
γ
Nashira
ι
ϑ
ϱ
π
υ
σ
κ
ε
η
-20°
e
35
φ
χ
41
ζ
M30
ψ
24
ω
PSA
SGR
22h
21h
20h
-30°
MIC

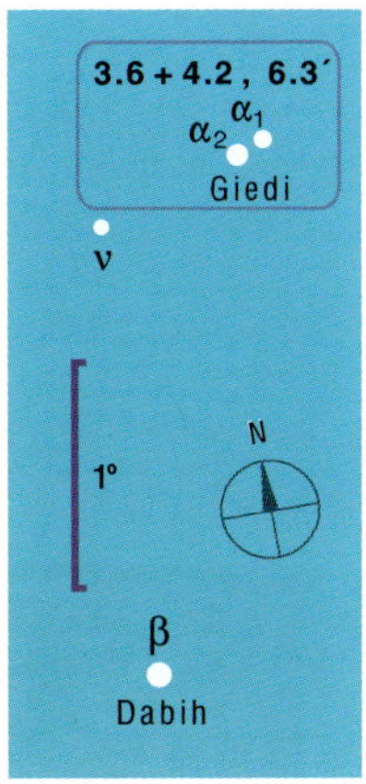
3.6 + 4.2 , 6.3´
α2 α1
Giedi
ν
1°
N
β
Dabih

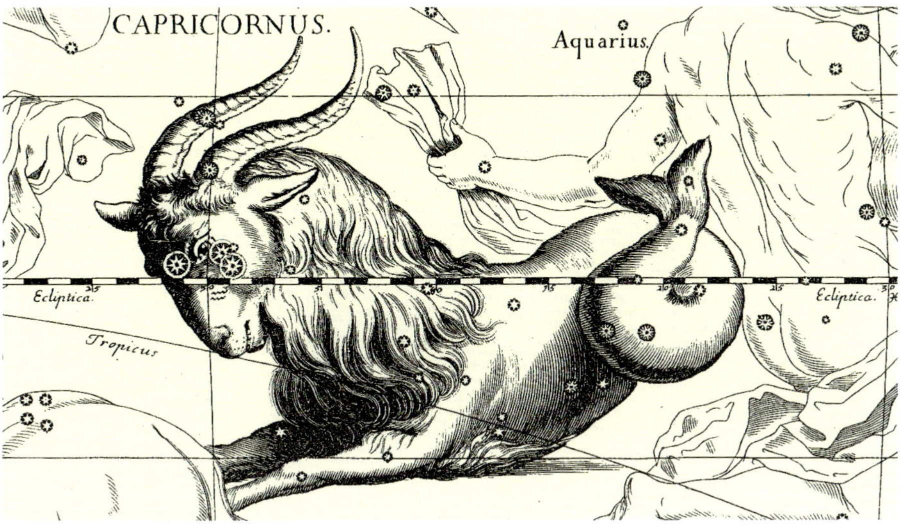
CAPRICORNUS.
Aquarius.
Ecliptica.
Ecliptica.
Tropicus

CARINA

Carinae Car Schiffskiel

Früher Bestandteil eines der ältesten und größten Sternbilder am Südhimmel, des Schiffes Argo, „Argo Navis“. Das war das Schiff Iasons und seiner Argonauten, die auszogen, das goldene Vlies zu erbeuten. In diesem Sternbild befinden sich zwei Sterne des „falschen Kreuzes“, Jota und Epsilon, sowie der zweithellste Stern am Himmel – Canopus.

Alpha Carinae – Canopus, $-0^{\text{m}}{,}62$, strahlend hell in einer Entfernung von etwa 310 Lj, ist ein Überriese von etwa 30 Sonnendurchmessern. **Ypsilon Carinae** kann man mit einem kleinen Fernrohr als einen schönen Doppelstern mit Komponenten von $3^{\text{m}}{,}0$ und $6^{\text{m}}{,}0$, 5" voneinander entfernt, sehen.

Am bemerkenswertesten ist **Eta Carinae**, ein unregelmäßiger, einer Nova ähnlicher Veränderlicher. Seit dem 17. Jahrhundert schwankte seine Helligkeit zwischen den Grenzwerten $2^{\text{m}}{,}0$ und $4^{\text{m}}{,}0$, ab 1820 schwoll er zu seinem Höchstwert von $-0^{\text{m}}{,}8$ im April 1843 an, was ihn zum zweithellsten Stern am Himmel werden ließ. In der Folge setzte ein Helligkeitsschwund ein, der sich im 20. Jahrhundert um $7^{\text{m}}{,}0$ bis $8^{\text{m}}{,}0$ bewegt. Der Stern ist in den Nebel NGC 3372 eingetaucht.

NGC 3532 ist einer der reichsten offenen Sternhaufen am Himmel. Mit dem Fernrohr sieht man hier etwa 150 Sterne, heller als $12^{\text{m}}{,}0$. Auch **NGC 2516** ist ein sehr heller und klarer Sternhaufen, im Umkreis von 1° sind hier 100 Sterne zu sehen.

NGC 3372 – Nebel Eta Carinae ist mit bloßem Auge zu sehen, es handelt sich um die hellste H-II-Region (ionisiertes Wasserstoffgebiet) in der Milchstraße mit einem Durchmesser von rund 400 Lj, ca. 8000 Lj weit entfernt. Der Winkeldurchmesser beträgt etwas über 4°. Der hellste Abschnitt dieses Nebels wird von dunklen Schlüsselloch-Nebeln verdeckt; an dieser Stelle findet man auch den Stern Eta Carinae.

CAR

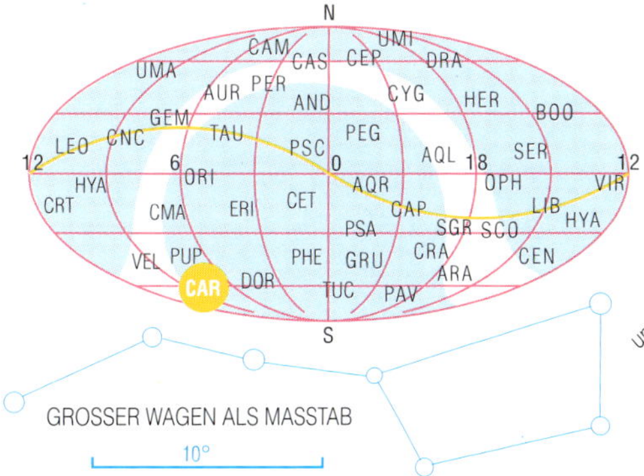

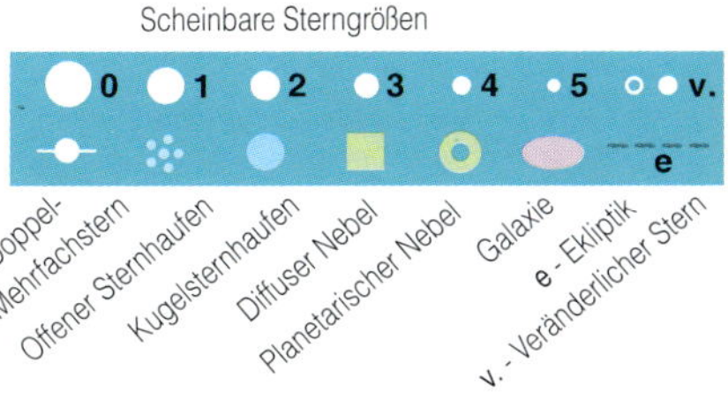

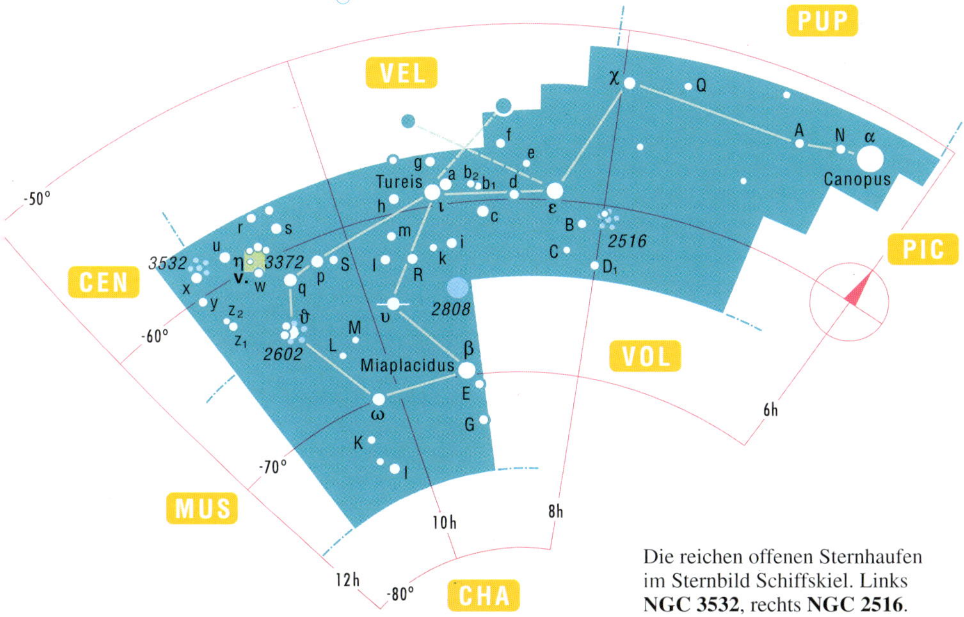

Die reichen offenen Sternhaufen im Sternbild Schiffskiel. Links **NGC 3532**, rechts **NGC 2516**.

CASSIOPEIA

Cassiopeiae Cas Kassiopeia

Die Königin Kassiopeia pries die Schönheit ihrer Tochter Andromeda über alle Maßen und beleidigte dadurch den Meergott Neptun. Darauf folgte das bekannte Drama, dessen Helden schließlich als Sternbilder verewigt wurden (s. auch Kepheus, Andromeda, Perseus, Pegasus, Cetus). Die Kassiopeia ist eins der kräftigsten und bekanntesten Sternbilder, das aus fünf zu einem W angeordneten hellen Sternen besteht. Auf halbem Weg zwischen Kassiopeia und Großem Wagen findet man den Polarstern – gut für die Orientierung!

Gamma Cassiopeiae – Cih, ein unregelmäßiger, veränderlicher Stern, normalerweise zwischen den Grenzwerten $2^{m}{,}1$ und $2^{m}{,}4$, der 1937 sogar $1^{m}{,}6$ erreichte und 1940 auf $3^{m}{,}0$ schrumpfte. Er ist ein Doppelstern mit einem Begleiter von $9^{m}{,}0$ im Abstand von 2,3". In der Kassiopeia leuchtete 1572 eine als **Tychos Stern** (nach Tycho Brahe) bekannte Supernova auf, die mit bloßem Auge 16 Monate lang zu sehen war. Der Überrest der Supernova **SN 1572** ist eine Radioquelle als schwacher, expandierender Nebel.

Mit kleinen Fernrohren lassen sich hier ein paar helle, offene Sternhaufen beobachten. **NGC 457** – Eulensternhaufen, dessen von Sternen ($8^{m}{,}0$ – $11^{m}{,}0$) angedeutete Konturen an eine Eule erinnern, die „Augen" sind Sterne von $5^{m}{,}0$ und $7^{m}{,}0$. **M 52 – NGC 7654** enthält rund 200 Sterne in einem Umkreis von 12'.

Die Galaxien **NGC 147** und **NGC 185** gelten als Begleiter der großen Galaxie M 31 in der Andromeda.

Offener Sternhaufen **M 52 – NGC 7654**.

CAS

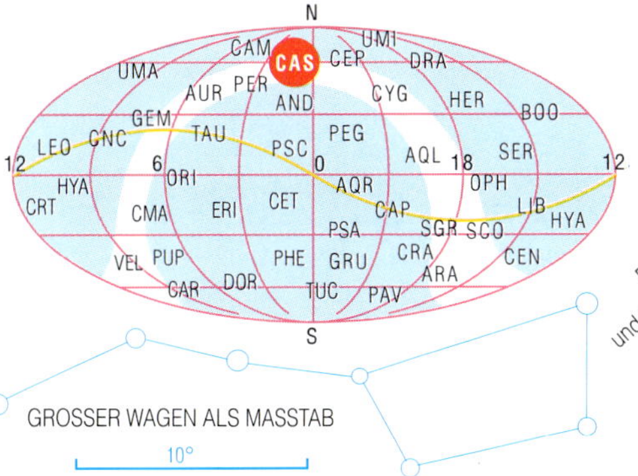

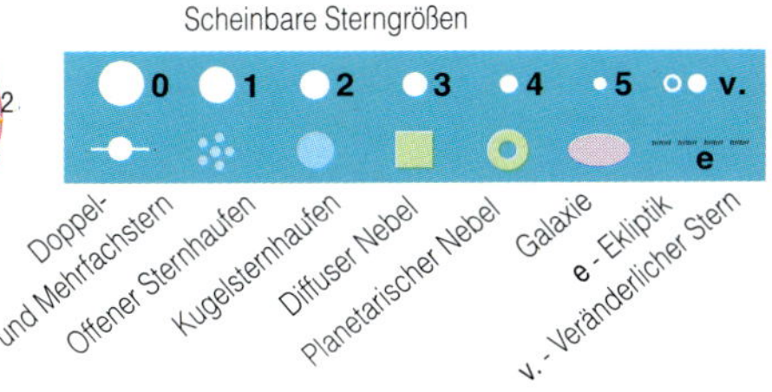

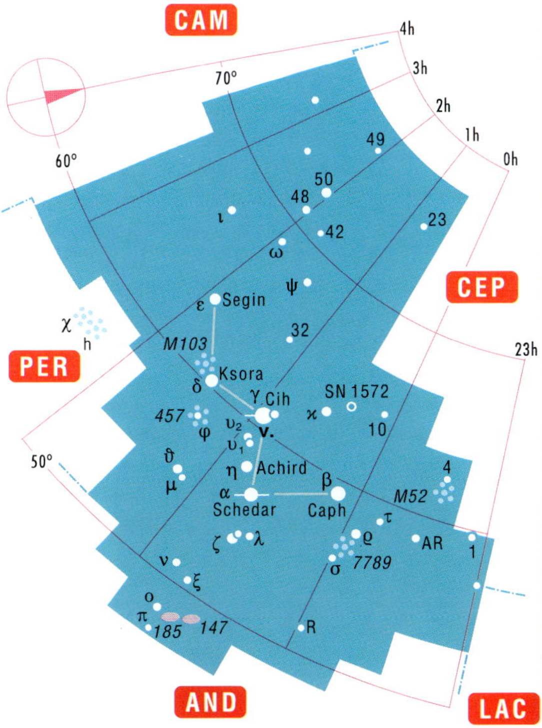

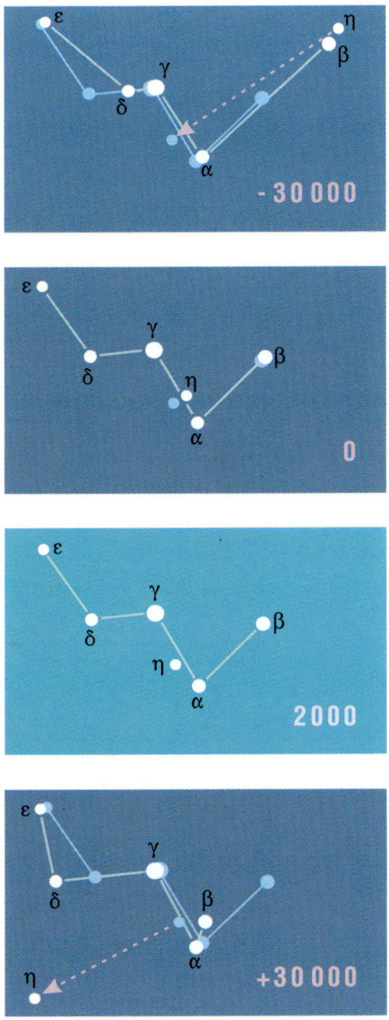

Rechts: Das veränderte Aussehen der Kassiopeia, hervorgerufen durch die Eigenbewegung ihrer Sterne in 60 000 Jahren. Sehr schnell ist die Bewegung des Sterns **Eta Cas**, der seit Beginn unserer Zeitrechnung von einer Seite der Verbindungslinie der Sterne Alpha – Gamma auf die andere gewandert ist.

CENTAURUS

Centauri Cen Kentaur

Die Kentauren sind aus der griechischen Mythologie als Fabelwesen bekannt: halb Mensch, halb Pferd. Unter ihnen zeichnete sich der weise und gütige Chiron aus, den der Göttervater Zeus als Sternbild am Himmel verewigte. Die Sterne Alpha und Beta Centauri dienen als Richtungsweiser zum Kreuz des Südens.

Alpha Centauri – Rigil Kentaurus oder **Toliman**, $-0\overset{m}{,}3$, der dritthellste Stern am Himmel und mit 4,4 Lj Entfernung der nächste Stern. Alpha ist ein Dreifachstern: Seine Komponenten A mit $0\overset{m}{,}0$ und B mit $1\overset{m}{,}3$ bilden einen schönen Doppelstern. Die dritte Komponente mit nur $11\overset{m}{,}0$ liegt 2°11' SW von Paar A, B und unserer Erde am nächsten: nur 4,249 Lj. Sie heißt daher **Proxima Centauri** (die Allernächste). Es ist nicht gewiß, ob sie durch Gravitation mit dem Paar A, B zusammenhängt. Der rote Zwerg Proxima wurde 1915 entdeckt.

Der hellste und größte Kugelsternhaufen am Himmel ist **NGC 5139 – Omega Centauri**, mit dem bloßen Auge als ein Stern von $4\overset{m}{,}0$ zu sehen. Einige Millionen Sterne bedecken eine Fläche, die doppelt so groß wie der Mond aussieht. Die Entfernung des Sternhaufens wird auf 16 500 Lj geschätzt, ihr Alter auf rund 15 Milliarden Jahre. Nördlich von Omega kann man mit dem Feldstecher das kleine Nebelwölkchen der außergewöhnlichen Galaxie **NGC 5128 – Centaurus A** erkennen. Sie enthält doppelt so viele Sterne wie unsere Galaxis. Ihre Entfernung wird mit 10–22 Millionen Lj angegeben. Sie ist eine außerordentlich starke Strahlungsquelle im Licht-, Radio-, Infrarot- und Röntgenbereich des Spektrums.

Riesenkugelsternhaufen **NGC 5139**.

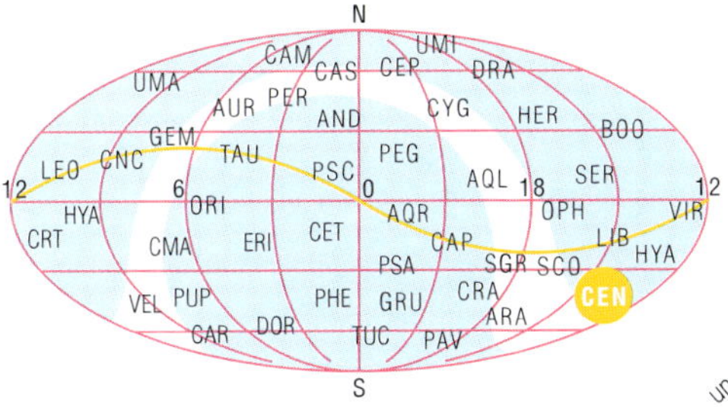

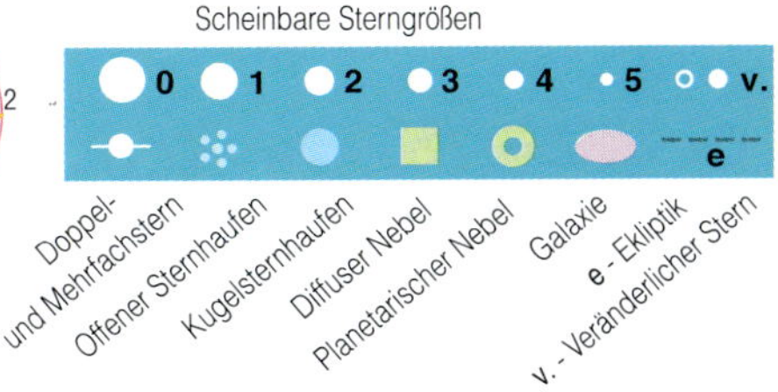

CEN

Die Galaxie **NGC 5128** ist vermutlich aus der Verbindung zweier Galaxien nach deren Zusammenstoß entstanden. Die große elliptische Galaxie wird von einem dunklen Staubring durchzogen, dem Überrest der zweiten Galaxie.

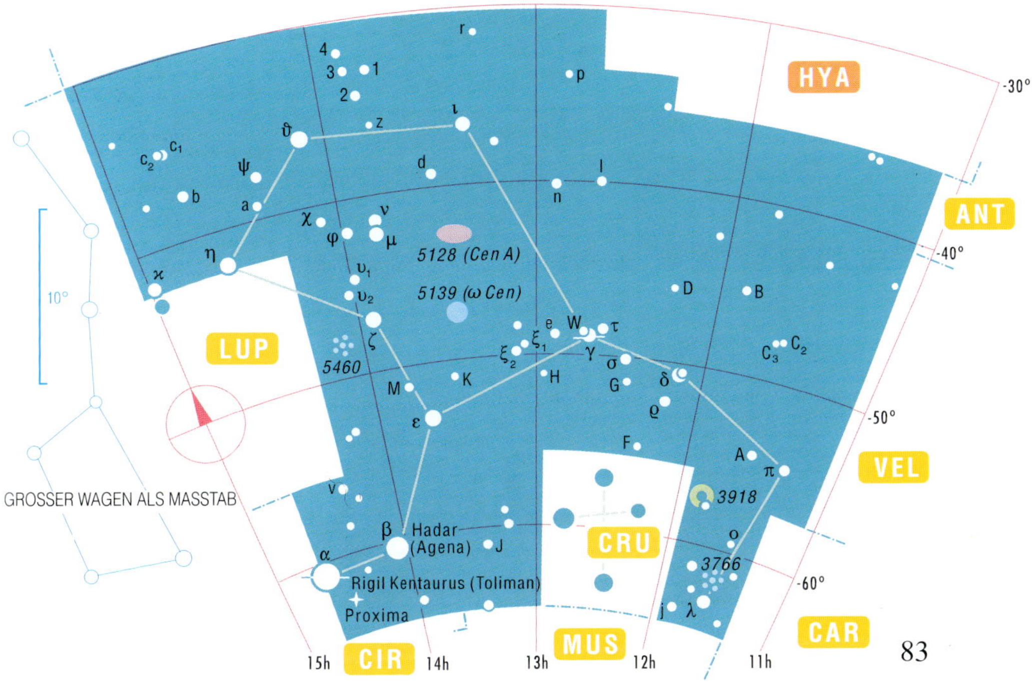

CEPHEUS

Cephei Cep Kepheus

Der griechischen Mythologie zufolge war Kepheus König von Aithiopien, der Gemahl der Kassiopeia und Vater der schönen Andromeda. Einschließlich Perseus, des Befreiers der Andromeda, kam diese ganze Familie schließlich an den Himmel.

Das beachtlichste Objekt im Sternbild ist **Delta Cephei**, ein pulsiernder Veränderlicher oder **Cepheide**, dessen Charakteristik und Lichtkurve auf S. 25 angeführt sind. Delta ist zugleich einer der schönsten Doppelsterne: Der Begleiter ($6^{m}_{,}3$) liegt 41" südlicher und erscheint blauweiß neben der goldgelben helleren Komponente. Bei den Cepheiden ist die Periode ihres rhythmischen Aufleuchtens und Verblassens proportional zur Leuchtkraft. Findet man Cepheiden in einer fernen Galaxie, mißt man ihre Periode, von der man dann die Leuchtkraft und auch die Entfernung ableiten kann. Ein anderer interessanter veränderlicher Stern ist **My Cephei – Erakis** oder auch **Granatstern**, der durch seine rotorangene Färbung auffällt. Seine Helligkeit schwankt unregelmäßig, in den achtziger Jahren lag sie bei einer Periode von 800 Tagen zwischen $3^{m}_{,}6$ und $4^{m}_{,}4$. Der Bedeckungs-Doppelstern **VV Cephei** birgt einen roten Überriesen, den man früher für den größten bekannten Stern überhaupt hielt (Durchmesser: 1600 Sonnen); neuere Schätzungen liegen wesentlich darunter.

Die Galaxie **NGC 6946** ist ein visuell sehr schwaches Objekt ($11^{m}_{,}0$) und gehört zu den nächsten Galaxien außerhalb der Lokalen Galaxiengruppe.

Spiralnebel **NGC 6946**.

CEP

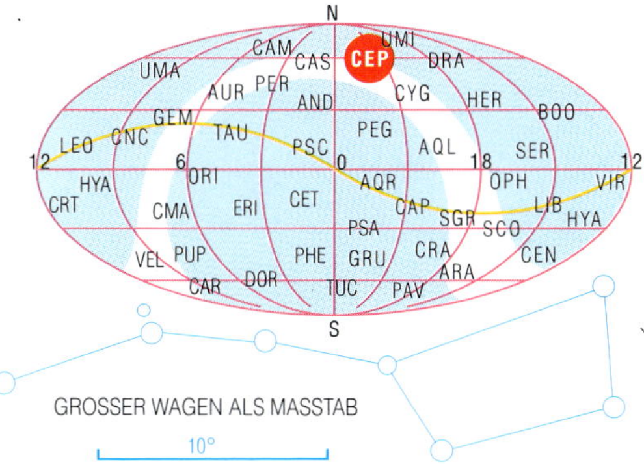

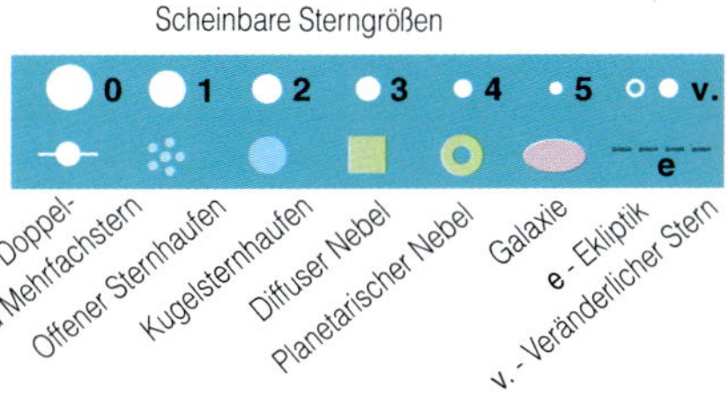

Die Magnitudo-Änderungen von **Delta Cephei** kann man mit dem bloßen Auge oder dem Feldstecher beobachten, indem man Delta mit beiden benachbarten Sternen **Epsilon** ($4^m_,2$) und **Zeta** ($3^m_,4$) vergleicht. Im Maximum ist Delta annähernd so hell wie Zeta.

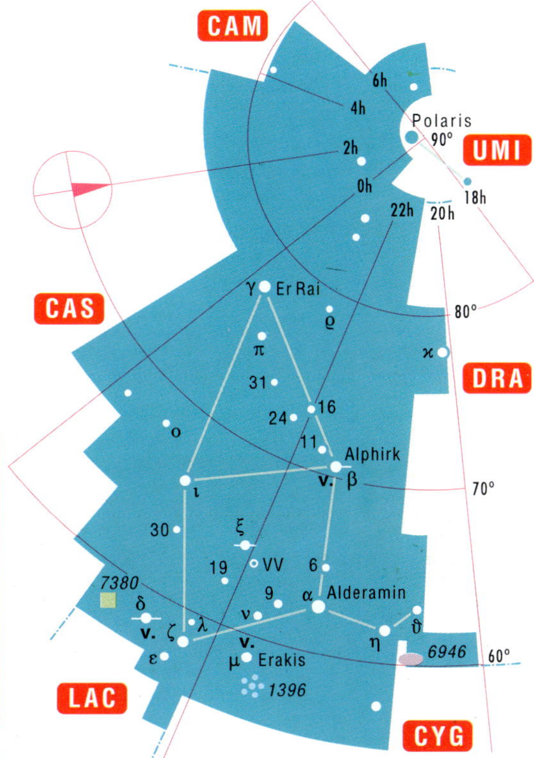

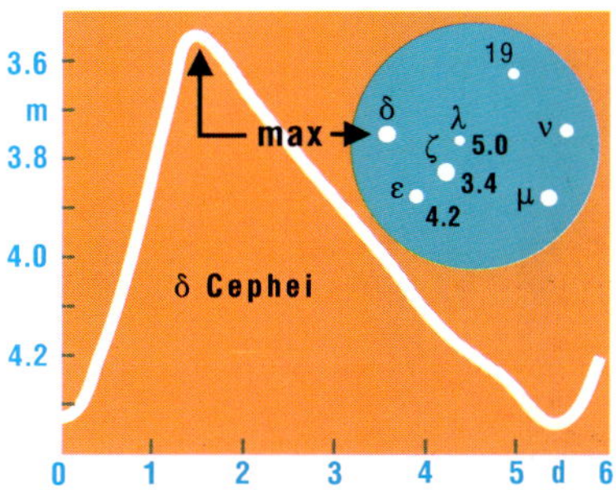

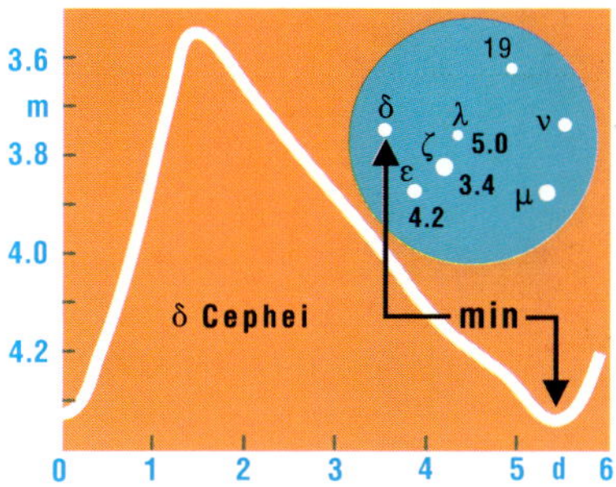

Im Minimum ist Delta Cephei ein wenig schwächer als Epsilon. Man führt diese Beobachtungen wenigsten 1–2 Wochen lang regelmäßig jeden Abend durch. Vom Maximum zum Minimum sinkt Delta in 4 Tagen ab, vom Minimum zum Maximum dauert es 1,5 Tage.

CETUS

Ceti Cet Walfisch

Die Phantasie der alten Sternkartenzeichner hat uns Bilder von Monstern mit Fischschwänzen hinterlassen, die einem Wal nicht im entferntesten ähnlich sehen. Cetus soll jenes Meeresungeheuer gewesen sein, das sich gerade anschickte, Andromeda zu verschlingen, und im letzten Augenblick von Perseus zu Strecke gebracht wurde. Auf Latein heißt Cetus freilich Walfisch, einer neueren Legende nach soll das der „große Fisch“ gewesen sein, der den alttestamentarischen Propheten Jonas verschlungen hat. Die Einwände, ein Walfisch sei schließlich kein Fisch, kommen in der Welt der Mythen und Legenden nicht durch.

Omikron Ceti – Mira (die Wunderbare) ist der hellste und bekannteste langperiodische Veränderliche. Seine Helligkeit schwankt zwischen $3\overset{m}{,}0$ und $9\overset{m}{,}0$ in durschnittlich 332 Tagen. Mira ist ein roter Überriese, sein Durchmesser ist rund 300mal größer als der unserer Sonne, seine Entfernung beträgt 420 Lj. **Gamma Ceti – Kaffaljidhmah** ist ein Doppelstern mit Komponenten von $3\overset{m}{,}5$ und $6\overset{m}{,}2$ in einem Winkelabstand von 2,8". Der Stern **Tau Ceti**, $3\overset{m}{,}5$, lediglich 11,9 Lj entfernt, gehört zu den nächsten Sternen vom Sonnentyp, bei denen man die Existenz eines Planetensystems annehmen kann. Seit 1959 wurden hier Signale einer hypothetischen Zivilisation gesucht, jedoch nicht festgestellt.

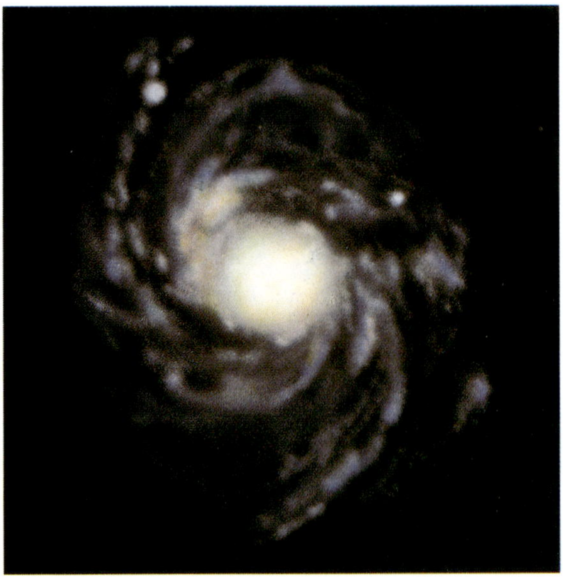

M 77 – NGC 1068 – Spiralnebel vom Typ SB, $9\overset{m}{,}0$, über 50 Millionen Lj entfernt. Er gehört zu den sogenannten Seyfert-Galaxien mit hochintensiver, aus dem Kern kommender Radiostrahlung.

CET

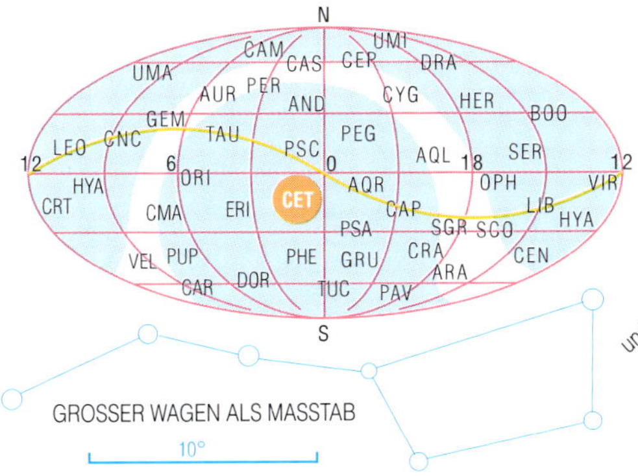

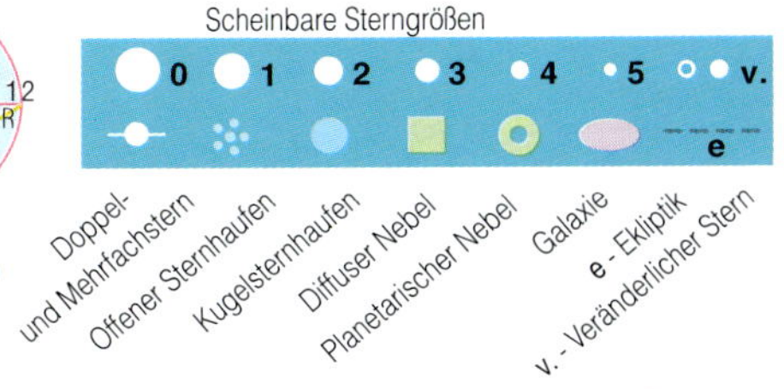

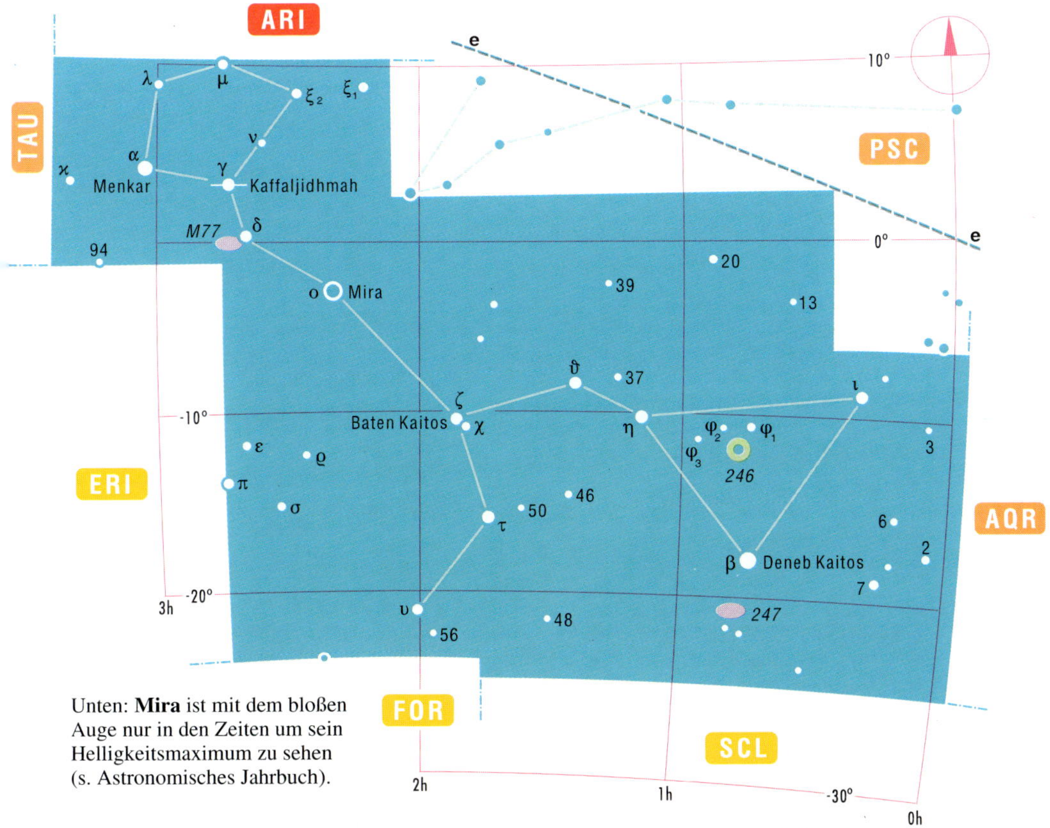

Unten: **Mira** ist mit dem bloßen Auge nur in den Zeiten um sein Helligkeitsmaximum zu sehen (s. Astronomisches Jahrbuch).

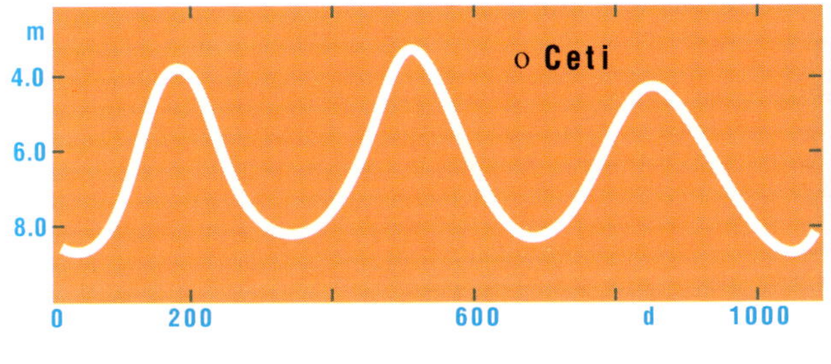

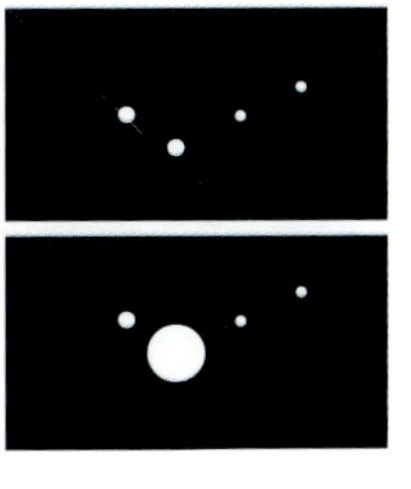

CHAMAELEON

Chamaeleontis Cha — Chamäleon

In der Natur zeichnet sich das Chamäleon durch seine Fähigkeit aus, sich unauffällig zu machen. Dem Seefahrer P. D. Keyser gelang es, aus schwachen Sternchen ein recht unauffälliges Chamäleon zusammenzustellen, J. Bayer stellte dieses neue Sternbild 1603 in seinem Atlas „Uranometria" vor. Das kleine und kaum sichtbare Sternbild verliert sich in einem sternarmen Gebiet um den Himmelssüdpol. Bei der Suche kann man das Kreuz des Südens zu Hilfe nehmen, dessen längerer Arm über das Chamäleon auf den Südpol weist.

Am hellsten ist **Alpha Chamaeleontis**, $4\overset{m}{,}1$, ein weißer Riese der Spektralklasse F5, dessen Licht 64 Jahre zu uns unterwegs ist. Der Stern **Beta Chamaeleontis**, $4\overset{m}{,}2$, hat die Spektralklasse B5, liegt auf der Hauptreihe des Temperatur-Leuchtkraftdiagramms und ist 270 Lj entfernt. **Gamma Chamaeleontis**, $4\overset{m}{,}1$, ein orangeroter Riese der Spektralklasse M0, strahlt in einer Entfernung von etwa 410 Lj.

Der planetarische Nebel **NGC 3195** ist ein bemerkenswert helles Objekt, er erscheint als Nebelscheibchen mit den Winkelmaßen 30" x 40", d.h. etwa so groß wie die Scheibe des Planeten Jupiter.

Wie viele Sterne sehen wir am Himmel?

Die Dichter sprechen von Milliarden, denn sie haben ein Anrecht auf Übertreibung. Die Wirklichkeit ist viel bescheidener. In einer mondlosen Nacht mit günstigen Beobachtungsbedingungen (durchsichtige Atmosphäre, keine Störung durch künstliche Lichtquellen) könnten wir über dem Horizont, also auf einer Hälfte der Himmelssphäre, zwischen 2000 und 3000 Sterne zählen. Die Zahl hängt auch von der geographischen Breite des Beobachters ab, von der Verteilung der Sterne an der Himmelssphäre und von der atmosphärischen Extinktion (s. S. 74), so daß die Zahl der mit bloßem Auge sichtbaren Sterne wesentlich von den Durchschnittswerten abweichen kann. Am gesamten Himmel kann man mit bloßen, aber scharfen Augen rund 6 000 Sterne sehen.

Die Zahl der sichtbaren Sterne nimmt um ein Vielfaches zu, wenn man durch ein Fernrohr schaut. Ein ganz kleines Fernrohr oder ein Feldstecher zeigen bereits 100 000 bis 200 000 Sterne. Mit einem großen Gerät bekommt man Millionen bis Hunderte Millionen Sterne und weitere kosmische Objekte zu Gesicht, vor allem Galaxien (s. auch S. 179).

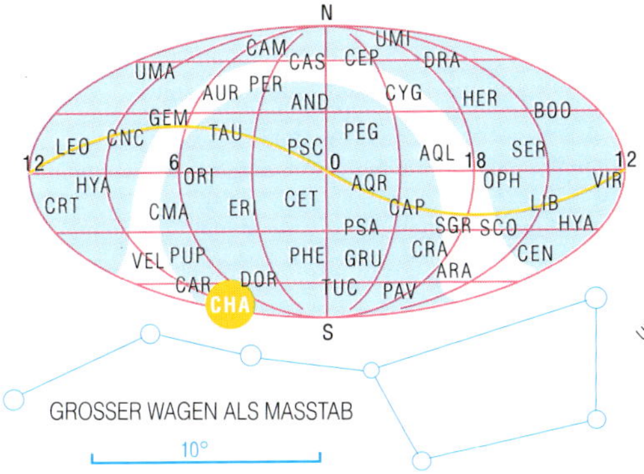

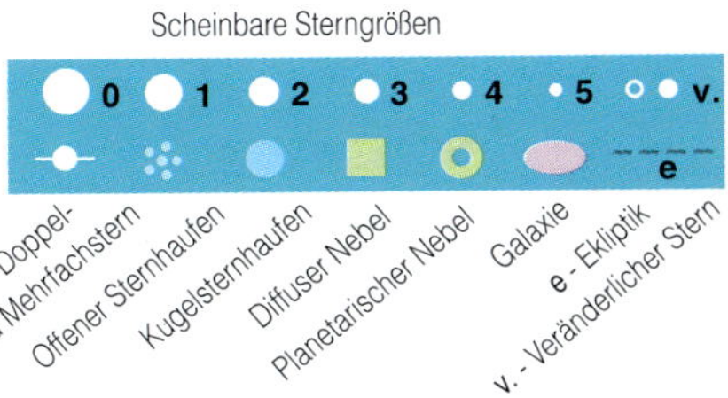

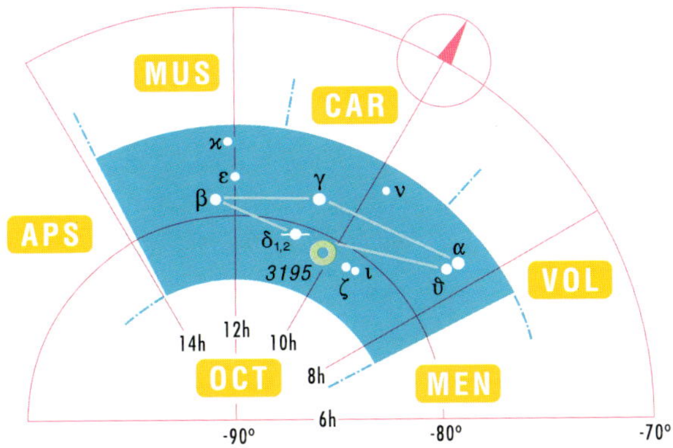

Den optischen Doppelstern **Delta 1 Cha**, $5\overset{m}{.}5$ und **Delta 2 Cha**, $4\overset{m}{.}5$, kann man schon mit dem Feldstecher unterscheiden. Delta 1 ist 354 Lj entfernt, Delta 2 liegt rund 10 Lj weiter weg. Delta 1 ist ein physischer Doppelstern, den nur ein großes Fernrohr unterscheiden kann.

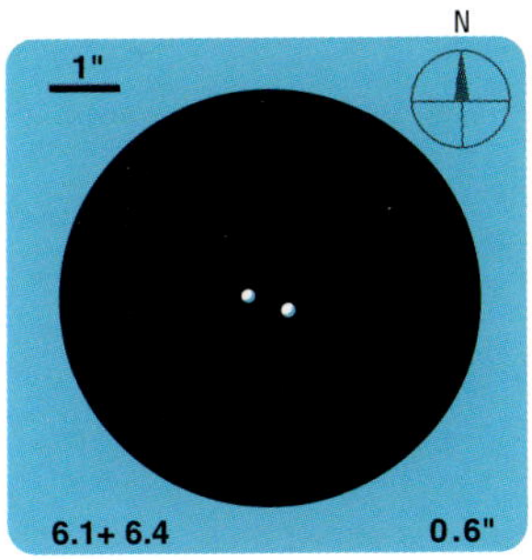

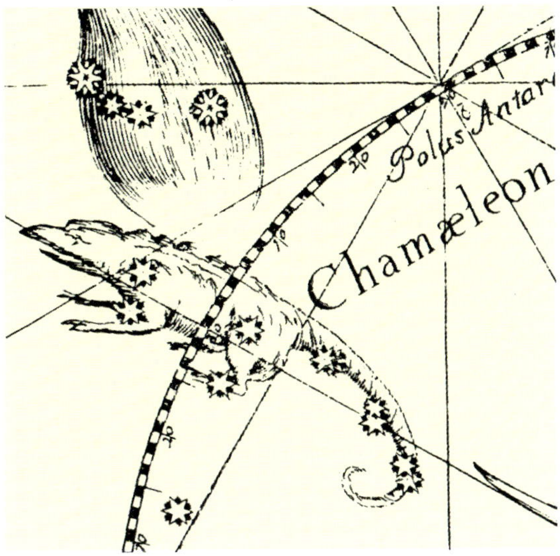

Darstellung des Chamäleons im figuralen Sternatlas „Uranographia“ von J. Hevelius aus dem Jahr 1690.

CIRCINUS

Circini Cir Zirkel

Eins der kleinen, „modernen" Sternbilder, mit denen der französische Astronom Nicola Louis de Lacaille (auch Abbé de la Caille, 1713–1762) um die Mitte des 18. Jahrhunderts jede freie Stelle am südlichen Sternhimmel ausfüllte. Lacaille leitete in den Jahren 1750–1754 eine Expedition der französischen Akademie der Wissenschaften zum Kap der Guten Hoffnung, wo er Beobachtungen des Südhimmels anstellte und diesen erstmals systematisch kartierte. Ein Detail seiner Sternkarte mit dem Sternbild Zirkel (le Compas) ist auf der nebenstehenden Seite zu sehen. Man findet den Zirkel relativ leicht, da er in der unmittelbaren Nachbarschaft des auffallend hellen Sternpaares Alpha und Beta Centauri liegt.

Alpha Circini, $3^{m}_{,}2$, und **Gamma Circini**, $4^{m}_{,}6$, sind Doppelsterne. Alpha ist 54 Lj entfernt, Gamma liegt 450 Lj weiter. **Beta Circini**, $4^{m}_{,}1$, ist ein Stern auf der Hauptreihe, Spektralklasse A3, in einer Entfernung von 97 Lj.

Sternfarbe

Ein flüchtiger Blick auf den Nachthimmel sagt, daß alle Sterne weiß sind. Eine sorgfältigere Betrachtung enthüllt viele feinste Farbunterschiede, vor allem bei den hellsten Sternen. Hier ein paar Beispiele:

– blaßorange: Beteigeuze, Antares, Aldebaran
– heller orangegelb: Arcturus, Pollux
– gelblich: Capella, Alpha Centauri
– bläulich: Spica, Regulus, Wega
– weiß: Deneb, Atair, Procyon.

In der Astronomieliteratur wird die Farbe als Charakteristikum der Wärmestrahlung eines Sterns und dessen Spektralklasse angeführt. So werden beispielsweise kalte Sterne (unter 5 000 K) als orange (Klasse K) und rot (Klasse M) beschrieben. Unser Auge sagt etwas anderes, doch ist seine Wahrnehmung von vielen Faktoren abhängig, vor allem von der Helligkeit eines Objekts.

Deutliche Farbunterschiede kann man bei Doppelsternen wahrnehmen, bei denen z.B. die schwächere Komponente (dank kontrastbedingter Täuschung) in der Komplementärfarbe zur helleren Komponente aus der gleichen Spektralklasse erscheinen kann.

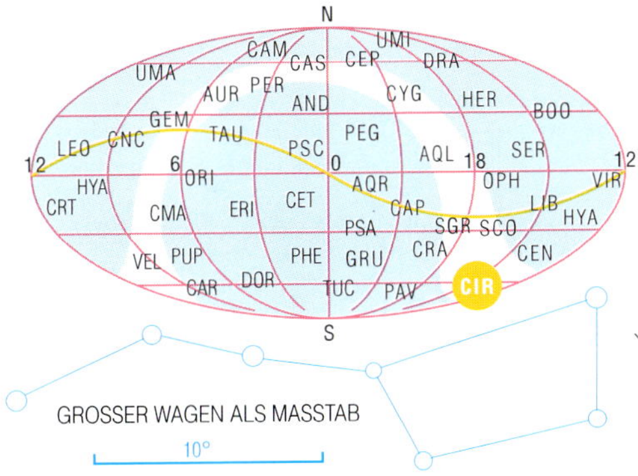

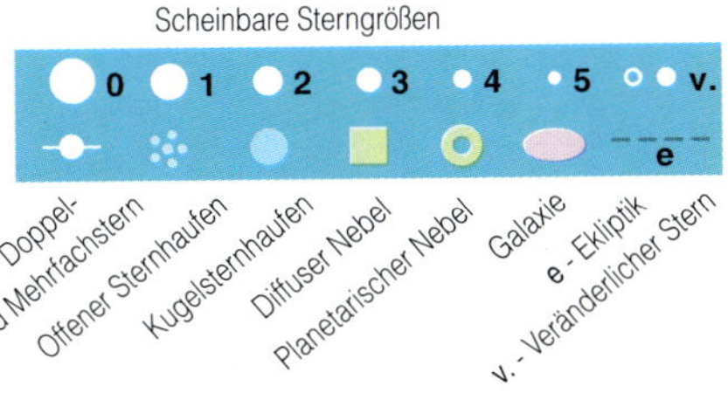

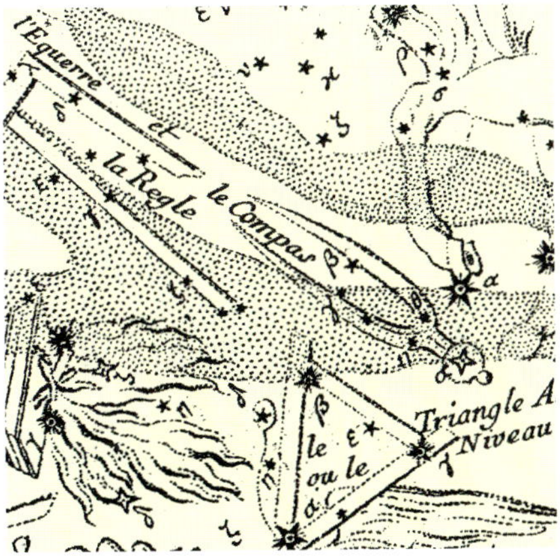

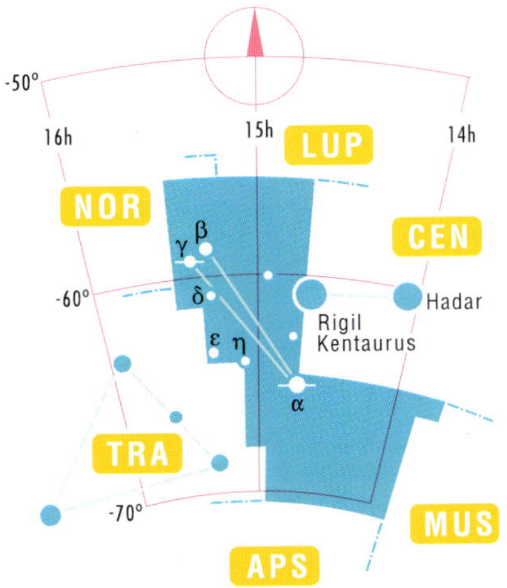

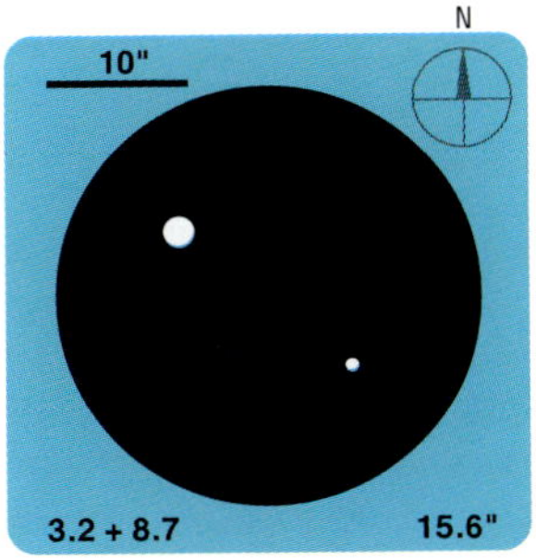

Links: Doppelstern **Alpha Circini**, dessen Komponenten man auch mit einem kleinen Fernrohr unterscheiden kann.

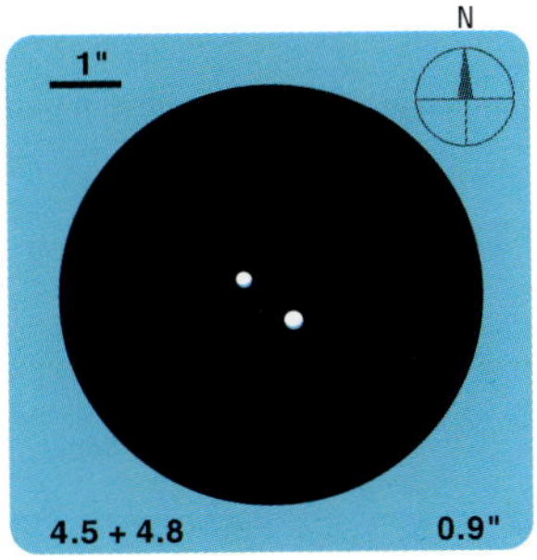

Rechts: **Gamma Circini** ist ein dichtstehender visueller Doppelstern, ein Testfall für Fernrohre mit 150 mm-Objektiv.

COLUMBA

Columbae Col Taube

Der südliche Nachbar von Großem Hund und Hasen. Das Sternbild entstand im 17. Jahrhundert und galt als die Taube, die Erzvater Noah aus der Arche sandte, als der Regen aufhörte und das Wasser wieder fiel. Auf manchen älteren Karten wird das Sternbild direkt Columba Noachi genannt, also Noahs Taube. Eine andere Deutung sieht hier die Taube, die den Argonauten den sicheren Weg ins Schwarze Meer gewiesen hat. Daher befindet sie sich am Himmel unweit vom Sternbild Puppis – Schiffsheck, das urspünglich zum großen Schiff Argo gehört hat.

Alpha Columbae – Phakt, $2^{m},6$, ein nur mit größeren Fernrohren zu beobachtender Doppelstern, der von einem schwachen Stern von $12^{m},5$ im Winkelabstand 13,5" von der Hauptkomponente begleitet wird. Laut 1997 veröffentlichten Messungen des Satelliten HIPPARCOS befindet sich Alpha Columbae in einer Entfernung von 268 Lj. **Beta Columbae**, $3^{m},1$, 86 Lj. vom helleren Partner entfernt, ist ein Riesenstern der Spektralklasse K1. Ein weiterer Doppelstern im Sternbild Taube ist **Gamma Columbae**, $4^{m},4$mit einem schwachen Begleiter von $12^{m},7$ im Winkelabstand 33,8" vom Hauptgestirn.

Nova und Supernova

*Mehrmals im Jahr melden die Astronomen Neuentdeckungen von Sternen, obschon am Himmel keine Sterne hinzukommen. Nur auf den Sternkarten erscheinen Zeichen an Stellen, an denen keineswegs neue, sondern im Gegenteil sehr alte Sterne kurz aufgeflammt und wieder erloschen sind. Da wurde kein neuer Stern geboren, sondern auf einem schon längst vorhandenen, unscheinbaren Stern erfolgte eine Explosion, die dessen Leuchtkraft um das Zehntausendfache verstärkte. Dazu kommt es bei engständigen Doppelsternen, wenn eine Komponente ein weißer Zwerg ist. Auf die Oberfläche des Zwergs strömen so lange Wasserstoff und Helium vom anderen Stern hinüber, bis in der angesammelten Masse eine Thermonuklearreaktion in Gang gesetzt wird und es zur Explosion kommt. Nach dem Abklingen wiederholt sich der ganze Prozeß und die Nova explodiert von neuem (**rekurrierende** oder **wiederkehrende Nova**, s. S. 98).*

*Ein viel selteneres, dafür aber grandioses „Himmelsfeuerwerk" bieten die Supernovä. Das ist keine kleine Oberflächenexplosion, die sich auf einem Stern mehrfach wiederholen kann, sondern eine gigantische Explosionskatastrophe, die der bisherigen Gestalt des Sterns ein Ende setzt. Danach bleibt nur noch eine rasch expandierende Gashülle zurück – **ein Supernova-Überrest** (SNR – Supernova Remnant).*

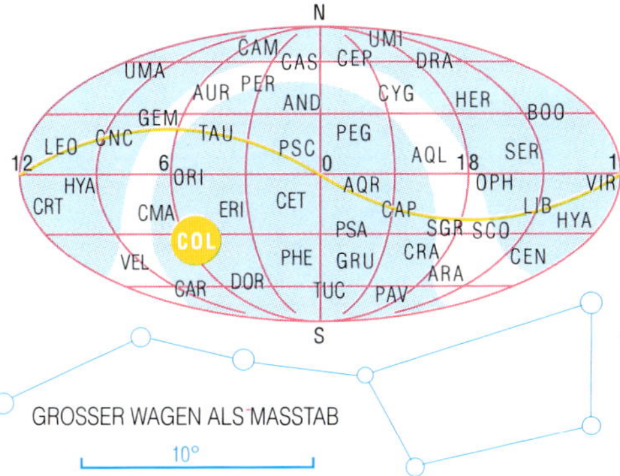

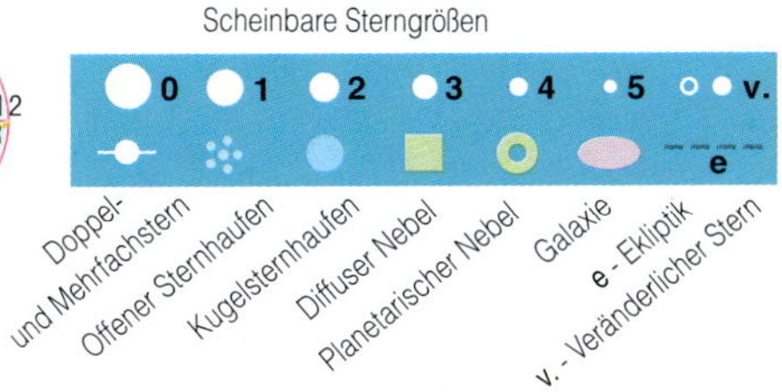

COL

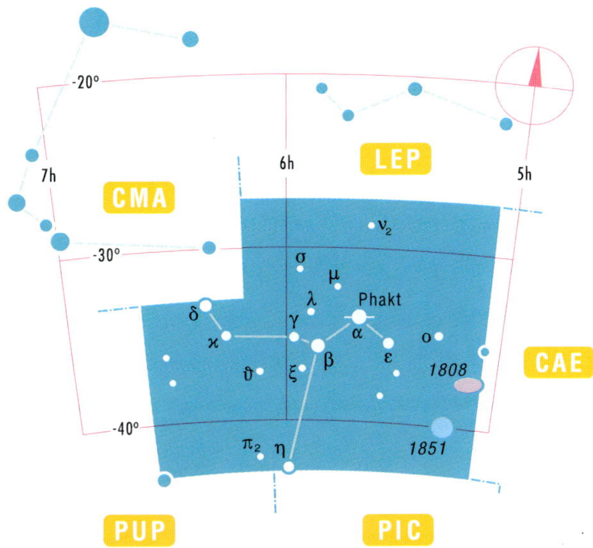

Unten: **NGC 1808**, Spiralnebel vom Typ Sc, rund 50 Millionen Lj entfernt. Die Struktur dieser Galaxie, vor allem aber ihre Spektralanalysen verraten gewaltige Bewegungen im Bereich des sehr hellen Kerns. Somit gehört die Galaxie NGC 1808 zu den sogenannten Seyfert-Galaxien mit hochaktiven Kernen.

COMA BERENICES

Comae Berenices Com Haar der Berenike

Das Sternbild erinnert an die historisch belegte Geschichte der Königin Berenike, der Gemahlin des ägyptischen Königs Ptolemaios III. (um 250 v. Chr.), die ihr herrliches Haar für die glückliche Heimkehr des Königs aus einem Krieg opferte. Die Haare verschwanden aber aus dem Tempel. Die drohende Affäre legte der Hofastronom Conon bei, indem er „entdeckte", daß die Götter, denen dieses Opfer sehr gefallen hatte, das Haar als ein Sternbild an den Himmel gesetzt hatten.

Einen beträchtlichen Teil des Sternbilds nimmt der ausgedehnte Sternhaufen **Melotte 111** ein, einer der schönsten, schon im Feldstecher sichtbaren offenen Sternhaufen. Der hellste Stern in seiner Mitte ist **Gamma Com**. Der Sternhaufen enthält etwa 80 Sterne, $4\overset{m}{,}0$ – $5\overset{m}{,}0$ und schwächer, und ist nur 290 Lj weit entfernt, weswegen er auch so groß aussieht.

Der **Kugelsternhaufen M 53 – NGC 5024**, Gesamthelligkeit $7\overset{m}{,}5$, hat einen Winkeldurchmesser von 14' und einen faktischen Durchmesser von 800 Lj. Entfernung: ca. 60 000 Lj.

Außerhalb der Reichweite von Amateurfernrohren liegt der **Galaxienhaufen im Haar der Berenike**, rund 300 bis 400 Lj entfernt, mit seinen über 1000 Galaxien. In das Sternbild projizieren sich aber auch viele nähere und hellere Galaxien. **NGC 4565** ist ein ganz typisches Beispiel für einen großen, von der Seite gesehenen Spiralnebel. Er ist ungefähr 20 Millionen Lj entfernt und etwa so groß wie unsere Galaxis.

Unten: **M 64 – NGC 4826** (The Blackeye Galaxy) ist ein Spiralnebel mit ausgesprochen kräftigen dunklen Staubwolken in Kernnähe – daher der englische Name. Winkelmaße 7,5' x 3,5', Entfernung 20–25 Millionen Lj.

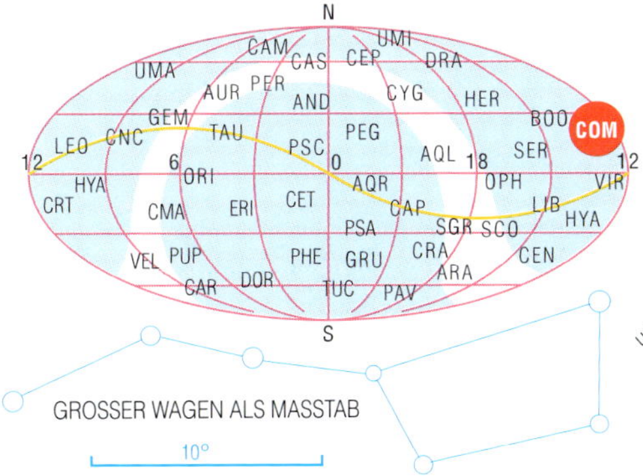

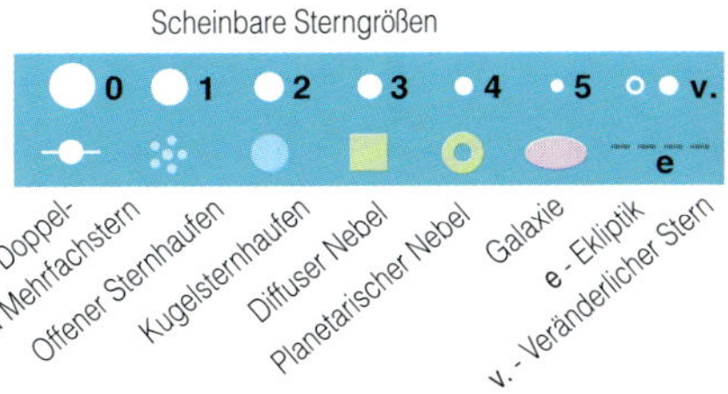

COM

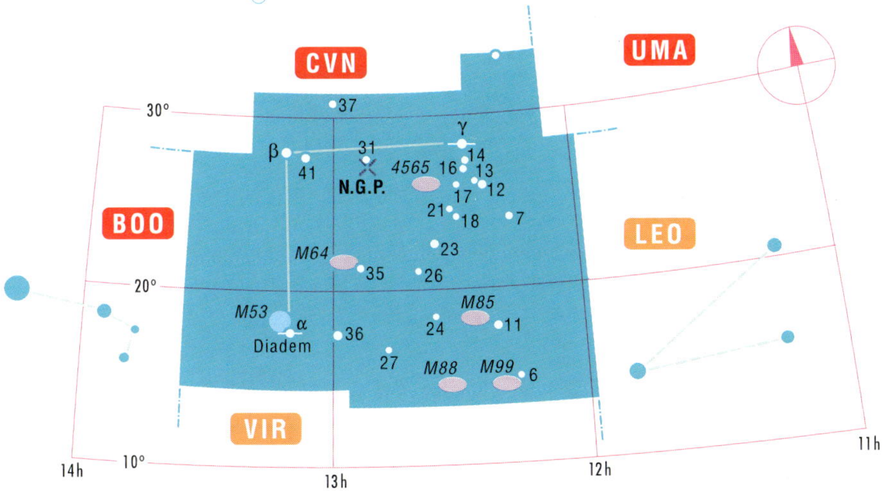

Unten: Längs der Mittelebene der Galaxie **NGC 4565** kommen die dunklen Wolken aus Interstellarstaub und -gas gut heraus, die das Licht der Sternwolken in den Spiralarmen der Galaxie verschlucken.

Oben: **N.G.P.** (North Galactic Pole) – der galaktische Nordpol. In dieser Richtung fällt der Blick senkrecht auf die Galaxisebene, wobei sich die fernsten Gegenden des Alls auftun.

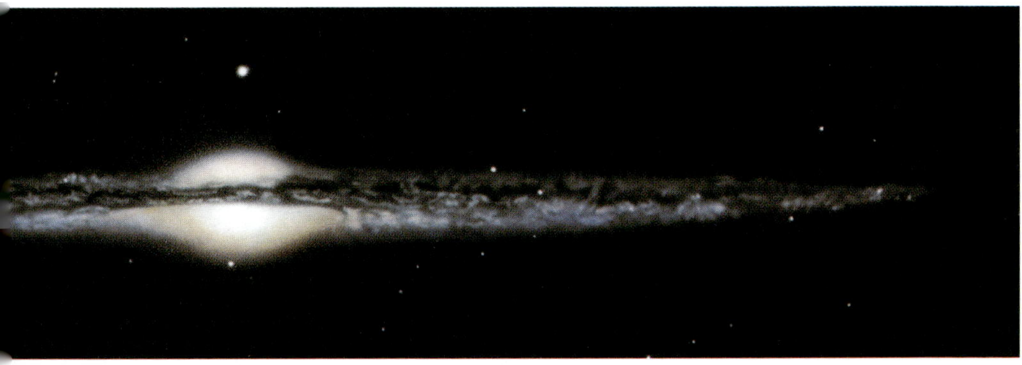

CORONA AUSTRALIS

Coronae Australis CrA Südliche Krone

Südlich von der markanten „Teekanne“, die zu den Sternen des Schützen gehört, findet man das Gegenstück zur Nördlichen Krone – die weniger auffällige Südliche Krone. Beide Kronen gehören zu den klassischen Sternbildern in Ptolemäus' Verzeichnis aus dem 2. Jahrhundert. Auf Figuralkarten wird die Südliche Krone meist als Lorbeerkranz dargestellt, wie er den Göttern, Herrschern und Siegern gebührt. J. Hevelius hatte davon aber eine andere Vorstellung, wie das Bild auf der nebenstehenden Seite zeigt.

Alpha Coronae Australis, $4\overset{\mathrm{m}}{,}1$, ist ein Stern der Spektralklasse A1, 130 Lj weit entfernt. **Beta Coronae Australis**, $4\overset{\mathrm{m}}{,}1$, ist ein orangener Riese aus der Spektralklasse K0, etwa 500 Lj entfernt. In 175 Lj Entfernung liegt **Delta Coronae Australis**, $4\overset{\mathrm{m}}{,}6$, ein orangener Riese aus der Klasse K1. **Kappa Coronae Australis** ist ein Sternpaar von $5\overset{\mathrm{m}}{,}6$ und $6\overset{\mathrm{m}}{,}3$, das man mit einem kleinen Fernrohr unterscheiden kann; die Komponenten stehen 21,4" weit voneinander.

Der Kugelsternhaufen **NGC 6541**, $6\overset{\mathrm{m}}{,}1$, ist groß und hell, hat einen Winkeldurchmesser von 23' und zeigt sich in einem kleinen Fernrohr als ein Nebelwölkchen. Seine hellsten Sterne von $13\overset{\mathrm{m}}{,}0$ kann man erst in einem größeren Gerät erkennen. Der wirkliche Durchmesser beträgt etwa 400 Lj. Der Haufen ist 23 000 Lj von der Sonne und 9000 Lj von der Mitte unserer Galaxis entfernt.

Besucher bei den Sternbildern

Die Sternbilder werden gelegentlich von Besuchern kosmischer oder irdischer Herkunft verändert. Zu ersteren gehören Planeten, Kleinplaneten, Kometen, selten neue Sterne – Novä. Einige lassen sich mit bloßem Auge erkennen, andere nur mit dem Fernrohr. Vor allem für Astronomie-Einsteiger ist die Entscheidung, um welches Objekt es sich handelt, nicht immer leicht. Die Körper des Sonnensystems verraten sich durch ihre Bewegung vor dem Sternenhintergrund (innerhalb von Stunden oder Tagen), manchmal auch durch ihr Aussehen. Bekannte Objekte identifiziert man mit Hilfe des Astronomischen Jahrbuchs und mit einem detaillierten Sternenatlas. Bestehen Zweifel, soll man sich nicht scheuen, bei der nächsten Sternwarte oder dem nächsten Planetarium anzurufen. Es ist schon mehr als einmal vorgekommen, daß neue Kometen von Amateuren entdeckt wurden. Dabei gilt vor allem ein Grundsatz: Bereit sein ist alles. Zu den Kurzgästen in den Sternbildern zählen die Meteore – die leuchtenden Spuren von Interplanetarmaterieteilchen, die in der Erdatmosphäre verglühen. Sternähnliches Aussehen und schnelle Bewegung sind typisch für künstliche Satelliten; von Flugzeug-Positionslichtern kann man sie mit dem Feldstecher unterscheiden, außerdem mit dem Ohr – Satelliten fliegen geräuschlos.

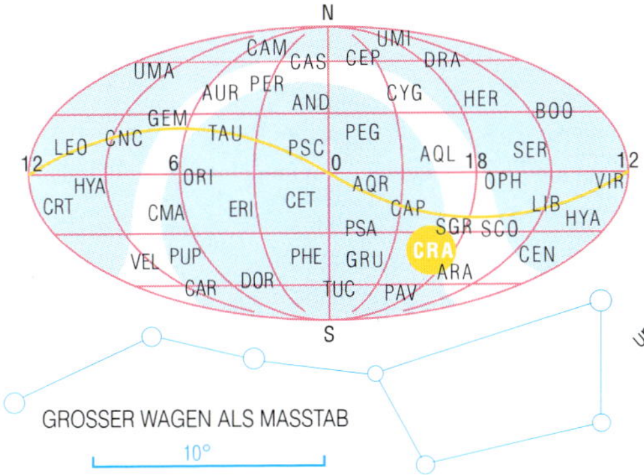

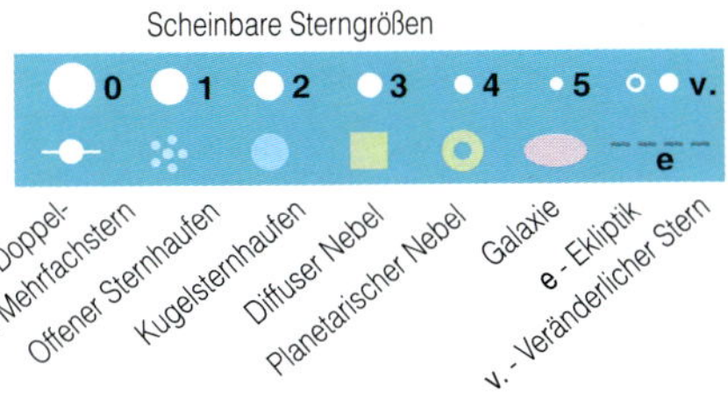

CRA

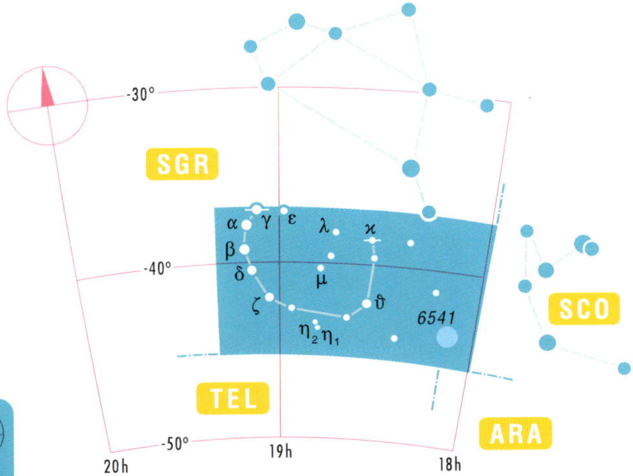

Unten: **Gamma Coronae Australis** ist ein physischer Doppelstern mit einem Komponentenumlauf von 120 Jahren. Entfernung von der Erde: 58 Lj.

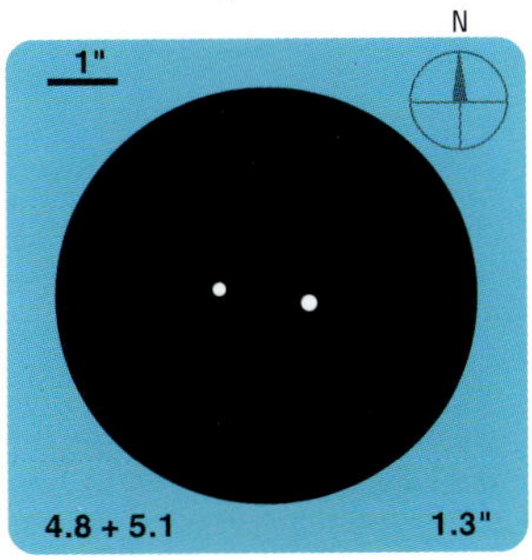

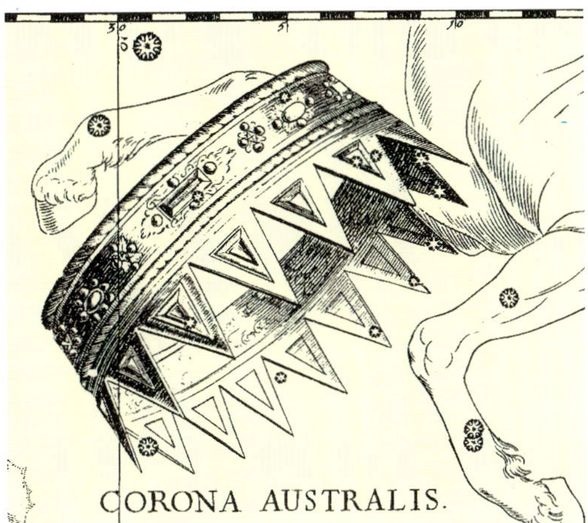

Rechts: Abbildung der Südlichen Krone aus Hevelius' Sternatlas aus dem Jahr 1690.

CORONA BOREALIS

Coronae Borealis CrB Nördliche Krone

Eins der ältesten bekannten Sternbilder. Die Sage weiß zu berichten, daß König Minos von Kreta eine Tochter Ariadne hatte, die eine diamantbesetzte Krone trug. Dionysos (im alten Rom Bacchus) begehrte Ariadne zur Frau, und um sie von seiner göttlichen Herkunft zu überzeugen, nahm er die Krone der Prinzessin und warf sie an den Himmel. Einer anderen Version zufolge tat er das erst nach dem Tode der Ariadne. Die kleine, aber markante Nördliche Krone findet man leicht zwischen Bootes und Herkules.

Alpha Coronae Borealis – Gemma (Edelstein) ist ein Bedeckungveränderlicher, dessen Helligkeit zwischen den Grenzwerten $2^{m}{,}2$ und $2^{m}{,}3$ mit einer Periode von 17,4 Tagen schwankt. Entfernung 75 Lj. Bei **Zeta CrB**, $4^{m}{,}7$, lassen sich mit einem kleinen Fernrohr die beiden Doppelstern-Komponenten von $5^{m}{,}1$ und $6^{m}{,}0$ im Winkelabstand von 6,3" unterscheiden. Sie liegen in einer Entfernung von 470 Lj. Der optische Doppelstern **Ny 1,2 CrB** hat Komponenten von $5^{m}{,}4$ und $5^{m}{,}6$ im Winkelabstand von 370". Der Stern **T Coronae Borealis**, eine rekurrierende Nova von $10^{m}{,}0$– $11^{m}{,}0$, hat immer wieder Überraschungen bereit. In den Jahren 1866 und 1946 erstrahlte er jäh mit einer Helligkeit von $2^{m}{,}0$.

Der Galaxienhaufen **ZW 7420** (Zwicky-Katalog) enthält rund 400 Galaxien und hat am Himmel einen Durchmesser von 154'. Er ist über eine Milliarde Lj entfernt und rast immer noch mit 21 000 km/sec. davon. Galaxienhaufen können mehrere hundert oder sogar einige tausend Objekte enthalten, die durch Schwerkraft aneinander gebunden sind.

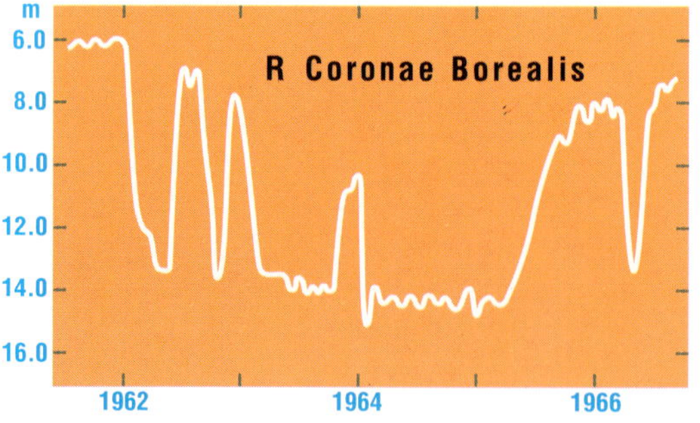

Die Lichtkurve zeigt die Helligkeitsschwankungen des Veränderlichen **R Coronae Borealis**, der ganz unregelmäßig zwischen den Grenzwerten $6^{m}{,}0$ und $15^{m}{,}0$ oszilliert. R CrB ist ein „Rauchstern", der sich hin und wieder in Kohlenstoff- oder Rußwolken hüllt, die sein Licht verschlucken. Wenn die Wolken wieder auseinandertreten, leuchtet der Stern in unverminderter Helligkeit von maximal $6^{m}{,}0$.

CRB

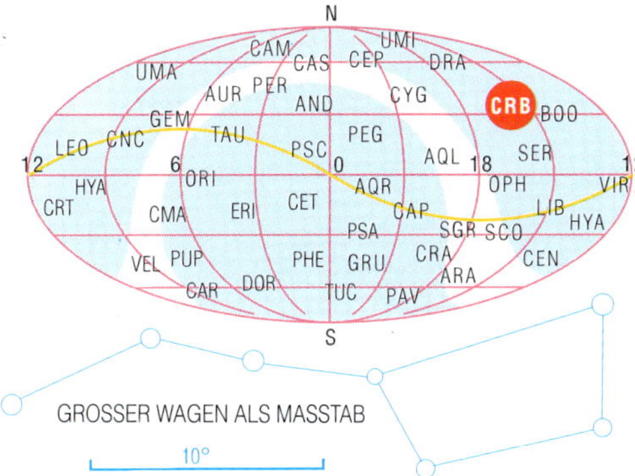

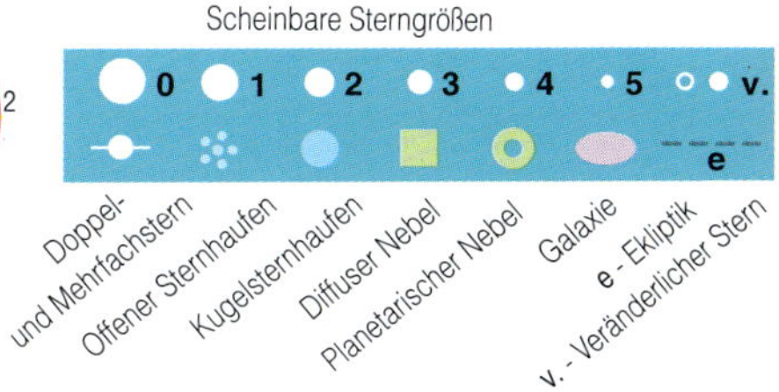

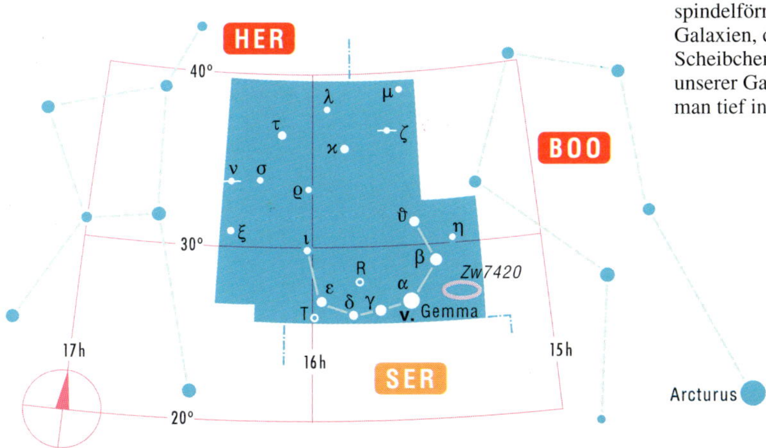

Unten: Teil des Galaxienhaufens in der CrB. Die kleinen, spindelförmigen Ovale sind Galaxien, die meisten Scheibchen sind Sterne in unserer Galaxis, zwischen denen man tief ins All sehen kann.

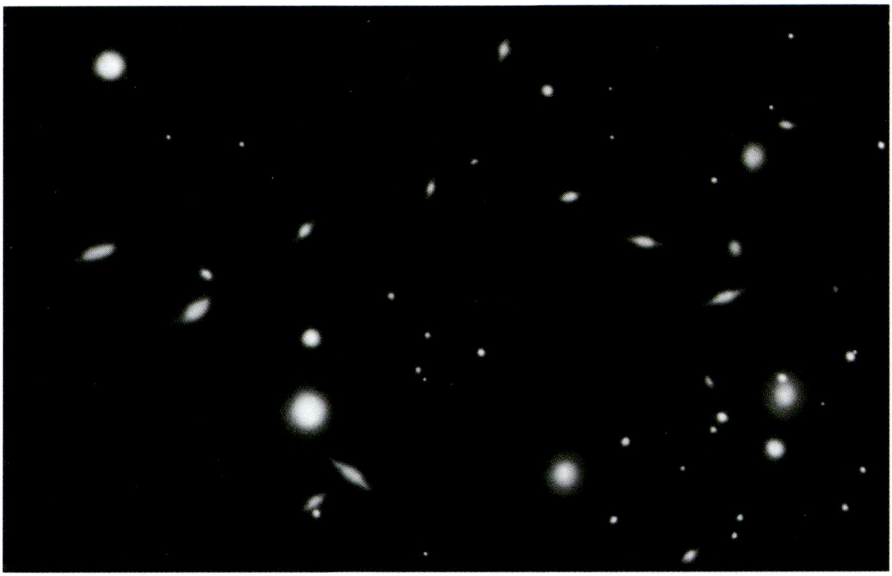

CORVUS

Corvi Crv Rabe

Das auffällige Viereck des Raben mit dem benachbarten Becher findet man leicht unweit der hellen Spica in der Jungfrau. Beide kleinen Sternbilder haben eine gemeinsame Geschichte (s. Crater).

Alpha Corvi – Alchita, Al Chiba, $4\overset{m}{,}0$, ist ein weißer Riese, von dem uns 48 Lj trennen. **Delta Corvi – Algorab,** $3\overset{m}{,}0$, ist ein Doppelstern mit einem Begleiter von $9\overset{m}{,}2$ im Winkelabstand von 24,2". Dieses System ist 88 Lj weit entfernt.

Das beachtlichste, allerdings für kleine Fernrohre unerreichbare Objekt ist das Galaxienpaar **NGC 4038–39**, $11\overset{m}{,}0$. Wegen des ungewöhnlichen Aussehens erhielt es die Bezeichnung **Antennae** oder **Fühler**. Die Entfernung beträgt ungefähr 90 Millionen Lj, es handelt sich hier um das nächstliegende, aufeinander einwirkende Galaxienpaar. Vor 500–700 Millionen Jahren kamen sich die Galaxien so weit näher, daß viele Sterne und viel Interstellarmaterie in großen Mengen von der Schwerkaft aus ihren ursprünglichen Bahnen gerissen und als lange Fasern in den intergalaktischen Raum geschleudert wurden. Die Schwerkraftwirkung läßt auch neue Sterne in den Kernen und Scheiben der Galaxien entstehen.

CRATER

Crateris Crt Becher

Der Gott Apoll schickte den ihm bediensteten Raben mit dem Becher, vom Wasser des Lebens zu holen. An der Quelle fand der Rabe einen Feigenbaum und wartete dort, bis die Feigen reif waren. Erst danach erfüllte der naschhafte Vogel seinen Auftrag. Als Alibi brachte er eine Wasserschlange (Hydra) mit, die ihm angeblich das Wasserschöpfen verwehrt hatte. Apoll durchschaute diese Lüge und verbannte alle drei – Rabe, Becher und Hydra – an den Himmel.

Alpha Crateris – Alkes, $4\overset{m}{,}1$, ist ein gelber Riese in einer Entfernung von 174 Lj. Der Doppelstern **Gamma Crateris** hat eine Hauptkomponente von $4\overset{m}{,}1$ und einen Begleiter von $8\overset{m}{,}9$ im Winkelabstand 5,3". Das Licht von diesem System ist 84 Jahre lang zu unserer Erde unterwegs.

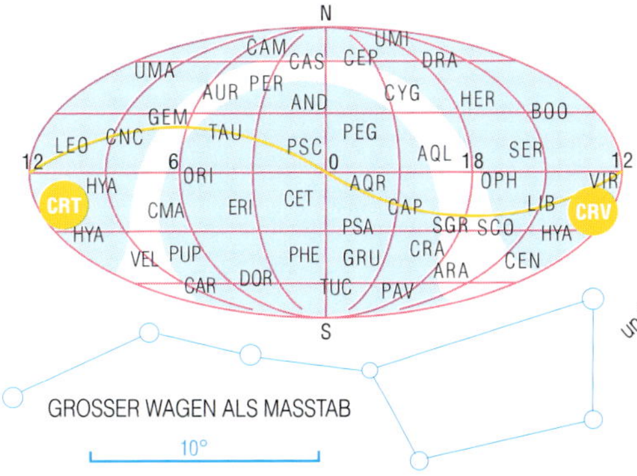

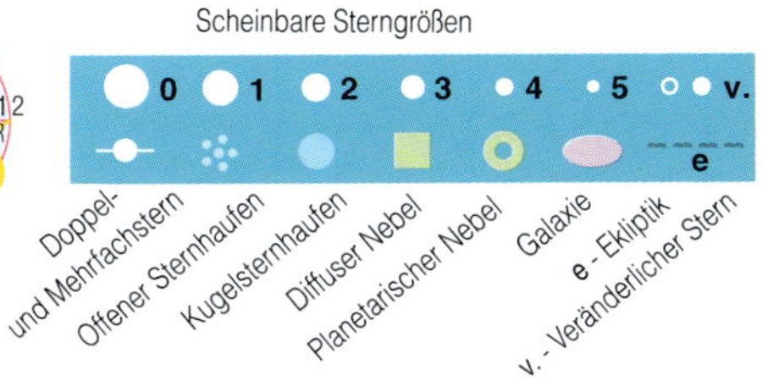

CRV

CRT

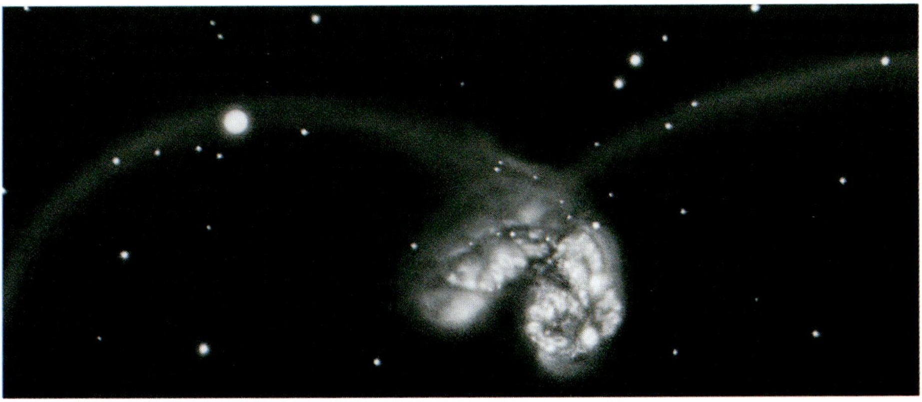

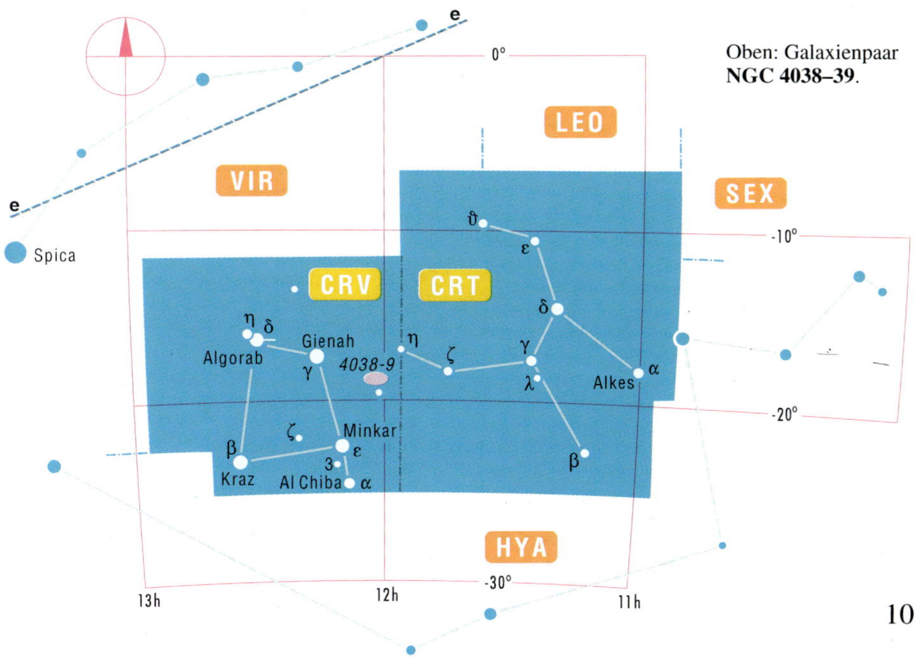

Oben: Galaxienpaar **NGC 4038–39**.

CRUX

Crucis Cru — Kreuz des Südens

Das kleinste Sternbild am Himmel, zugleich aber das bekannteste und meistbewunderte des südlichen Sternhimmels. Es steht als Symbol für die Südhalbkugel und ziert die Flaggen mehrerer Länder. Der längere Balken zeigt auf den Himmelssüdpol, und so war das Kreuz für lange Jahrhunderte ein himmlisches Leuchtfeuer für die Seefahrer. Als selbständiges Sternbild wird das Kreuz des Südens seit dem 17. Jahrhundert in den Sternkarten verzeichnet, zuvor galten seine Sterne als Teile des Kentauren.

Das Kreuz des Südens prägt man sich zusammen mit dem unweiten Sternenpaar Alpha und Beta Centauri ein, das sind die „Wegweiser“ zum Kreuz (Karte rechts und Bild unten), zugleich eine Versicherung gegen die Verwechslung mit dem „Falschen Kreuz“ an der Grenze zwischen den Sternbildern Vela und Carina.

Der helle offene Sternhaufen **NGC 4755 – Schatzkästchen** ist besonders schön. In einem Umkreis von 10' befinden sich hier rund 50 sehr helle Sterne mit $6\overset{m}{,}0 - 10\overset{m}{,}0$. Das sind größtenteils junge (ein paar Millionen Jahre alte) blaue Überriesen mit der Leuchtkraft von vielen tausend Sonnen. Die Entfernung des Haufens beträgt etwa 7600 Lj.

Der dunkle **Kohlensacknebel** erscheint dem Auge als eine leere Stelle in der Milchstraße von 5°x 8°. Es ist ein Dunkelnebel aus Interstellarstaub und -gas, rund 550 Lj weit entfernt, sein Realdurchmesser ist über 60 Lj.

Kreuz des Südens mit dem benachbarten **Kohlensacknebel**.

CRU

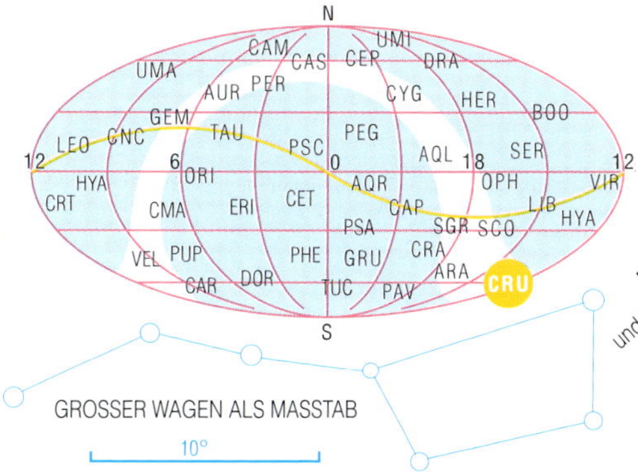

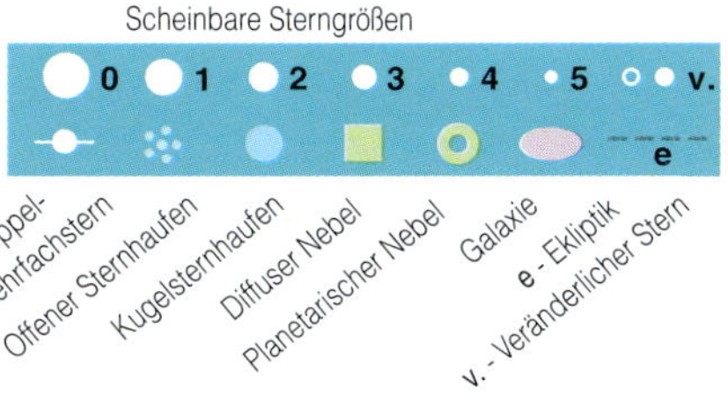

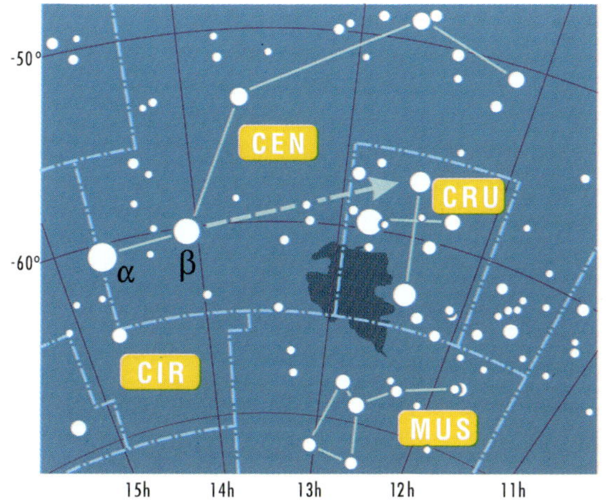

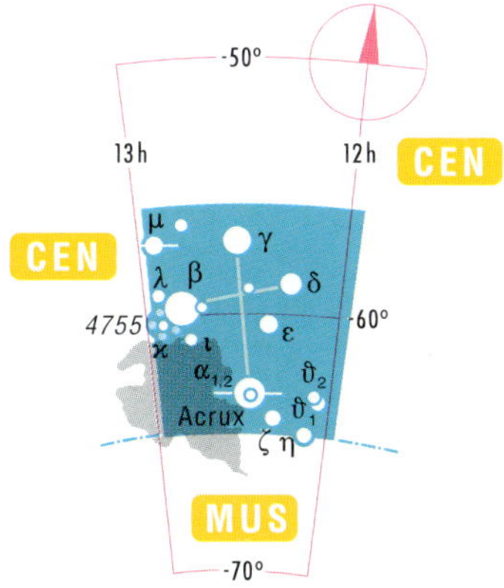

Unten: Der offene Sternhaufen **NGC 4755** namens **Schatzkästchen**. Ein prächtiges Objekt für jedes Fernrohr.

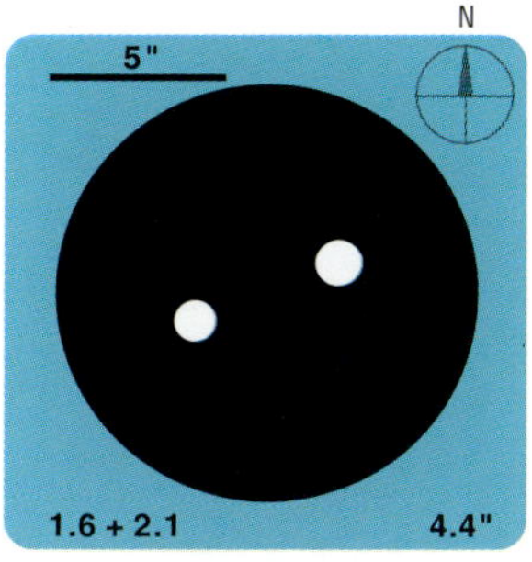

Alpha Crucis – Acrux, $1^{m}_{,}1$, einer der schönsten Doppelsterne am Himmel, etwa 320 Lj weit weg.

CYGNUS

Cygni Cyg Schwan

Der Schwan ist ein altbekanntes, klassisches Sternbild, über das auch zahlreiche Sagen und Legenden im Umlauf sind. Eine berichtet, der Göttervater Zeus habe sich in einen Schwan verwandelt, um die schöne Spartanerin Leda zu verführen. Am Himmel stellt er ein einprägsames Bild dar, das inoffiziell auch Kreuz des Nordens genannt wird. Es fällt nicht schwer, sich hier einen Schwan mit ausgebreiteten Flügeln im Flug längs der Milchstraße vorzustellen.

Alpha Cygni – Deneb, $1^{m}_{,}2$, der helle Stern im Schwanenschwanz, ist eine Ecke des „Sommerdreiecks". Er ist einer der allergrößten und allerhellsten Überriesen, sein Durchmesser ist 60mal größer als die Sonne. Seine Masse entspricht 25 Sonnen, seine Leuchtkraft 60 000 Sonnen. Der unscheinbare Stern **61 Cygni** mit Komponenten von $5^{m}_{,}2$ und $6^{m}_{,}1$ ist historisch bedeutsam: Er war der erste Stern, bei dem die Messung der Parallaxe und die Entfernungsbestimmung zur Sonne gelang (F.W. Bessel, 1838); er liegt 11,4 Lj weit weg.

Der diffuse Nebel **NGC 7000 – Nordamerika-Nebel** ist mit bloßem Auge oder dem Feldstecher in der Milchstraße als ein Nebelwölkchen mit einem Durchmesser von ca. 1,5° zu sehen. Er ist etwa 2700 Lj weit entfernt und hat einen Realdurchmesser von 100 Lj.

NGC 6960 und **NGC 6992–5**: Abbildung S. 106.

Nordamerika-Nebel NGC 7000.

CYG

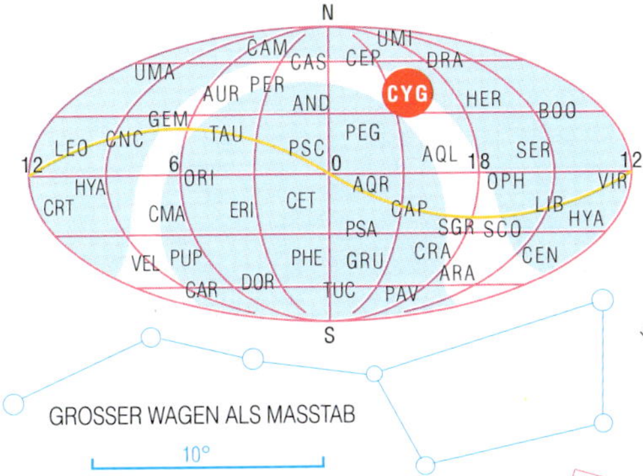

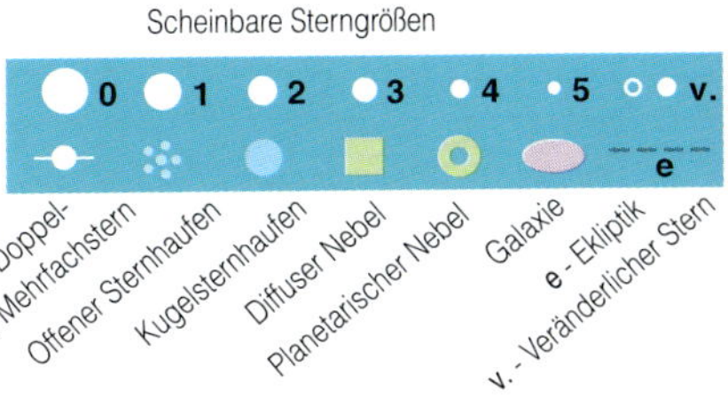

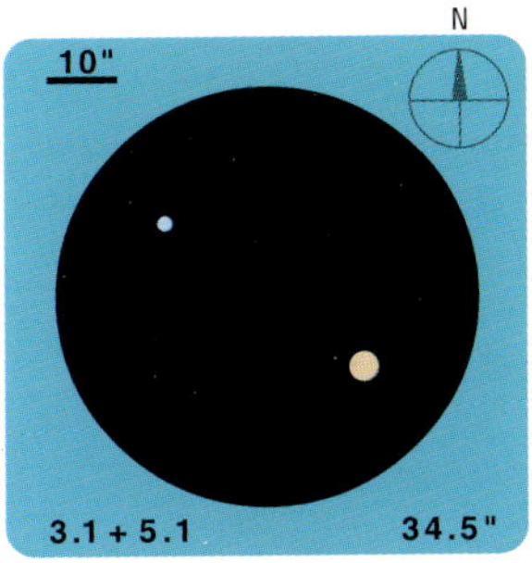

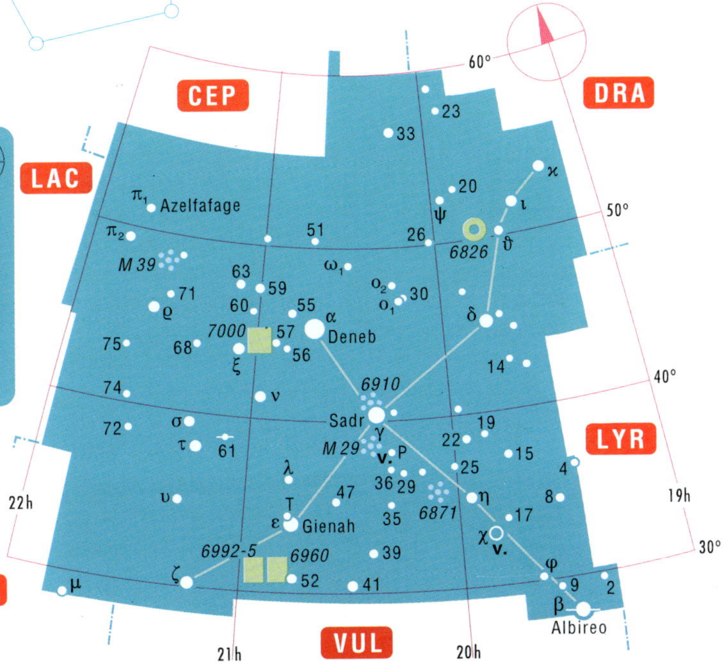

Oben: **Beta Cygni – Albireo**, einer der schönsten Doppelsterne mit kräftigem Farbkontrast. Die Spektralklassen der Komponenten sind K3 und G0, die Entferung des Doppelsterns ist etwa 380 Lj.

Rechts: Der offene Sternhaufen **M 39 – NGC 7092**, 5,ᵐ0, enthält ca. 25 Sterne von 7,ᵐ0 – 10,ᵐ0, Winkeldurchmesser 30', Entfernung etwa 900 Lj.

DELPHINUS

Delphini Del Delphin

Dieses Sternbild wurde wohl schon von den Seefahrern des Altertums erdacht, denen die springenden, menschenfreundlichen Delphine wohlbekannt waren. Eine Sage erzählt vom Delphin, der den berühmten Sänger Arion gerettet hat. Nach der griechischen Göttersage setzte Poseidon, Bruder des Zeus, den Delphin aus Dankbarkeit, daß dieser ihm den Aufenthalt der begehrten Amphitrite verraten hatte, an den Himmel. Der Delphin ist ein kleines, aber einprägsames Sternbild, die Figur ist nur ca. 6° lang und paßt so ins Blickfeld eines besseren Feldstechers.

Alpha Delphini – Sualocin, $3^{m},8$, ein Mehrfachstern mit einem Begleiter von $13^{m},3$ im Winkelabstand von 30". Die weitere Komponente von $6^{m},0$ steht 9' südwestlich vom Hauptgestirn. Das Licht von diesem System braucht etwa 240 Jahre für seinen Weg zur Erde. **Beta Delphini – Rotanev** ist ein Stern von $3^{m},6$. J.W. Burnham fand ihn 1873 mit einem 150 mm-Clarkrefraktor als Doppelstern aus Komponenten von $4^{m},0$ und $4^{m},9$ in einem Abstand von nur 0,7" (heute nur noch 0,2") in ca. 120 Lj Entfernung. Die rätselhaften Namen Sualocin und Rotanev ergeben erst rückwärts gelesen einen Sinn: Nicolaus Venator, der latinisierte Name des italienischen Sternguckers Niccola Cacciatore, Assistent des bedeutenden Astronomen Giuseppe Piazzi.

NGC 7006, $11^{m},5$, Winkeldurchmesser 1'. Einer der ganz fernen Kugelsternhaufen, über 110 000 Lj von uns entfernt.

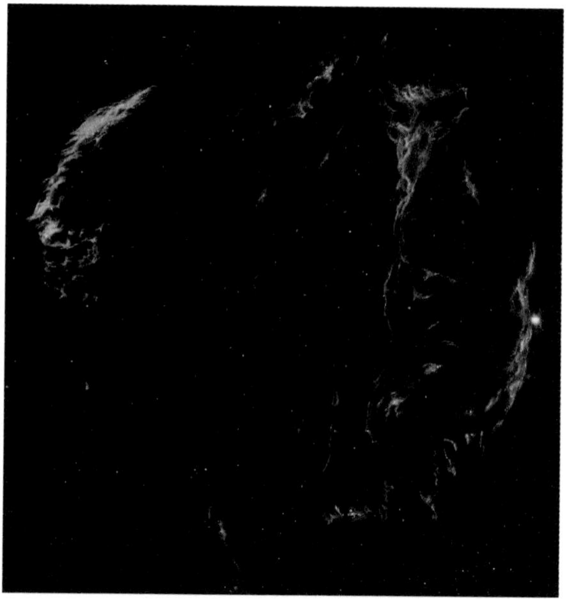

Zu S. 104:
NGC 6960 und **NGC 6992–5, Schleiernebel** im Schwan. Dieser Nebelkomplex hat einen Gesamtwinkeldurchmesser von 2,6°. Er ist Teil einer expandierenden „Blase“ nach der Explosion eines Sterns, der wahrscheinlich vor 50 000 Jahren als Supernova in rund 2500 Lj Entfernung aufleuchtete.

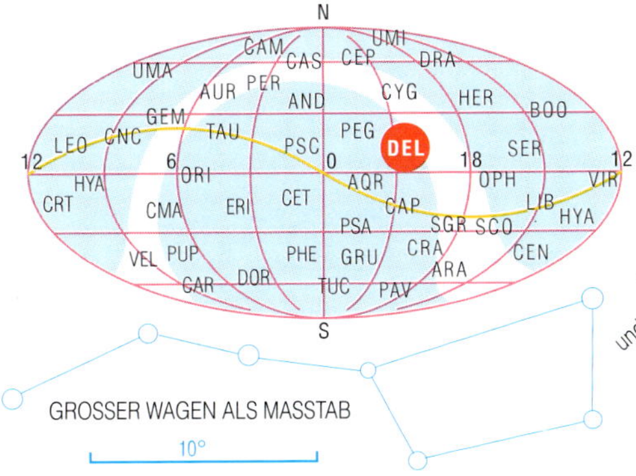

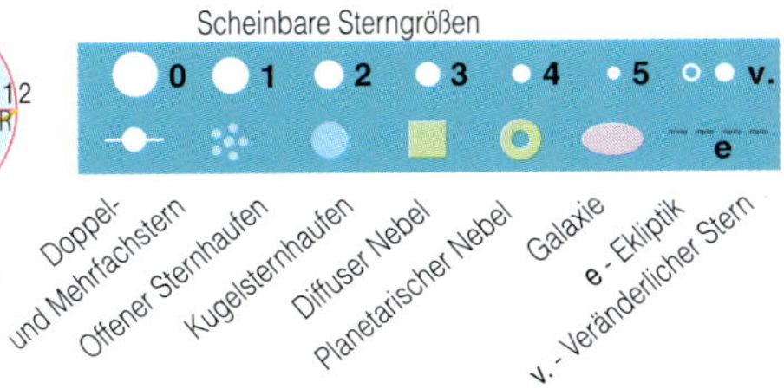

DEL

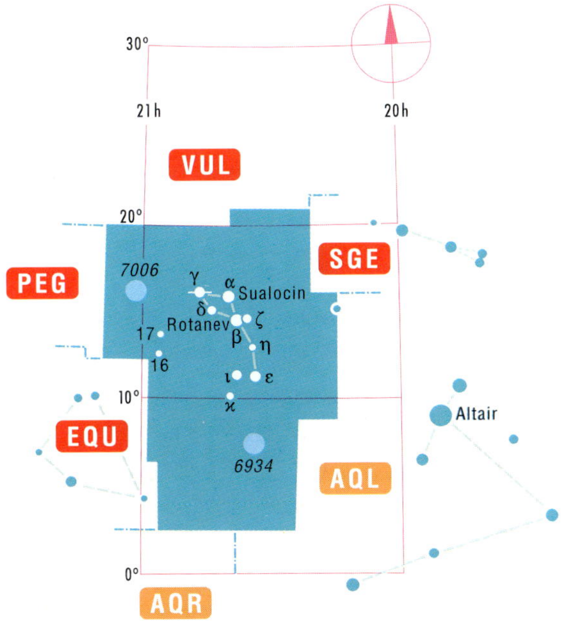

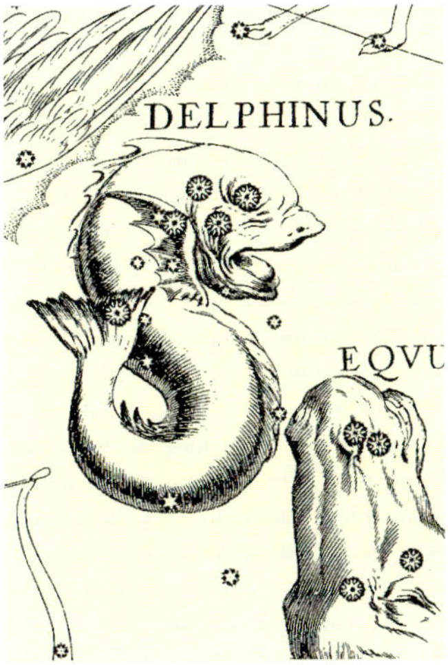

Der Delphin aus Hevelius' Sternatlas von 1690.

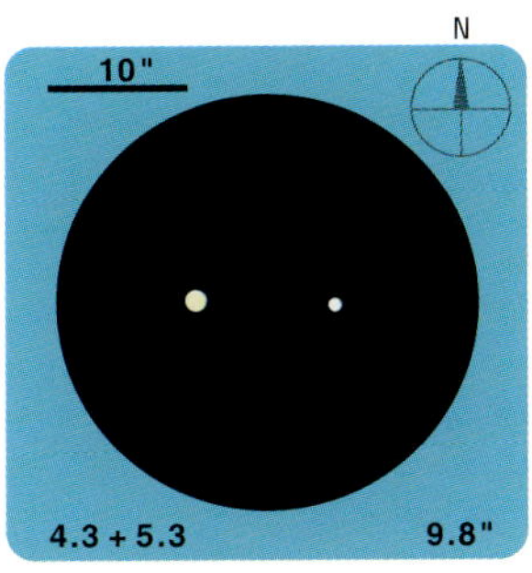

Rechts: Der Doppelstern **Gamma Delphini**, ein schönes Beobachtungsobjekt für kleine Fernrohre.

DORADO

Doradus Dor Schwertfisch

Das Sternbild wurde vom holländischen Seefahrer P. D. Keyser 1596 vorgeschlagen, der bayerische Astronom Johann Bayer führte es dann 1603 in seinem Atlas „Uranometria“ ein. Beim Aufsuchen leisten Canopus in der Carina und die Große Magellansche Wolke gute Dienste, denn sie reicht mit einem großen Teil in dieses Sternbild.

Beta Doradus, ein ganz heller Cepheide (S. 25), ändert seine Helligkeit in der Spanne $3\overset{m}{,}5 - 4\overset{m}{,}1$ während einer Periode von 9,8 Tagen. Beta ist ein gelber Überriese, rund 1000 Lj weit entfernt.

Die **Große Magellansche Wolke – LMC** (engl. Large Magellanic Cloud – Abb. unten) steht einer kleinen Galaxie nahe, die zusammen mit der Kleinen Magellanschen Wolke die Satelliten unserer Galaxis darstellt. LMC hat einen Durchmesser von rund 26 000 Lj und liegt 180 000 Lj weit entfernt. Bei einer – in der Welt der Galaxien – derart kleinen Entfernung kann man in beiden Wolken einzelne Sterne, Sternhaufen und Nebel beobachten. Im Februar 1987 strahlte in der LMC unweit des Tarantelnebels eine sehr helle, mit dem bloßen Auge sichtbare Supernova auf. Die LMC enthält eine Vielzahl außerordentlich heller Überriesen, die eine Leuchtkraft von rund einer Million Sonnen erreichen können.

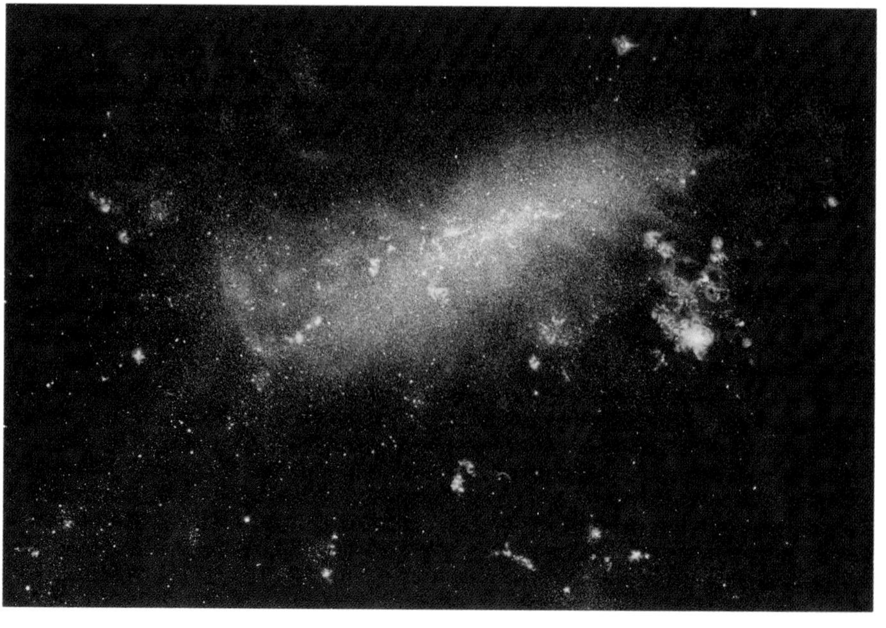

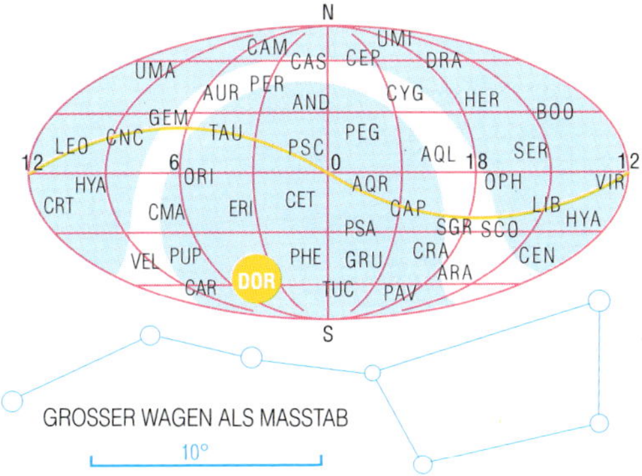

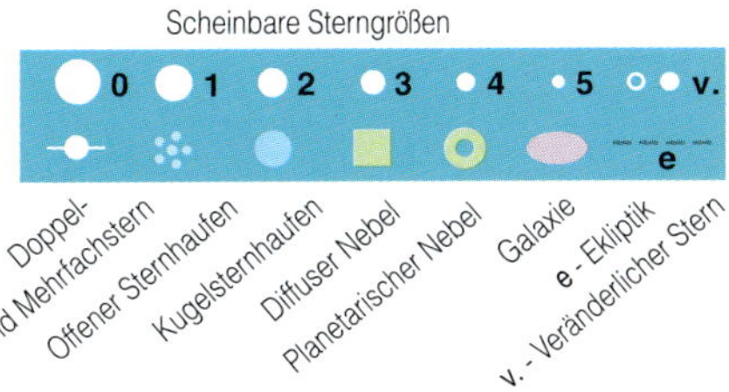

DOR

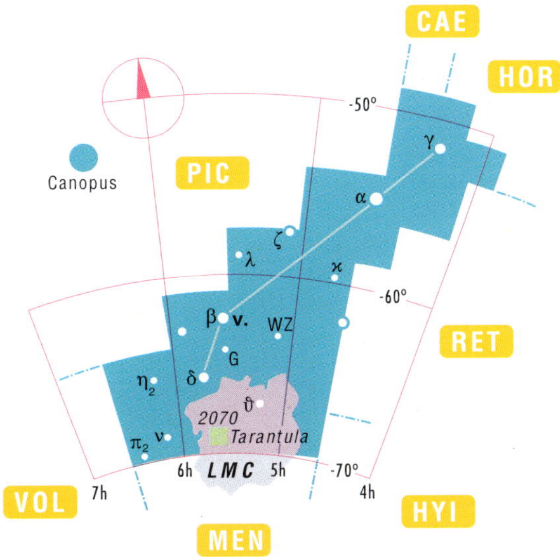

LMC – Die Große Magellansche Wolke an der Grenze zwischen den Sternbildern Dorado und Mensa ist gut mit dem bloßen Auge als Nebelwölkchen von rund 6° Durchmesser zu sehen. Das Fernrohr zeigt einzelne Sterne.

Rechts. Der riesige diffuse **Tarantelnebel – NGC 2070** ist das größte bekannte Objekt seiner Art. Man kann ihn mit bloßem Auge am Rand der LMC erkennen. Der Tarantelnebel hat einen Durchmesser von 800, einschließlich Ausläufer 1700 Lj. Befände er sich an der Stelle des großen Orionnebels, würde er den ganzen Orion verdecken und wäre etwa dreimal so hell wie die Venus.

DRACO

Draconis Dra Drache

Will man den Bildern auf alten Sternkarten Glauben schenken, so sah der Drache eher wie eine Schlange aus, hatte 2–4 Beine und Hautflügel. Bei den alten Griechen bedeutete Dracon Schlange. Einer der vielen Sagen zufolge bewachte der Drache Ladon die goldenen Äpfel im Garten der Hesperiden und wurde von Herakles erschlagen. Am Himmel hat der Drache sein Haupt zu Füßen des Herkules, unweit der hellen Wega. Sein schlangenförmiger Körper windet sich zwischen den beiden Bären dahin.

Alpha Draconis – Thuban, $3^{\mathrm{m}}{,}6$, ist ein Riese aus der Spektralklasse A0 und ungefähr 310 Lj weit entfernt. Er war der Polarstern der alten Ägypter; im Jahr 2830 v. Chr. lag er nur 10' vom Himmelsnordpol entfernt; infolge der Präzession sind es heute über 25°. **Ny Draconis – Kuma** ist ein schöner, im Feldstecher oder Kleinfernrohr gut zu beobachtender Doppelstern; die beiden weißen Komponenten von je $4^{\mathrm{m}}{,}9$ stehen 62" weit auseinander. Die Entfernung des Doppelgestirns beträgt 100 Lj. Schwerer zu finden ist **My Draconis – Arrakis**, ein engständiger Doppelstern aus je $5^{\mathrm{m}}{,}8$ hellen, nur 2" voneinander entfernten Komponenten. Entfernung: 88 Lj. Ein sehr schwacher Begleiter von nicht mehr als $14^{\mathrm{m}}{,}0$ findet sich im Doppelstern **Beta Draconis – Rastaban**, das man im „Drachenkopf" findet. Das Hauptgestirn ($2^{\mathrm{m}}{,}8$) liegt im Winkelabstand 4,2" vom Begleiter und ist ein gelber Überriese, dessen Licht rund 360 Jahre zu uns unterwegs ist.

Der planetarische Nebel **NGC 6543** deckt sich nahezu genau mit der Lage des Ekliptik-Nordpols; auf diese Stelle weist die Senkrechte zur Ekliptikebene; zugleich ist das der Mittelpunkt des Kreises, auf dem durch die Präzessionsbewegung der Erdachse der Himmelsnordpol wandert. (s. Analogie im Süden, S. 156)

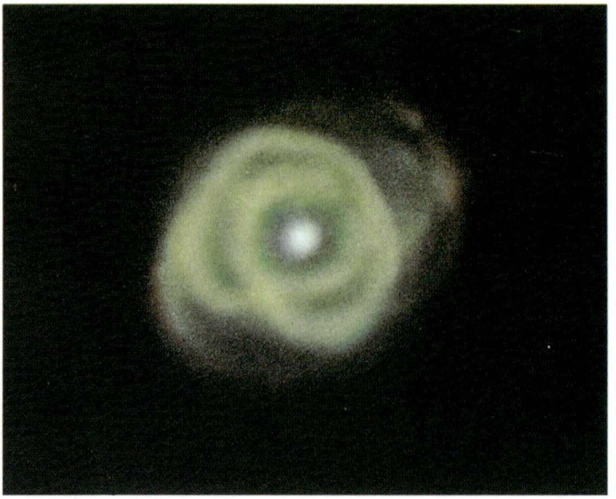

Links: Der planetarische Nebel **NGC 6543 – Katzenaugennebel** (Cat's Eye) hat eine komplizierte Struktur mit einem Gewirr aus Blasen, Schleifen und hellen Knoten in den Gaswolken, die sich vor rund 1000 Jahren vom Zentralgestirn gelöst haben. Man sieht ihn als ein helles Scheibchen ($9^{\mathrm{m}}{,}0$) mit einem Winkeldurchmesser von 20" in einer Entfernung von 2000–3000 Lj.

Rechts: **NGC 5866**, $11^{\mathrm{m}}{,}0$, „Seitenansicht" einer Galaxie.

DRA

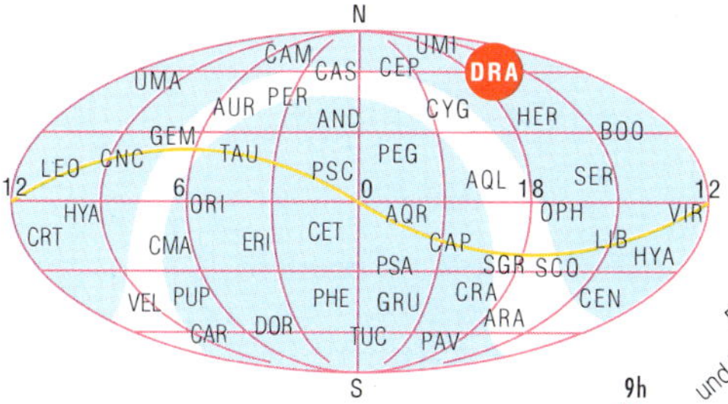

N
S
CAM
CAS
CEP
UMI
DRA
UMA
AUR
PER
AND
CYG
HER
BOO
GEM
TAU
PEG
LEO
CNC
PSC
AQL
SER
12
6
0
18
12
HYA
ORI
AQR
OPH
VIR
CRT
CMA
ERI
CET
CAP
LIB
HYA
PSA
SGR
SCO
VEL
PUP
PHE
GRU
CRA
CEN
CAR
DOR
TUC
PAV
ARA

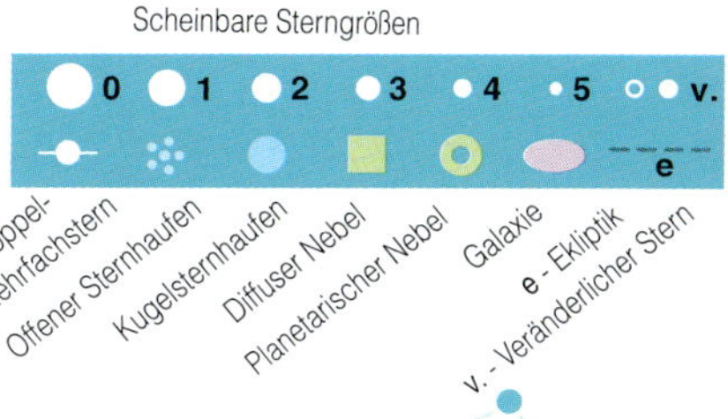

Scheinbare Sterngrößen
0
1
2
3
4
5
v.
e
Doppel- und Mehrfachstern
Offener Sternhaufen
Kugelsternhaufen
Diffuser Nebel
Planetarischer Nebel
Galaxie
e - Ekliptik
v. - Veränderlicher Stern

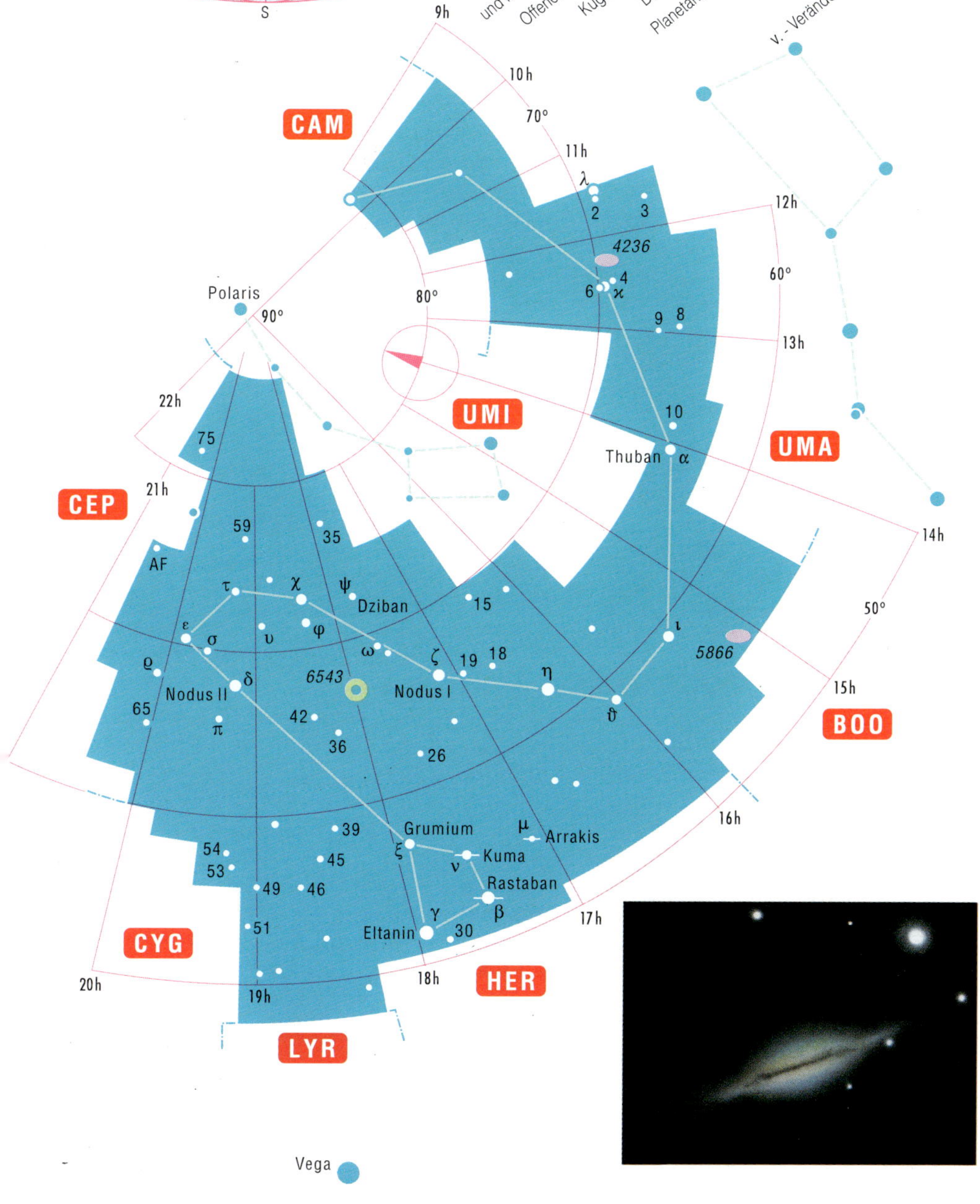

CAM
UMI
UMA
CEP
BOO
CYG
HER
LYR
Polaris
Thuban
Dziban
Nodus I
Nodus II
Grumium
Arrakis
Kuma
Rastaban
Eltanin
Vega
4236
5866
6543
9h
10h
11h
12h
13h
14h
15h
16h
17h
18h
19h
20h
21h
22h
90°
80°
70°
60°
50°

EQUULEUS

Equulei Equ Füllen

In der griechischen Mythologie waren Equuleus, das Füllen mit dem Namen Celeris, und Pegasus, das geflügelte Roß, Geschwister. Pegasus wurde bekanntlich aus dem Blut der Medusa geboren, als Perseus, der Befreier der Andromeda, sie köpfte. So treffen am Himmel wie in der Mythologie die Akteure aus verschiedenen Geschichten zusammen. Das Füllen soll der Gott Merkur dem Castor, einem der beiden Zwillinge (Gemini), geschenkt haben.

Equuleus gehört zu den 48 klassischen Sternbildern, die bereits im Verzeichnis des Ptolemäus standen. Es ist ein winziges, nach dem Kreuz des Südens das zweitkleinste Sternbild am Himmel. Anders als das Kreuz des Südens ist das Füllen kaum zu sehen, es besteht aus Sternchen von $4^{m}_{,}0-4^{m}_{,}5$, die man zwischen dem Delphin und dem „Kopf“ des Pegasus suchen muß.

Alpha Equulei – Kitalpha (Kleines Pferd) ist der hellste Stern im Füllen, seine Größe beträgt $3^{m}_{,}9$. Ein gelber Riese der Spektralklasse G0, dessen Licht 186 Jahre für die Reise zur Erde braucht. **Delta Equulei**, $4^{m}_{,}5$, ist ein sonnenähnlicher Stern, 60 Lj entfernt. **Gamma** und **Epsilon Equulei** sind Doppelsterne, den zweiten zeigt ein größeres Fernrohr als Dreifachstern, wie aus der Abbildung rechts unten hervorgeht.

Dreidimensionaler Blick ins All

Schaut man in den Sternhimmel, liefern die menschlichen Sinne lediglich Informationen über die Richtung, keineswegs über die Entfernung der kosmischen Körper. Alles, was sich außerhalb der Erde befindet, scheint an einer überall vom Betrachter gleich weit entfernten Himmelsspähre festgemacht; lediglich die Objekte des Sonnensystems deuten ihre Nähe durch die relativ schnelle Bewegung vor dem Hintergrund weit entfernter Sterne an.

Ein paar Sterne in Sonnennähe zeigen eine deutliche Eigenbewegung, man kann sie schon mit einem kleinen Fernrohr sehen, allerdings müßte man dazu ein paar Jahre, in einigen Fällen ein paar Jahrzehnte lang sorgfältige Beobachtungen betreiben.

Die auf die Kenntnis der wirklichen Entfernungen der Körper im Sternenall gestützte Vorstellungskraft kann man fördern: Beim Blick auf das Sternbild Andromeda macht man sich klar, daß der Stern Sirrah etwa 100 Lj weit entfernt ist, Alamak 3,5mal so weit. Das Nebelwölkchen der Galaxie M 31 ist 30 000mal weiter entfernt als Sirrah. Das ist zwar nur Gedankenspielerei, doch helfen solche Versuche, die Vorstellung von einem Himmelsgewölbe durch den Blick in den unbegrenzten Weltraum abzulösen.

EQU

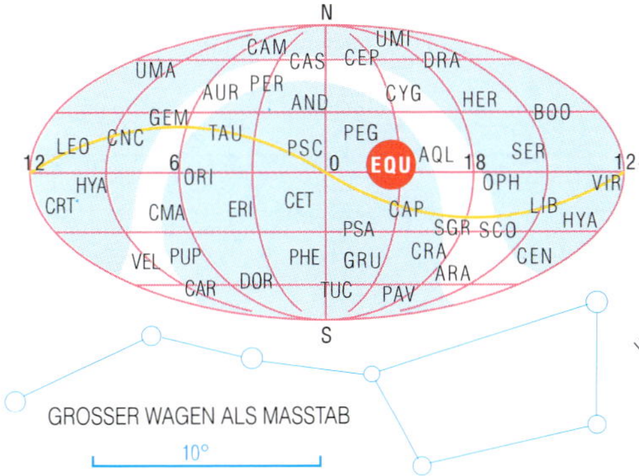

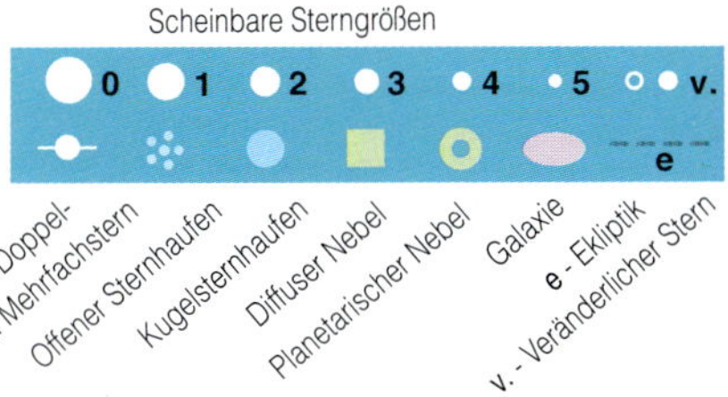

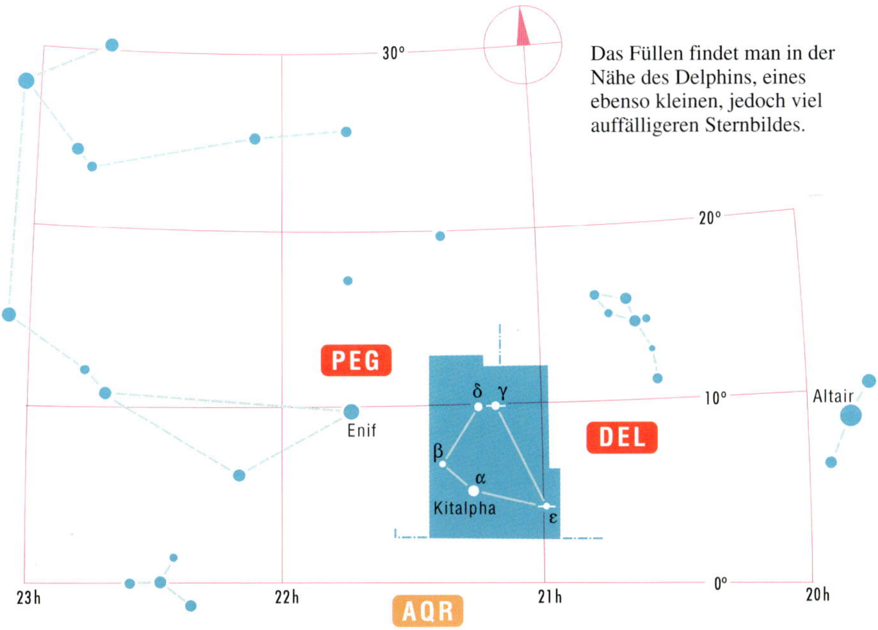

Das Füllen findet man in der Nähe des Delphins, eines ebenso kleinen, jedoch viel auffälligeren Sternbildes.

Der Doppelstern **Gamma Equulei** ist 115 Lj weit von der Sonne entfernt.

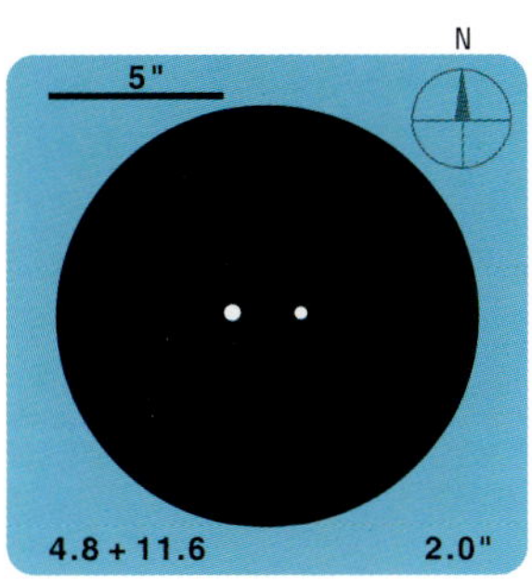

Der Dreifachstern **Epsilon Equulei**. Die Komponenten A, B (rechts) haben eine Umlaufzeit von 101 Jahren.

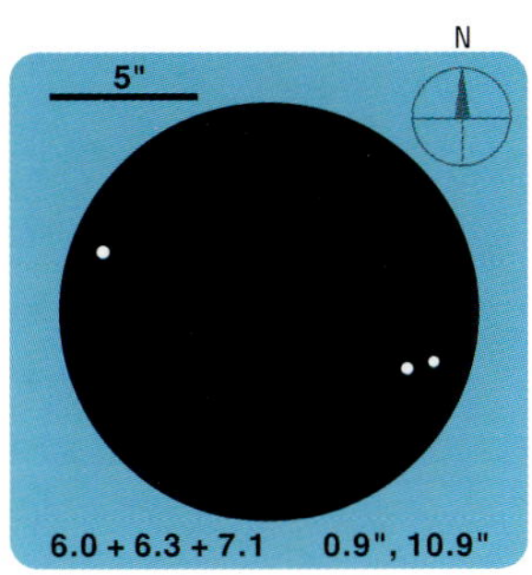

ERIDANUS

Eridani Eri Eridanus

Als der unbedachte Phaeton die Gewalt über die Rosse vor dem Sonnenwagen seines Vaters Helios verlor, stürzte er in den Fluß Eridanus. Das Sternbild Eridanus ist das sechstgrößte am Himmel.

Alpha Eridani – Achernar (Flußmündung), $0\overset{m}{,}5$, ist ein blauer Riese der Spektralklasse B3 mit der Leuchtkraft von 650 Sonnen, 144 Lj entfernt. **Epsilon Eridani**, $3\overset{m}{,}7$, gehört zu den nächsten Nachbarn unserer Sonne und ist nur 10,5 Lj von ihr entfernt. Abmessungen, Spektraltyp und Leuchtkraft kommen der Sonne nahe, und so wurde der Stern zu einem der Objekte, auf denen nach fremden Zivilisationen geforscht wurde – allerdings ohne Erfolg. **Omikron 2 Eridani – Keid** ist ein hochinteressanter Dreifachstern. Dank der geringen Entfernung von nur 16,5 Lj kann man hier mit einem kleinen Fernrohr einen weißen Zwerg beobachten – das kommt nur selten vor. Es ist die Komponente B, geringfügig größer als zwei Erddurchmesser, jedoch von halber Sonnenmasse. Interessant ist auch die Komponente C – ein roter Zwerg mit der winzigen Masse von 0,2 Sonnen. **Theta Eridani – Acamar** ist ein sehr schöner Doppelstern mit Komponenten von $3\overset{m}{,}4$ und $4\overset{m}{,}5$ in einem Winkelabstand von 3,1".

NGC 1300 ist ein besonders gutes Beispiel für eine Balkengalaxie des Typs SBb.

Galaxie **NGC 1300**, $10\overset{m}{,}4$, Winkelmaße 7' x 6'.

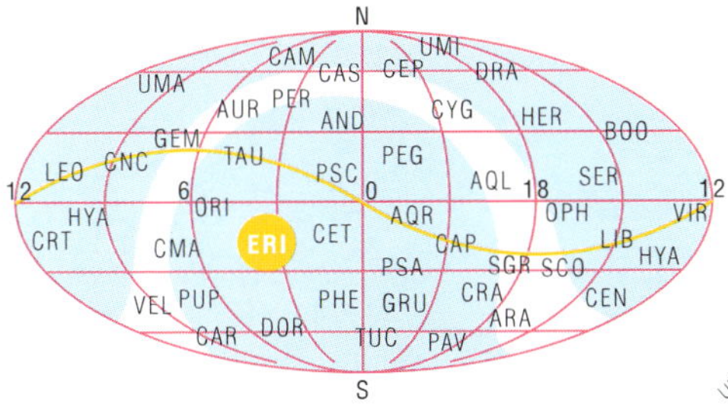

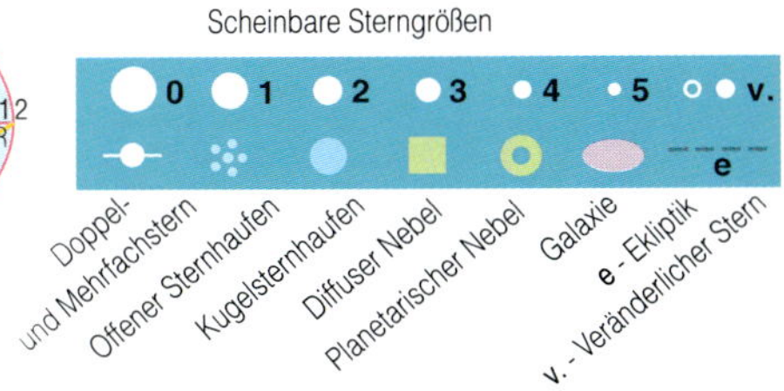

ERI

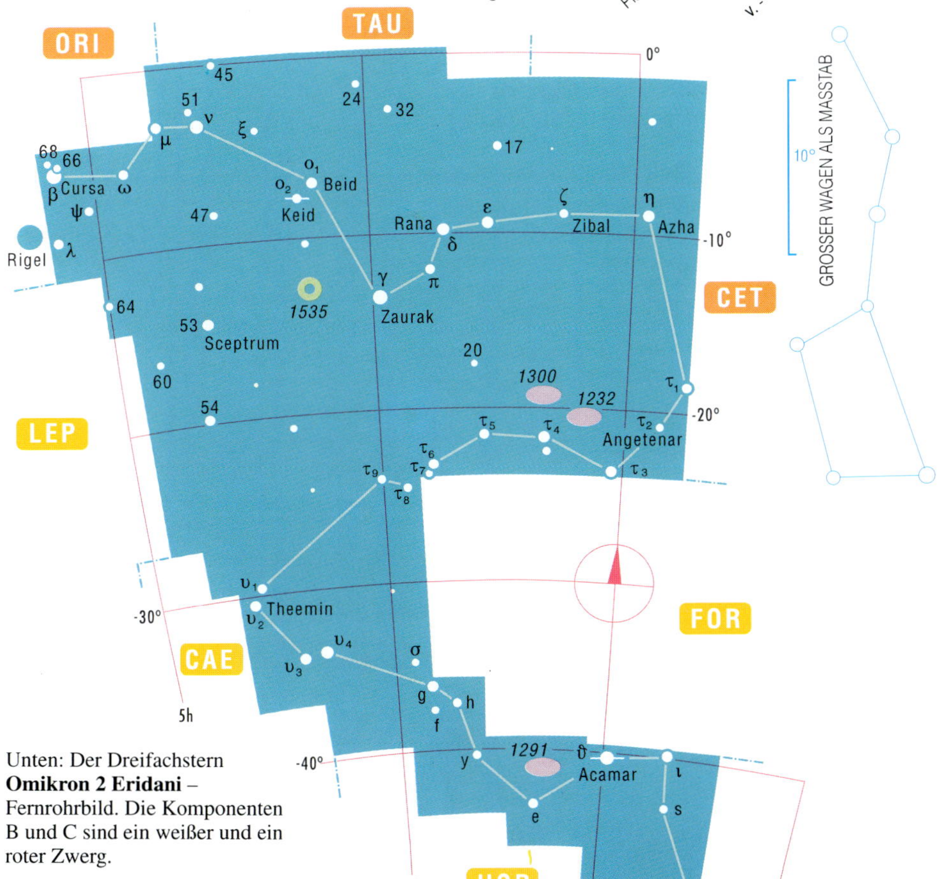

Unten: Der Dreifachstern **Omikron 2 Eridani** – Fernrohrbild. Die Komponenten B und C sind ein weißer und ein roter Zwerg.

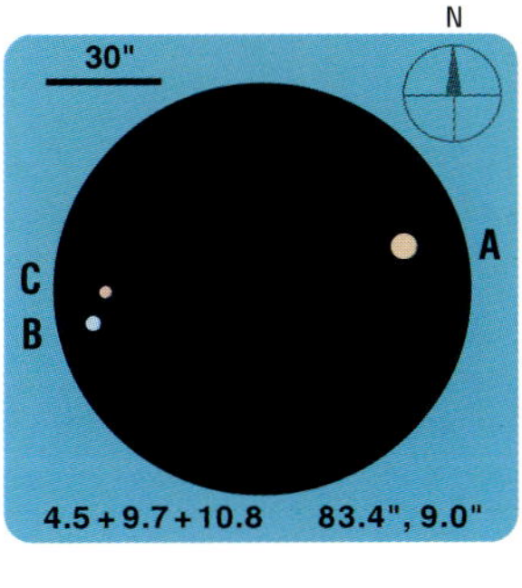

FORNAX

Fornacis For Ofen, Chemischer Ofen

Eins der nicht sonderlich prägnanten „modernen" Sternbilder, die Nicolas Louis de Lacaille im 18. Jahrhundert eingeführt hat. Der ursprüngliche Name lautete Fornax Chemica – Chemischer Ofen. Fornax reicht bis in die Windungen des Eridanus und ist dem Sternbild Sculptor (Bildhauer) benachbart, wo der Galaxis-Südpol liegt. Schaut man auf Fornax, blickt man lotrecht auf die Ebene unserer Galaxis und sieht dort einen der größten weit entfernten Galaxienhaufen.

Alpha Fornacis ist ein Doppelstern mit Komponenten von $3^{m}_{,}8$ und $6^{m}_{,}5$ im Winkelabstand 4". Ihre Umlaufzeit beträgt 314 Jahre, das System ist 46 Lj weit entfernt.

Fornax System dE ist die größte der sieben Zwerg-Galaxien in der Lokalen Gruppe, alle liegen in einem Umkreis von ungefähr 700 000 Lj und sind offensichtlich Begleiter unserer Galaxis. Das System Fornax hat einen Durchmesser von ca. 15 000 Lj.

Der **Galaxienhaufen im Fornax** liegt an der Grenze zum Sternbild Eridanus und ist 50–60 Millionen Lj weit entfernt. Hierher gehört auch **NGC 1365**, eine große Balkengalaxie mit einem Durchmesser von über 300 000 Lj und einer Masse von rund 100 Milliarden Sonnen.

Links: Die Balkengalaxie **NGC 1398** hat eine Gesamthelligkeit von $10^{m}_{,}7$ und die Winkelabmessungen 4,5' x 3,8'.

Unten: **Fornax System dE** ähnelt einem lockeren Kugelsternhaufen. Die hellsten Sterne erreichen nicht mehr als $19^{m}_{,}0$.

FOR

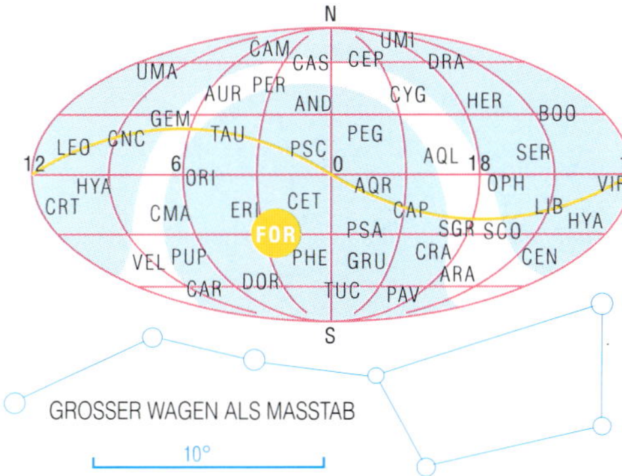

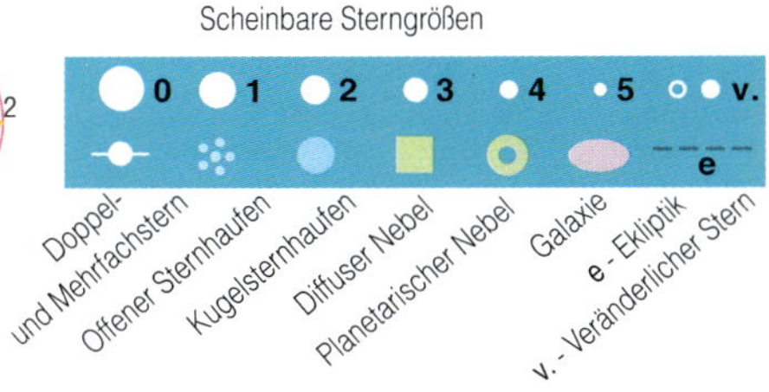

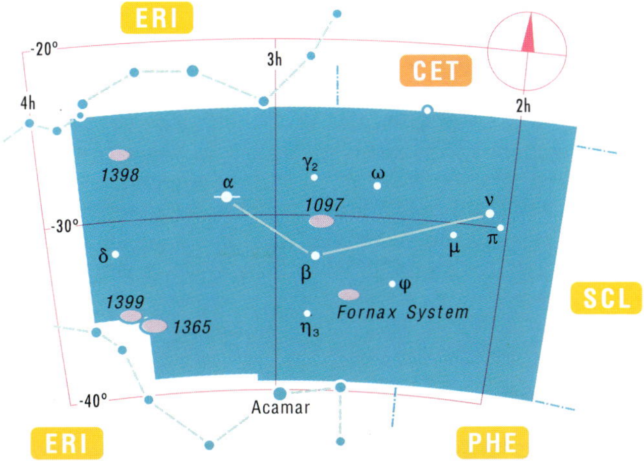

Unten: Die Galaxie **NGC 1365**, $9^{m}{,}0$, ist das dritthellste Glied des Galaxienhaufens im Fornax und hat einen Winkeldurchmesser von 12'. Der Balken, an dem die Spiralarme ansetzen, ist 45 000 Lj lang, die Entfernung zu dieser Galaxie beträgt ca. 60 Millionen Lichtjahre.

GEMINI

Geminorum Gem Zwillinge

Die Mutter der Zwillinge Castor und Pollux war Leda, die Gemahlin des Spartanerkönigs Tyndareos. Der Vater des Pollux war Zeus höchstpersönlich, der Leda in der Gestalt eines Schwans verführte. Castor hatte der Sage nach entweder auch Zeus oder aber Tyndareos zum Vater. Im zweiten Fall war Castor sterblich und Pollux unsterblich. Nach dem Tod Castors wollte Pollux nicht bei den Göttern bleiben. Zeus erlaubte ihm deshalb, seinem Bruder die Hälfte seiner Unsterblichkeit zu geben, und so wandern beide Brüder zwischen Olymp und Unterwelt hin und her.

Der hellste Stern in den Zwillingen ist ausnahmsweise nicht Alpha, sondern **Beta Geminorum – Pollux**, $1\overset{m}{,}2$, ein orangener Riese der Spektralklasse K0, 34 Lj entfernt. **Alpha Geminorum – Castor** erscheint eine halbe Magnitudo schwächer ($1\overset{m}{,}6$). Er bildet ein hochinteressantes Sechsersystem: die sichtbaren Komponenten A, B und C sind selbst noch einmal spektroskopische Doppelsterne (was die verdoppelten Linien in ihren Spektren verraten). Castor ist 52 Lj entfernt.

M 35 – NGC 2168, $5\overset{m}{,}5$, einer der schönsten offenen Sternhaufen. Im Umkreis von einem halben Grad kann man hier ca. 200 Sterne erkennen, die hellsten $8\overset{m}{,}0$. Der Sternhaufen ist etwa 2800 Lj entfernt.

Offener Sternhaufen **M 35 – NGC 2168**.

GEM

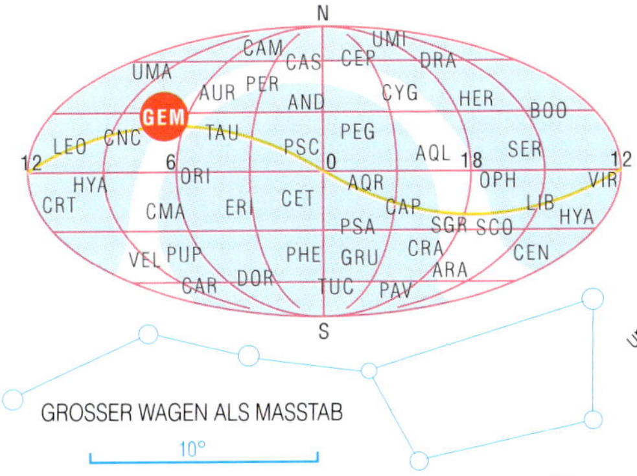

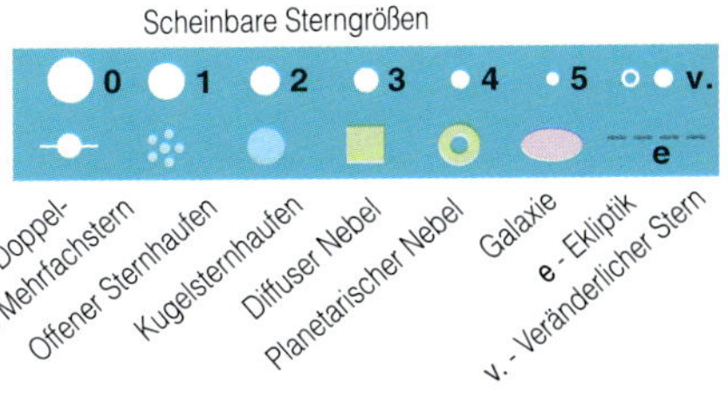

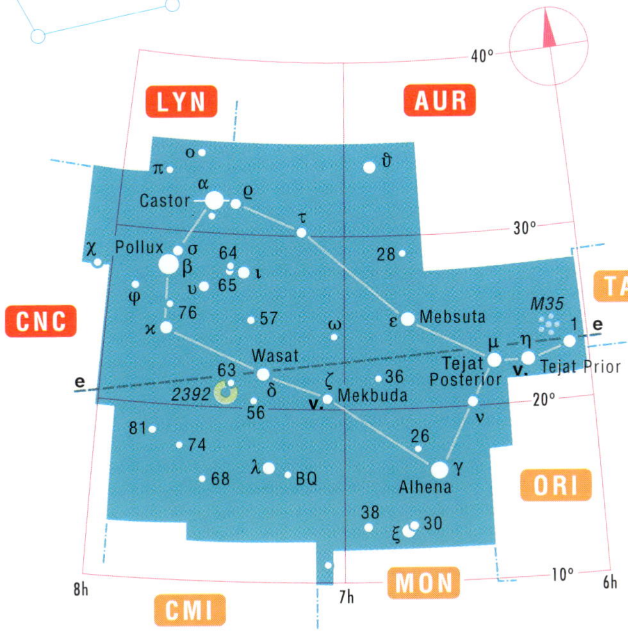

Rechts: **NGC 2392**, $8^{m}\!,9$, ein heller planetarischer Nebel, Clown face oder Eskimo genannt. Seine Entfernung wird auf 1400–3600 Lj geschätzt.

Links: Im Mehrfachstern **Castor** stechen die hellen Komponenten A und B hervor. Um das Jahr 2000 werden sie im Winkelmaß von etwa 4" voneinander entfernt sein.

GRUS

Gruis Gru Kranich

Den Kranich führte Johann Bayer 1603 mit seinem Altlas „Uranometria“ in den Himmelszoo ein. Im alten Ägypten gehörte er zu den Sterndeuter-Symbolen. Die Verbindungslinie zwischen den helleren Sternen auf dem Kartenausschnitt mit dem Kranich erinnern schon an einen spreizbeinigen Vogel mit gestrecktem Hals und erhobenem Kopf. Will man den Kranich finden, geht man vom nördlich davon leuchtenden hellen Fomalhaut aus.

Der hellste Stern im Kranich ist **Alpha Gruis – Alnair**, $1\overset{m}{,}7$, ein Stern der Spektralklasse B7. Seine Leuchtkraft ist 58mal größer als die der Sonne, der Durchmesser entspricht 3,5 Sonnen, seine Entfernung beträgt 101 Lj. Alnair hat einen Begleiter von $11\overset{m}{,}8$ im Winkelabstand von 28,4". Die Sterne **Delta 1, Delta 2** und **My 1, My 2** sind optische Doppelsterne, die man mit dem bloßen Auge erkennen kann. Beide Deltas sind wiederum Doppelsterne. Delta 1 hat Komponenten von $4\overset{m}{,}0$ und $12\overset{m}{,}8$ im Winkelabstand von 5,6".
Der planetarische Nebel **NGC 5148**, $14\overset{m}{,}2$ ist ein schwaches Objekt mit ganz kleinen Winkelmaßen, 0,9' x 0,8'.

Beobachtungen mit dem Feldstecher

Jeder Einsteiger, aber auch jeder erfahrene Amateurastronom weiß einen guten Feldstecher als ein vielseitig verwendbares Gerät zu schätzen. Er eignet sich für Beobachtungen in der Natur, ist stets zur Hand und außerdem relativ preiswert. Günstig ist eine mittlere Größe, z.B. 7 x 50, d.h. siebenfache Vergrößerung bei einem Objektivdurchmesser von 50 mm. Mit einem Feldstecher kann man Mondkrater, Jupitermonde, manche Doppelsterne, Sternhaufen und Nebel sehen. Er eignet sich auch zum Verfolgen hellerer Kometen, zur näheren Bekanntschaft mit Sternbildern und schwächeren Objekten, die dem bloßen Auge verborgen bleiben. Dabei ist das große Gesichtsfeld des Feldstechers besonders wertvoll, man hat einen viel größeren Himmelsabschnitt im Blick als mit einem astronomischen Fernrohr. Vor dem Kauf überprüft man, ob der Feldstecher nicht nur in der Mitte, sondern auch an den Gesichtsfeldrändern ein scharfes Bild zeigt, ob er sich perfekt scharfstellen läßt und ob sich das Bild nicht verdoppelt.

Bei Beobachtungen sollte man das Gerät stets fest auflegen oder anlehnen (an einen Baum, auf den Fensterrahmen, Zaun usw.), noch besser ist die Befestigung auf einem Stativ. Nur so kann man die optischen Qualitäten des Feldstechers vollkommen nutzen. Das gilt insbesondere für Geräte mit 10- bis 12facher und noch stärkerer Vergrößerung, die man nicht mehr zitterfrei in der Hand halten kann. Ausprobieren!

GRU

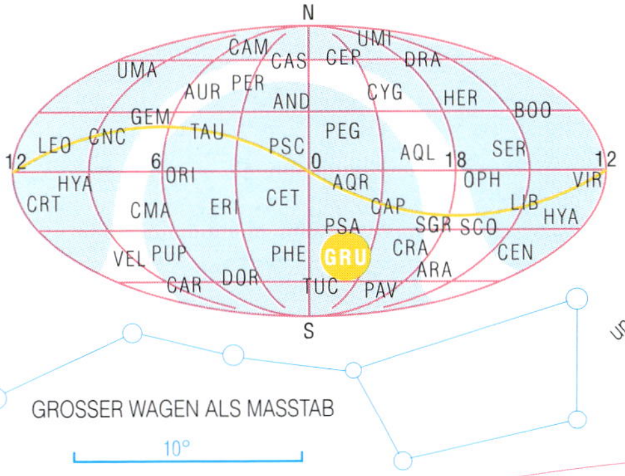

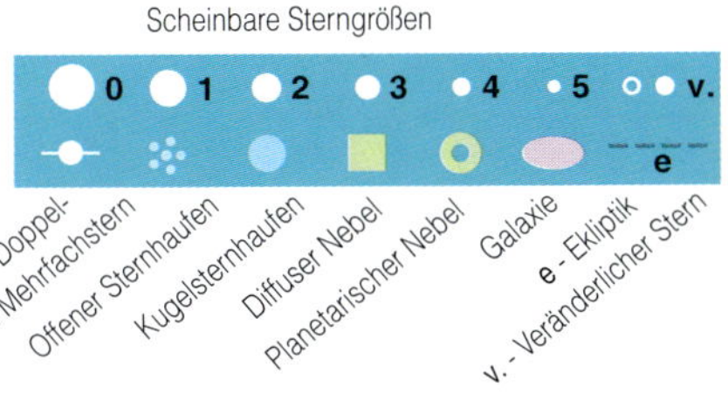

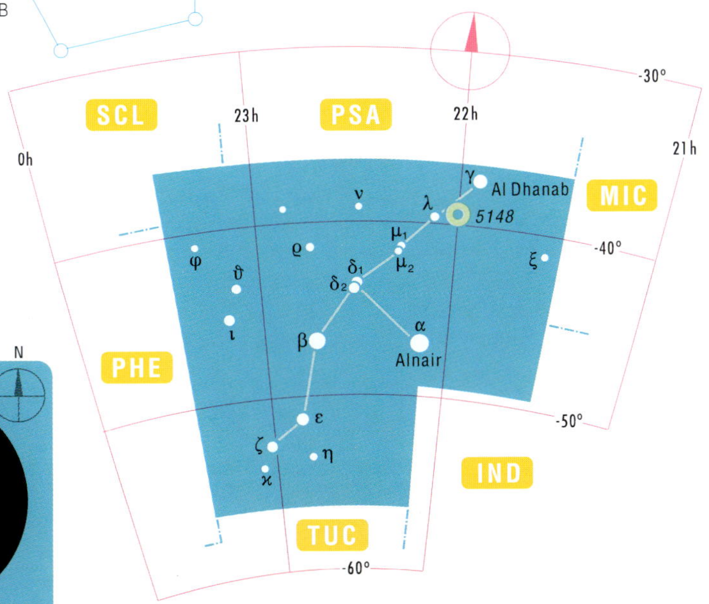

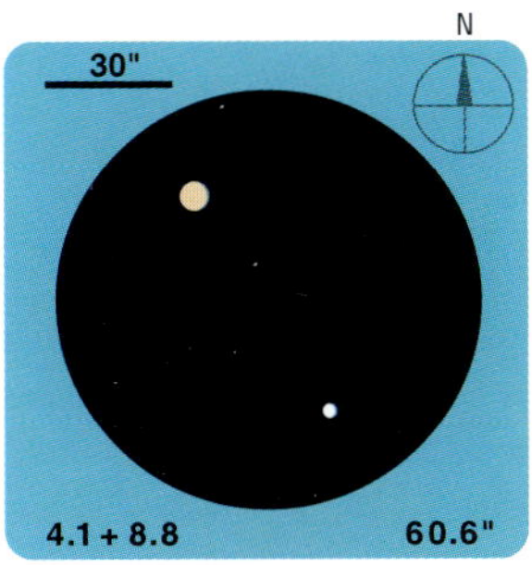

Doppelstern **Delta 2 Gruis**. Die hellere Komponente ist ein Stern der Spektralklasse M4 und hat einen Orangeton.

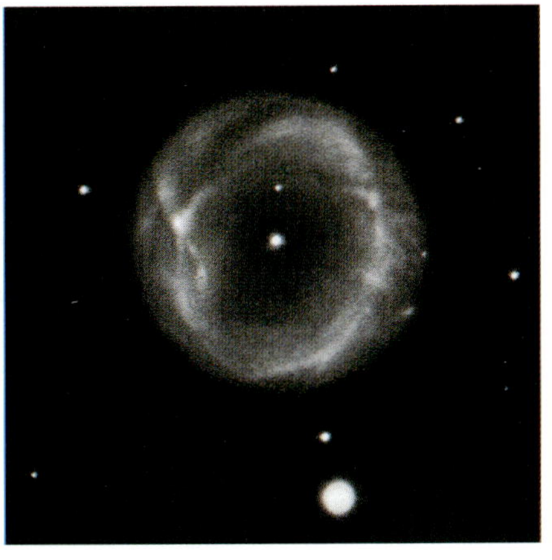

Der planetarische Nebel **NGC 5148** hat eine sehr regelmäßige Form. Der Zentralstern und die kugelförmige Hülle sind deutlich zu sehen.

HERCULES

Herculis Her Herkules

Der Vater des übermenschlich starken Herakles (bei den Römern Herkules) war der Göttervater Zeus (Jupiter), die Mutter war Alkmene, eine seiner Geliebten, weshalb Hera (Juno) den Helden eifersüchtig verfolgte. In der griechischen Mythologie wurden viele Heldentaten dieses Urbilds aller Supermänner beschrieben. Die wichtigsten waren die zwölf Arbeiten, die ihm der König Eurystheus auferlegte. Schließlich erhob Zeus den Herakles unter die Götter und wies ihm einen Platz am Himmel zu. Hercules ist das fünftgrößte Sternbild, liegt westlich der hellen Wega und ähnelt mit seiner Gestalt einem umgekehrten K.

Alpha Herculis – Ras Algethi ist ein bemerkenswertes Objekt: nicht nur ein veränderlicher, sondern auch ein schöner Doppelstern und einer der größten bekannten Sterne. Der rote Überriese der Spektralklasse M5 mit einem Durchmesser von 400–600 Sonnen, dabei 10 000mal heller, verändert seine Leuchtkraft zwischen $3^{\mathrm{m}}{,}0$ und $4^{\mathrm{m}}{,}0$ in einer Periode von 180 Tagen. Die Entfernung beträgt etwa 380 Lj. Ein Doppelstern ist auch **Kappa Herculis – Marfak** mit den Komponenten $5^{\mathrm{m}}{,}3$ und $6^{\mathrm{m}}{,}5$ in 30" Abstand.

Der Kugelsternhaufen **M 92 – NGC 6341**, $6^{\mathrm{m}}{,}4$, Winkeldurchmesser 12', ist schon mit dem Feldstecher zu sehen. Seine Entfernung von der Sonne beträgt 25 000 Lj.

M 13 – NGC 6205, $5^{\mathrm{m}}{,}7$, Winkeldurchmesser des helleren Teils ca. 20', einer der hellsten und meistbewunderten Kugelsternhaufen am Nordhimmel. Sein Realdurchmesser liegt bei 350 Lj, Entfernung von der Sonne etwa 23 000 Lj. Der Haufen enthält rund 1 Million Sterne, deren Alter auf 10 Milliarden Jahre geschätzt wird.

HER

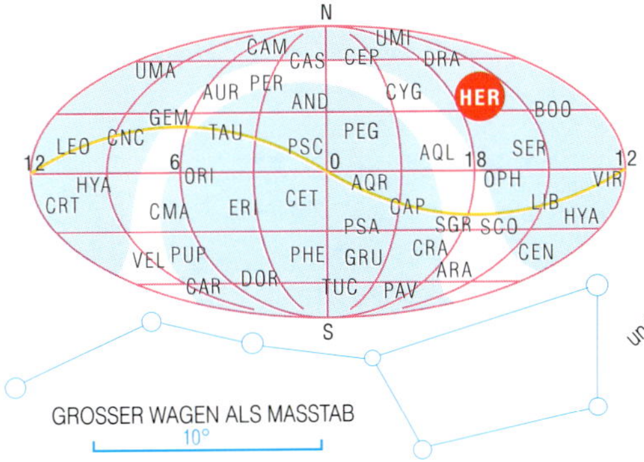

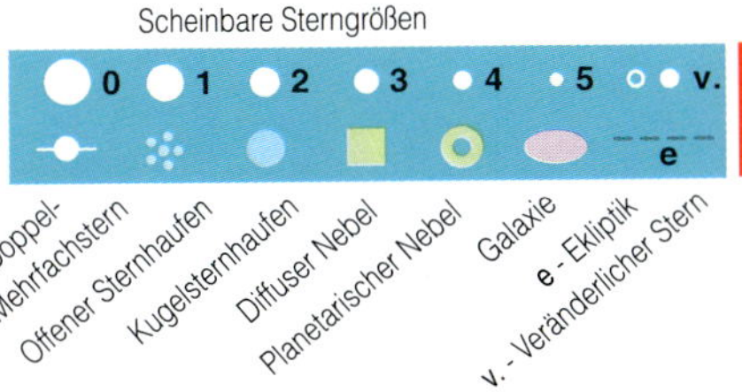

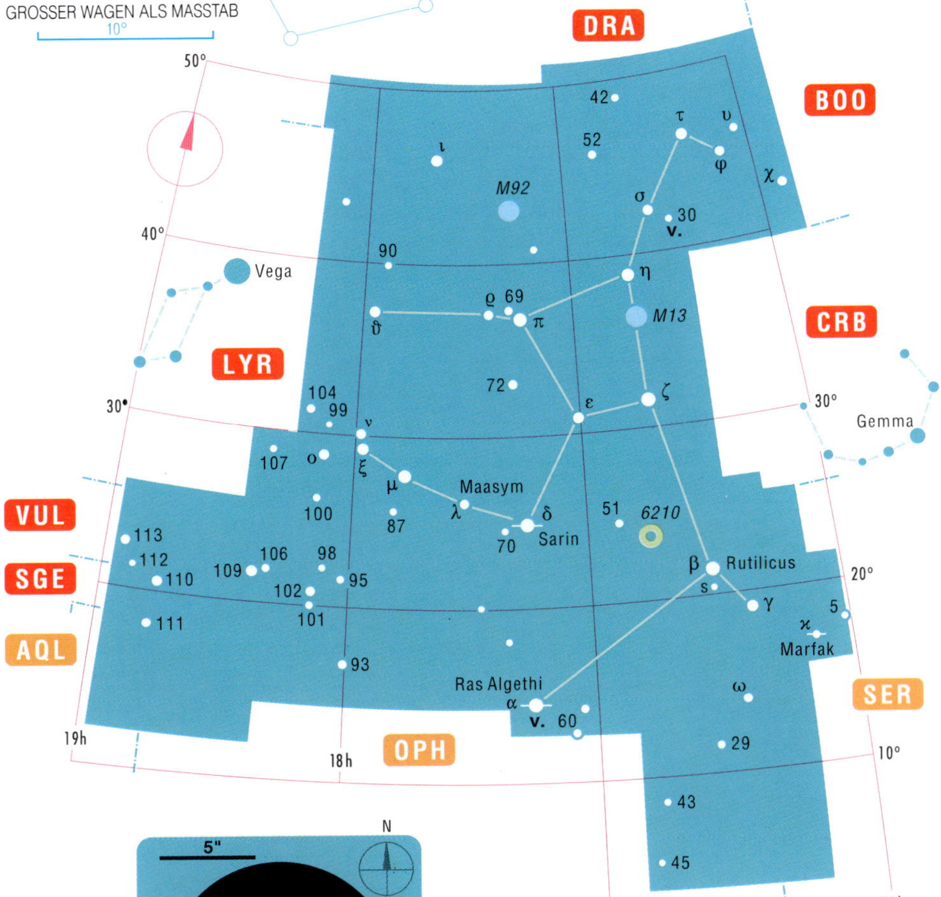

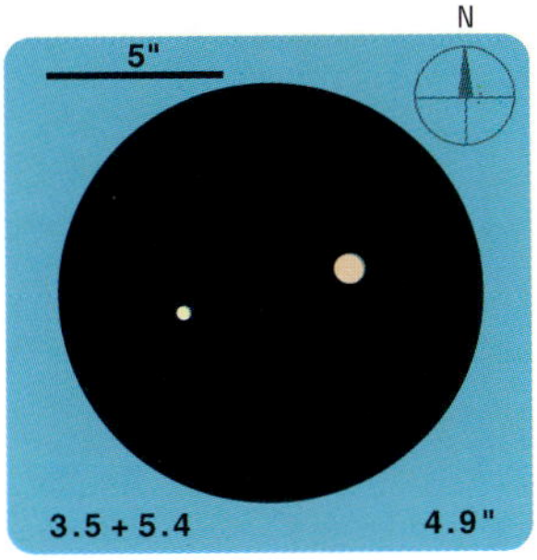

Doppelstern **Alpha Herculis** mit kräftigem Farbkontrast zwischen den Komponenten.

HOROLOGIUM

Horologii Hor Pendeluhr

Unter den wissenschaftlichen Geräten, für die der französische Astronom Lacaille im 18. Jahrhundert einen Platz am Sternhimmel vorgesehen hatte, findet sich auch die Pendeluhr, eine Erfindung des holländischen Physikers, Mathematikers und Astronomen Christian Huygens in der ersten Hälfte des 17. Jahrhunderts. Für dieses höchst bedeutende Zeitmeßgerät blieb aber nur ein schütteres Grüppchen aus fast unsichtbaren Sternen unweit der „Mündung" des Eridanus mit dem hellen Achernar übrig.

Das längliche Sternbild mit Zickzack-Grenzverlauf hat nur zwei Sterne mit einer Helligkeit von mehr als $5^{m}{,}0$ aufzuweisen. Am hellsten ist **Alpha Horologii**, $3^{m}{,}9$, ein orangener Riese der Spektralklasse K1, dessen Licht 117 Jahre zur Erde braucht. Der langperiodische Veränderliche **R Horologii** ändert seine Größe von $5^{m}{,}0$ in $14^{m}{,}0$ und umgekehrt in einer Periode von 13,5 Monaten.

Wie aus der Orientierungkarte hervorgeht, liegt die Pendeluhr seitlich vom Milchstraßenstreifen, also an einer Stelle, die eine freie Aussicht in das All der fernen Galaxien bietet. Auf der Abbildung unten ist ein Teil des kleinen Galaxienhaufens **ESO 249** im Horologium zu sehen, etwa 50 Millionen Lj entfernt. Der Spiralnebel links ist sehr locker, durch seine Arme sind entfernte Galaxien zu sehen. Das Objekt mißt ca. 40 000 Lj im Durchmesser.

Galaxienhaufen im Sternbild Horologium.

HOR

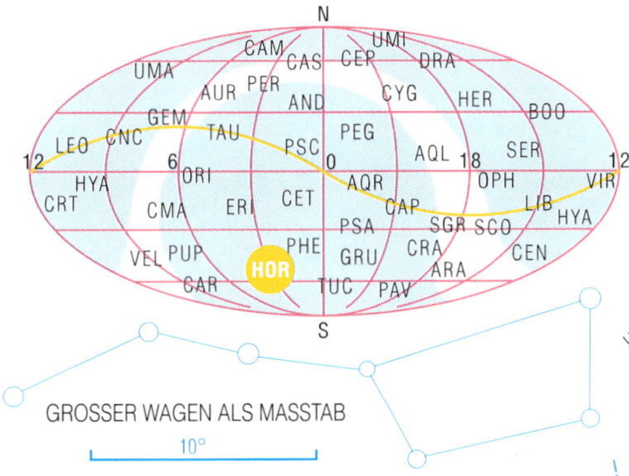

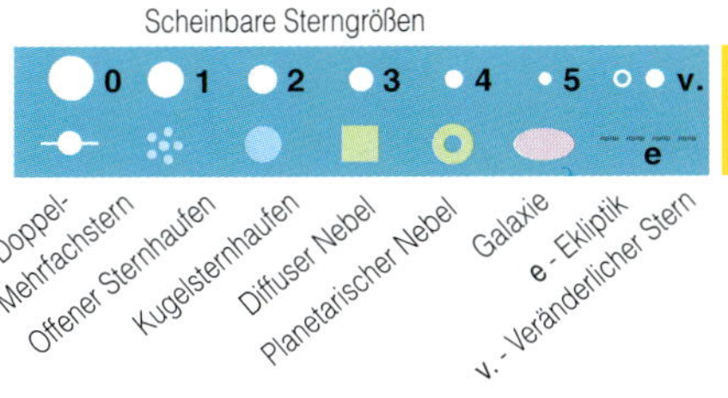

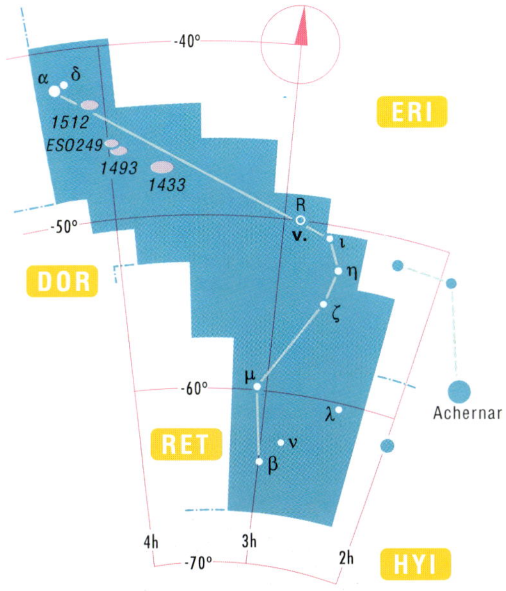

NGC 1512 – Balkenspirale, Typ SBa, Helligkeit 10^{m},3, Winkelmaße 4' x 3', Entfernung ca. 50 Millionen Lj.

HYDRA

Hydrae Hya Hydra (Nördliche Wasserschlange)

Meist wird die Hydra mit einem vielköpfigen Schlangen- oder Drachenungeheuer in Verbindung gebracht, mit dem Herakles einen Kampf zu bestehen hatte. Das Schwert erwies sich dabei als unpraktisch, denn für jeden abgeschlagenen Kopf wuchsen der Hydra augenblicklich zwei neue. Schließlich tötete sie Herakles mit Hilfe von Feuer. Auf Figuralkarten wird die Hydra als große Wasserschlange dargestellt. Sie ist das flächenmäßig größte und auch längste Sternbild, der Kopf liegt beim Krebs und der Schwanz reicht bis zur Waage.

Alpha Hydrae – Alphard (Alfard), $2^{m}_{,}0$, hellster Stern in der Hydra. Alpha ist ein orangener Riese der Spektralklasse K3 mit einem Durchmesser wie 30 Sonnen, der Leuchtkraft von 230 Sonnen in einer Entfernung von 177 Lj. **R Hydrae** ist ein langperiodischer Veränderlicher mit einer Periode von 398 Tagen und erreicht im Maximum $4^{m}_{,}0$, um dann im Minimum unter $10^{m}_{,}0$ zu sinken.

M 83 – NGC 5236 (Abb. auf S. 128) – eine der besonders hellen und herrlichen Galaxien am Südhimmel. Dort erscheint sie als ein Nebelwölkchen von $7^{m}_{,}5$ mit Winkelmaßen von 11' x 10'. Der Realdurchmesser beträgt etwa 35 000, die Entfernung 12 Millionen Lj.

Links: Offener Sternhaufen **M 48 – NGC 2548**, Helligkeit insgesamt $5^{m}_{,}5$, Winkeldurchmesser 42', Entfernung ca. 2000 Lj.

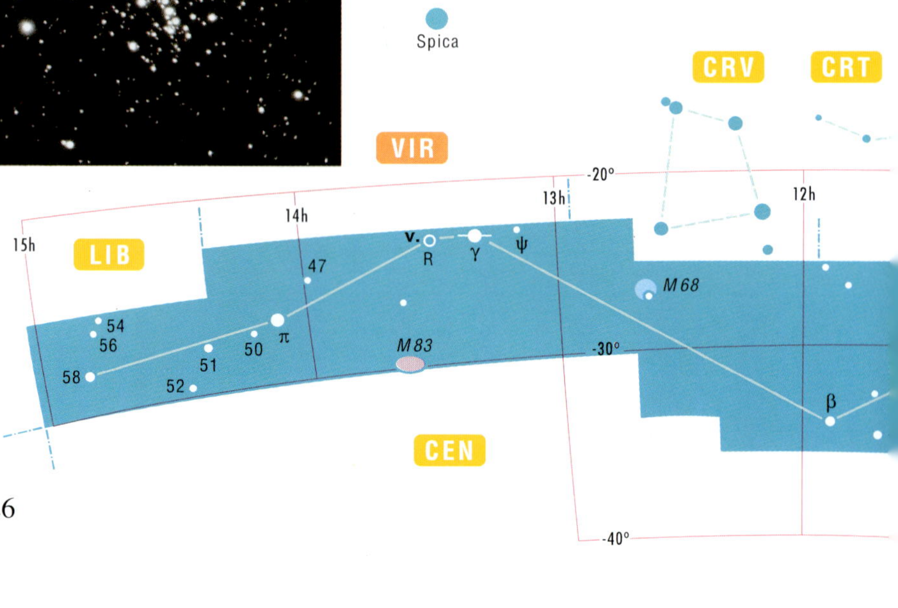

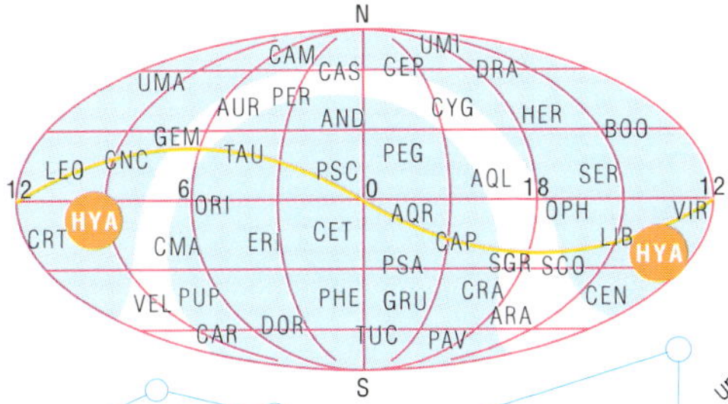

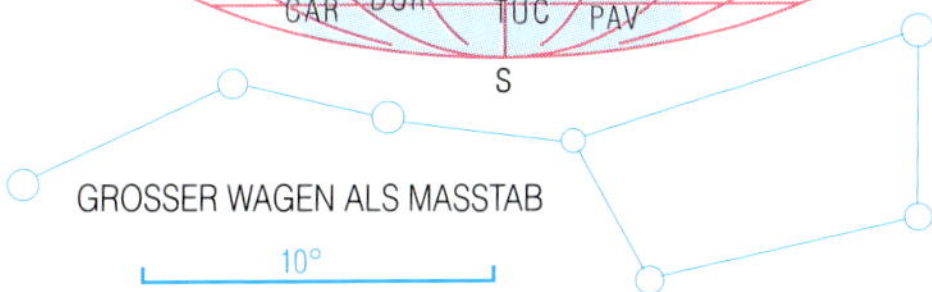

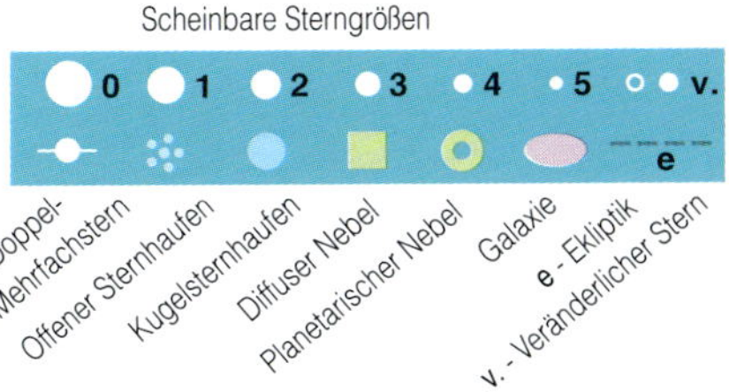

HYA

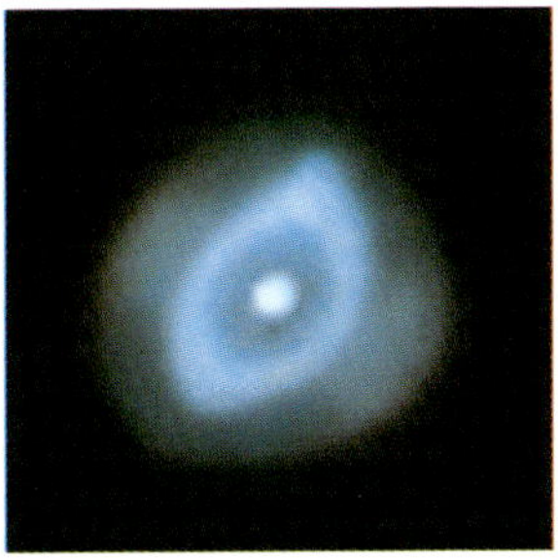

Links: planetarischer Nebel **NGC 3242**, $9\overset{m}{.}0$, Realdurchmesser über 0,5 Lj, Entfernung ca. 2000 Lj.

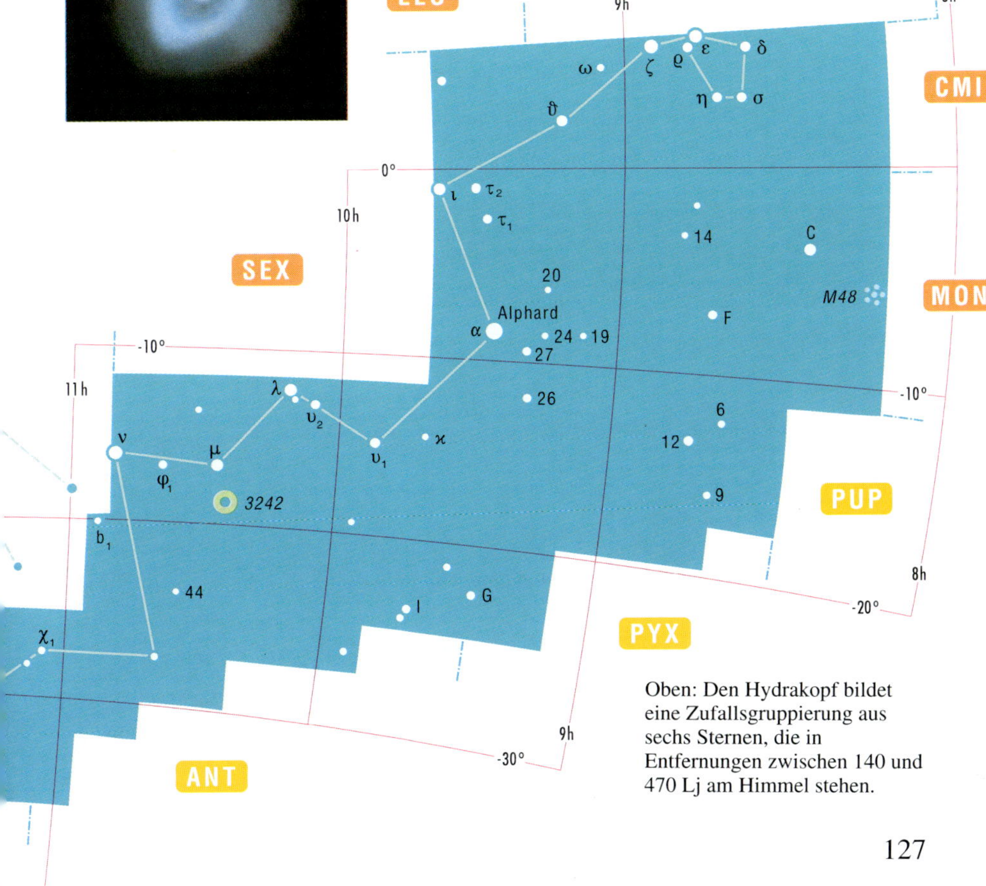

Oben: Den Hydrakopf bildet eine Zufallsgruppierung aus sechs Sternen, die in Entfernungen zwischen 140 und 470 Lj am Himmel stehen.

HYDRUS

Hydri Hyi Kleine Wasserschlange

Als Urheber dieses und weiterer 11 Sternbilder am Südhimmel gelten die holländischen Seefahrer Pieter Dirckszoon Keyser und Frederick de Houtman, die gegen Ende des 16. Jahrhunderts einige Ergänzungen auf den Karten des südlichen Sternhimmels vorschlugen. Ihre Namensgebung wurde von Johann Bayer in den Atlas „Uranometria“ übernommen und somit verbindlich gemacht. Hydrus ist also ein neuzeitliches Sternbild und nicht von Sagen umwoben wie das antike Gegenstück, die Hydra.

Der hellste Stern ist **Beta Hydri**, $2^{m}{,}8$; sein Durchmesser ist doppelt so groß wie der Sonnendurchmesser, die Masse macht 1,4 Sonnen aus, die Oberflächentemperatur 6300° K. Beta ist 24,4 Lj entfernt. Der nur geringfügig schwächere **Alpha Hydri**, $2^{m}{,}9$, strahlt aus einer Entfernung von 71 Lj. Der fernste Stern in der Kleinen Wasserschlange ist **Gamma Hydri**, $3^{m}{,}2$, sein Licht ist zur Erde 214 Jahre unterwegs. Gamma ist ein roter Riese der Spektralklasse M2.

Zu S. 126: Galaxie **M 83 – NGC 5236** in der Hydra.

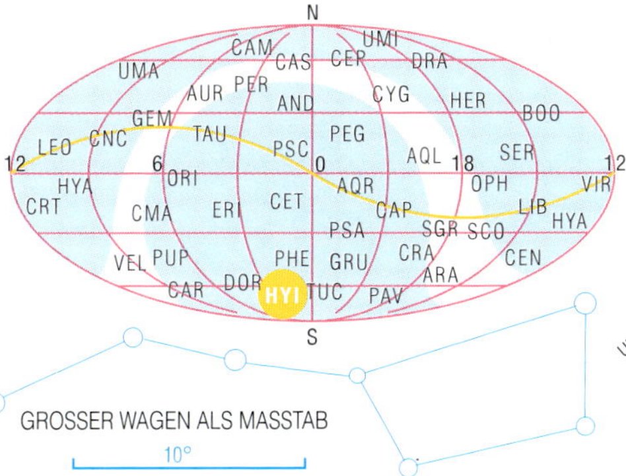

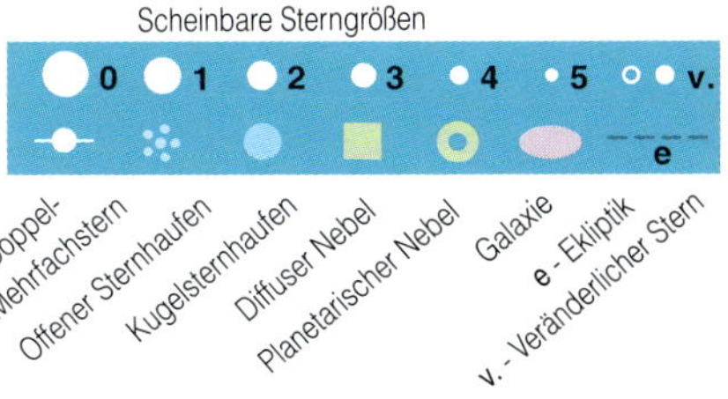

HYI

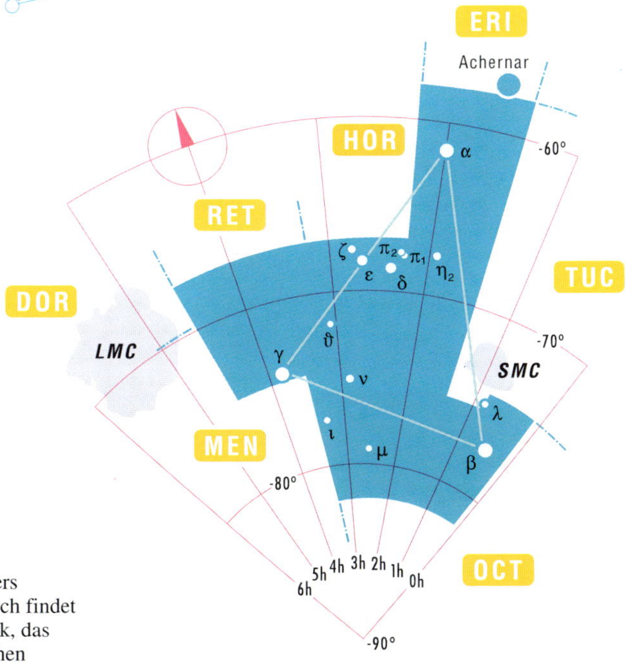

Hydrus ist kein besonders markantes Sternbild, doch findet man es leicht im Dreieck, das von beiden Magellanschen Wolken und dem hellen Achernar im Sternbild Eridanus umrissen wird.

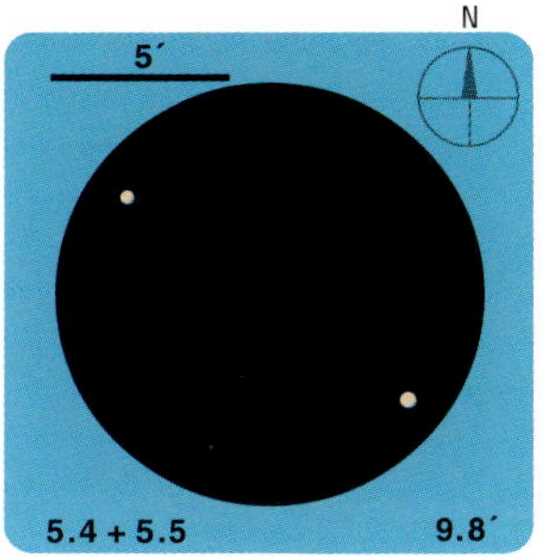

Den optischen Doppelstern **Pi 1** und **Pi 2 Hydri** kann man auch mit dem bloßen Auge erkennen, sofern günstige Beobachtungsbedingungen herrschen; beide Sterne sind sehr schwach.

INDUS

Indi Ind Inder

Das Sternbild wurde gegen Ende des 16. Jahrhunderts vom holländischen Seefahrer P. D. Keyser zu Ehren der Ureinwohner Amerikas vorgeschlagen und von J. Bayer 1603 in die Sternkarten eingebracht. Wie bei vielen anderen Sternbildern versucht man auch hier vergebens, in den schütter gesäten Sternen ein dem Namen entsprechendes Bild, nämlich die Gestalt eines nordamerikanischen Indianers, zu erblicken. Der Inder oder eigentlich Indianer geht in seiner Umgebung auf, seine Anwesenheit verraten drei Vögel: Kranich, Pfau und Tukan.

Theta Indi ist ein Doppelstern, den man auch mit einem kleinen Fernrohr beobachten kann; seine Komponenten sind $4^{m}_{,}5$ und $6^{m}_{,}9$ groß und haben einen Winkelabstand von 6,5". Das System ist 97 Lj entfernt. Ein bemerkenswerter Stern ist **Epsilon Indi**, $4^{m}_{,}7$, nur 11,8 Lj von der Sonne entfernt. Er hat eine schnelle Eigenbewegung, verschiebt sich jährlich um 4,7" und wird im Jahr 2640 in das Nachbarsternbild Tukan übergehen.

IC 5152 ist eine unregelmäßige Galaxie, weniger als 15 Millionen Lj entfernt, also so nah, daß man ihre hellsten Sterne unterscheiden kann. Im Vordergrund ist ein heller Stern von $8^{m}_{,}0$.

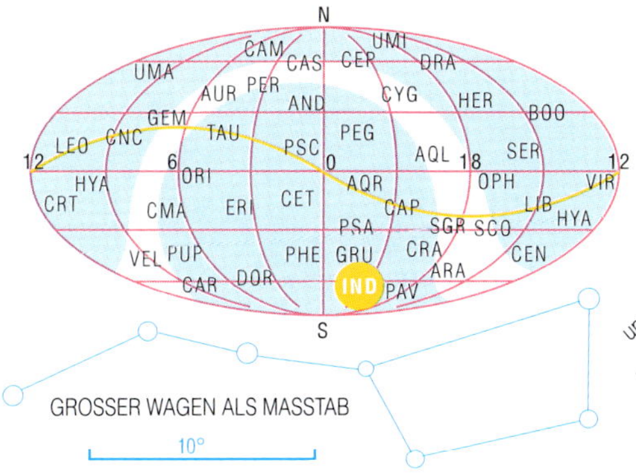

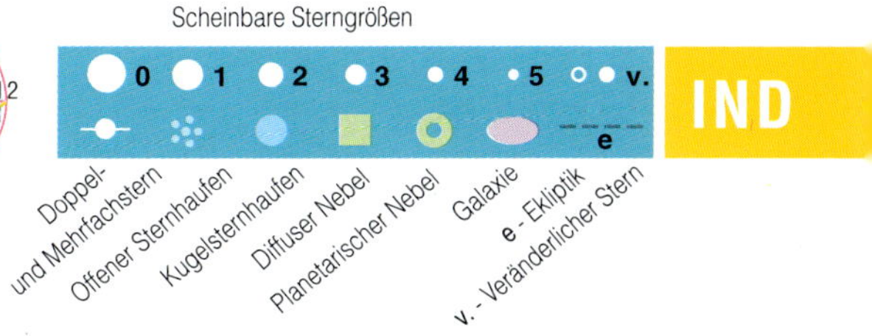

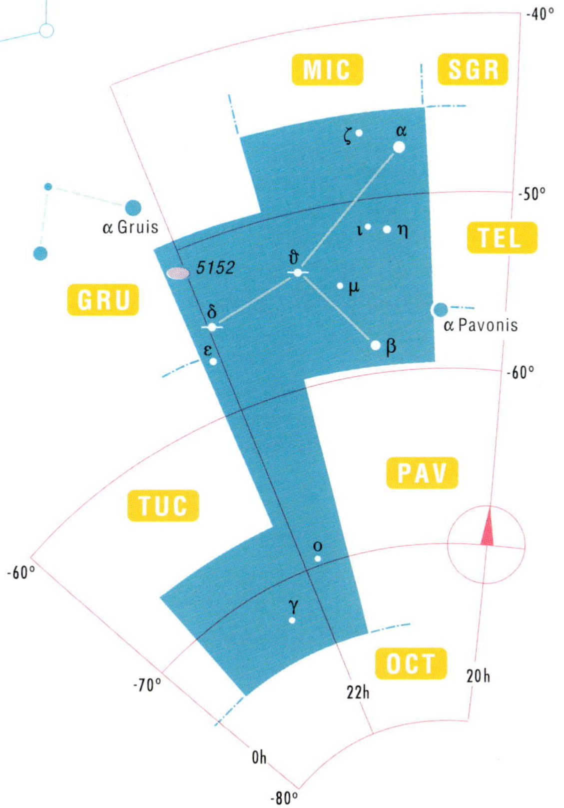

Unten: Verteilung der nächsten Sterne rings um die Sonne **S**. Mit den Kreislinien in Himmelsäquatorebene sind die Entfernungen 5, 10 und 15 Lj von der Sonne markiert. Der Stern **Epsilon Indi** ähnelt der Sonne, ist aber etwas kleiner, kälter und weniger lichtstark. Seit den sechziger Jahren gehört er zu den Objekten, deren Beobachtung der Suche nach Planeten und Zivilisatioen außerhalb des Sonnensystems dient – bislang ohne Erfolg.

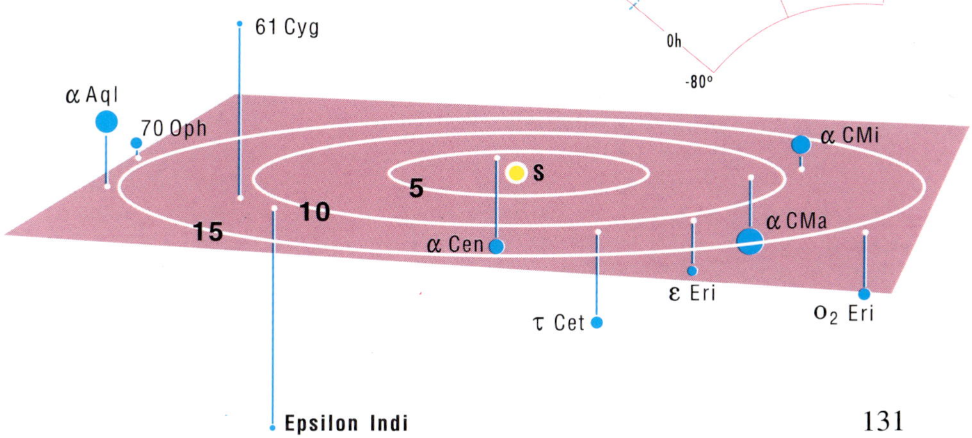

LACERTA

Lacertae Lac Eidechse

Die Zickzacklinie aus schwachen Sternen in der Milchstraße zwischen Kassiopeia und Schwan inspirierte am Ende des 17. Jahrhunderts den Danziger Astronomen Johannes Hevelius, hier das Sternbild Eidechse zu schaffen. Seine Vorstellung davon verrät die Abbildung rechts neben der Karte, eine Wiedergabe aus Hevelius' Atlas von 1690. Beim Suchen der Eidechse hilft eine Gruppe aus fünf Sternchen (2–5–4–Alpha–Beta) in Form des Buchstaben W – sozusagen eine Mini-Kassiopeia.

Im ganzen Sternbild gibt es nur einen einzigen Stern, der heller als $4^{\mathrm{m}},0$ ist: **Alpha Lacertae,** $3^{\mathrm{m}},8$, 102 Lj weit entfernt. Schwächer, aber bemerkenswerter ist der Stern **4 Lacertae**, $4^{\mathrm{m}},6$, ein weißer Überriese, den über 1500 Lj. von uns trennen. Beträchtliche Aufmerksamkeit haben die Astronomen dem Objekt **BL Lacertae** gewidmet, das ursprünglich als ein besonderer Veränderlicher mit Schwankungen zwischen $13^{\mathrm{m}},0$ und $16^{\mathrm{m}},0$ galt. In Wirklichkeit ist es der Kern einer sehr weit entfernten Galaxie mit einer außerordentlich starken Engergiequelle und schwankenden Helligkeit.

Der offene Sternhaufen **NGC 7209**, Helligkeit insgesamt $7^{\mathrm{m}},7$, enthält etwa 100 Sterne von $10^{\mathrm{m}},0$ und schwächer, in einem Umkreis von 20' verstreut.

Messier-Objekte

Charles Messier (1730–1817), ein französischer Astronom, war ein hervorragender Beobachter und Kenner des Sternhimmels, zudem Entdecker von 15 Kometen. Im Jahr 1758 entdeckte er im Sternbild Stier einen Nebel, der dann in seinem Katalog die Messierzahl 1 erhielt (M 1, bekannt als Krabbennebel). Um auch Verwechslungen mit Kometen einzuschränken, begann Messier aufgrund eigener Beobachtungen sowie nach den Angaben anderer Entdecker mit der systematischen Aufstellung eines Katalogs der Kometen, Nebel und Galaxien. 1783 erschien Messiers Katalog mit 103 Objekten, von denen er rund ein Drittel selbst entdeckt hatte. Später kamen aufgrund nicht publizierter Aufzeichnungen Messiers noch die Objekte M 104 bis M 110 hinzu.

Die Messier-Objekte erfreuen sich beträchtlicher Popularität, es gibt darüber Spezialliteratur einschließlich Bildatlanten. Bei den Astronomie-Freaks sind die Messier-Marathons beliebt. Die Aufgabe besteht darin, in einer einzigen Beobachtungsnacht möglichst viele Objekte vors Fernrohr zu bekommen. Die Messier-Objekte stellen allerdings bei weitem nicht alle Deep-Sky-Objekte dar, die sich für die Beobachtung mit Kleinfernrohren eignen. Es fehlen z.B. der grandiose Doppelsternhaufen Chi und h im Perseus, zahlreiche Kleinode des südlichen Sternhimmels konnten auch nicht aufgenommen werden.

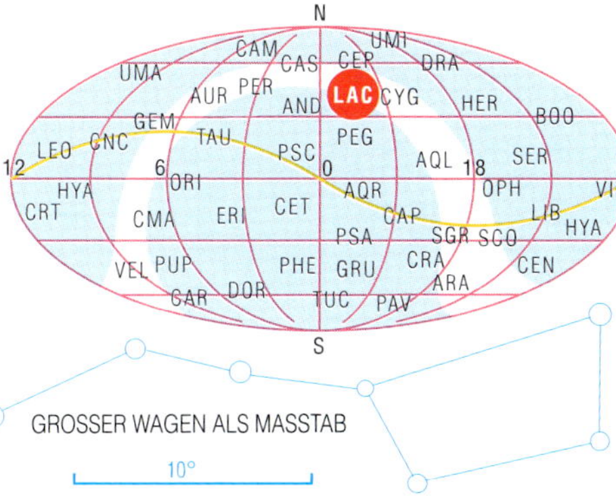

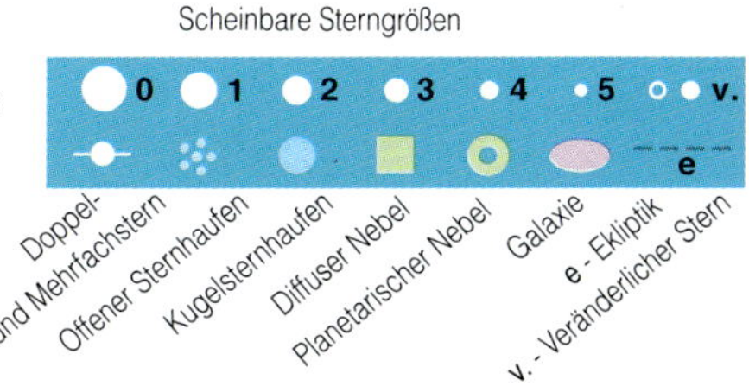

LAC

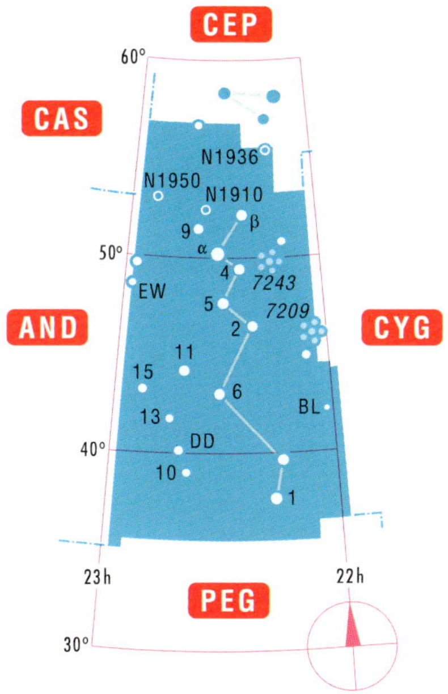

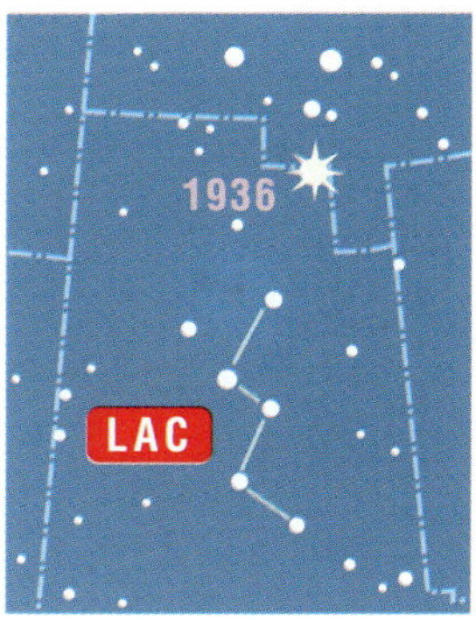

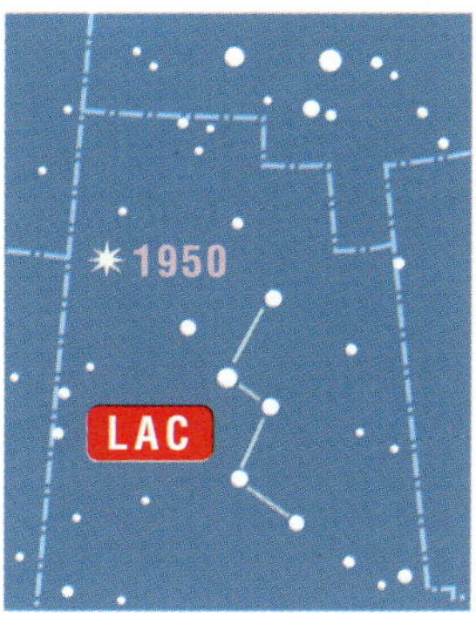

Im 20. Jahrhundert flammten in der Lacerta drei Novä auf. Die hellste war die Nova 1936 (Bezeichnung CP Lac), die im Maximum $2^m{,}1$ erreichte, während sie zuvor lediglich $16^m{,}6$ zeigte! Die Nova 1910 (DI Lac) erreichte $4^m{,}3$, die schwächste war die Nova 1950 (DK Lac): sie steigerte ihre Helligkeit auf $5^m{,}0$.

LEO

Leonis Leo Löwe

Tierkreissternbild, schon seit mehr als 5000 Jahren in Mesopotamien bekannt. Damals stand die Sonne bei der Sommersonnenwende im Löwen – ein symbolischer Ausdruck für die größte Macht des Sonnengottes. Der griechischen Mythologie zufolge war es der furchterregende Nemeische Löwe, den der Held Herakles erschlug. Es ist eins der wenigen Sternbilder, bei denen man die namengebende Figur erkennen kann: Die charakteristische „Sichel“ mit dem Regulus deuten Kopf und Brust des Löwen an.

Alpha Leonis – Regulus, $1\overset{\mathrm{m}}{,}4$, ein Stern des „Frühlingsdreiecks“. Er liegt nur 0,5° von der Ekliptik, in seiner Nähe ziehen der Mond und die helleren Planeten vorbei. Regulus ist ca. 2mal größer und 120mal lichtstärker als die Sonne. Er ist ein blauweißer Stern der Spektralklasse B7 mit einer Oberflächentemperatur von 14 000 K, und 78 Lj entfernt. **Gamma Leonis – Algieba** gehört zu den schönsten Doppelsternen, seine Komponenten von $2\overset{\mathrm{m}}{,}4$ und $3\overset{\mathrm{m}}{,}6$ stehen in einem Winkelabstand von 4,5" und haben beide eine goldgelbe Farbe. Ihr Umlauf dauert über 600 Jahre, die Entfernung des Doppelsterns beträgt 126 Lj. **R Leonis**, ein roter Riese, gehört zu den langperiodischen Veränderlichen vom Typ Mira Ceti. Er ändert seine Helligkeit in der Spanne $4\overset{\mathrm{m}}{,}4$ – $11\overset{\mathrm{m}}{,}3$ in 310 Tagen.

Im Löwen befinden sich mehrere helle Galaxien, für Kleinfernrohre sind nur zwei Paare interessant. **M 65** und **M 66 – NGC 3623** und **NGC 3627** haben eine Helligkeit von rund 10,0 mag und sind etwa 30–40 Millionen Lj entfernt. In die gleiche Gruppe gehört auch das zweite Galaxienpaar **M 95** und **M 96 – NGC 3351** und **NGC 3368.**

LEO MINOR

Leonis Minoris LMi Kleiner Löwe

Das Sternbild wurde von J. Hevelius in seinem Atlas (1690) eingeführt. Die Plazierung erfolgte zwischen Löwen und Großem Bären, um hier einen leeren Käfig im Himmelszoo mit einem ähnlichen Raubtier zu füllen. Das Sternbild hat nur sieben Sterne, die heller sind als $5\overset{\mathrm{m}}{,}0$, nur ein einziger trägt einen Bayerbuchstaben – Beta, die übrigen werden mit Flamsteedzahlen bezeichnet. Viel Interessantes ist hier nicht zu sehen.

Beta Leonis Minoris, $4\overset{\mathrm{m}}{,}2$, ein Doppelstern mit den Komponenten $4\overset{\mathrm{m}}{,}4$ und $6\overset{\mathrm{m}}{,}1$ im Winkelabstand von einigen Zehntelsekunden. Das System ist 146 Lj entfernt.

LEO

LMI

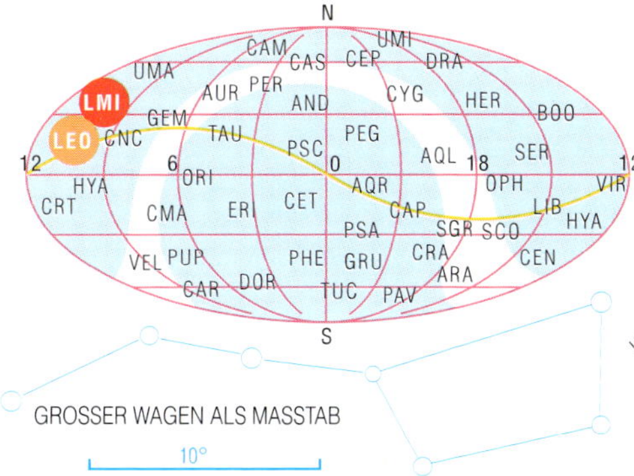

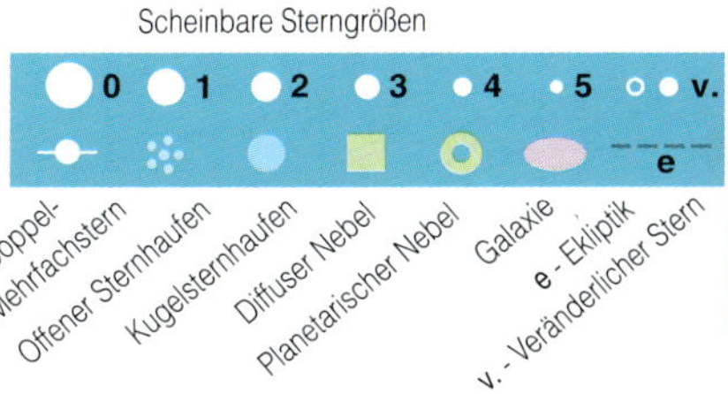

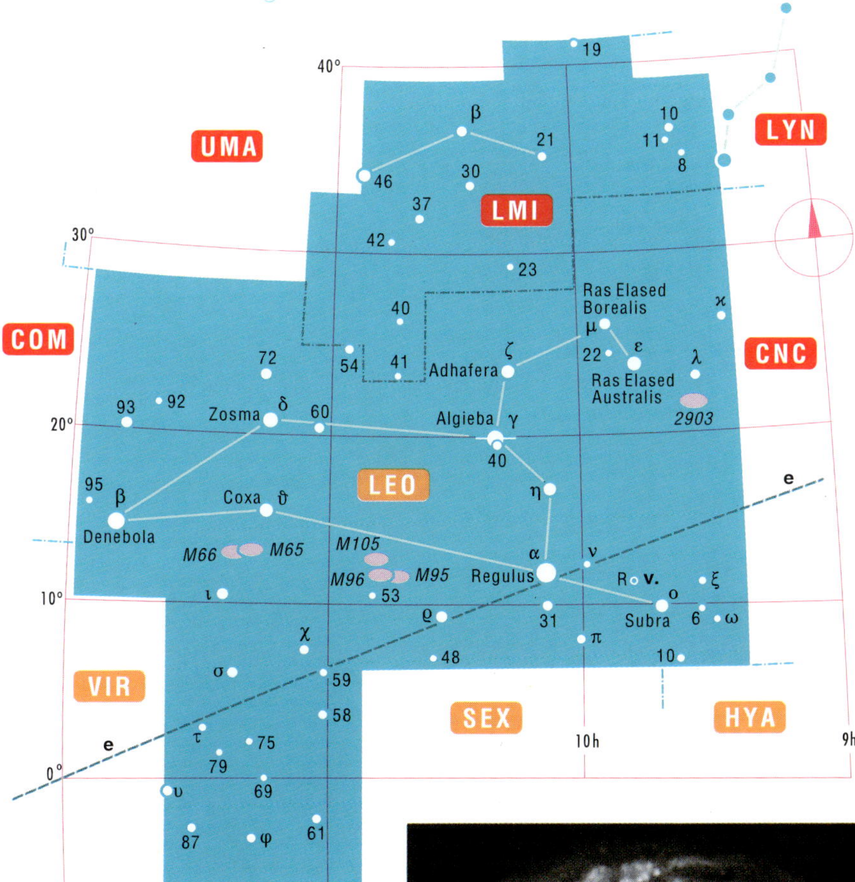

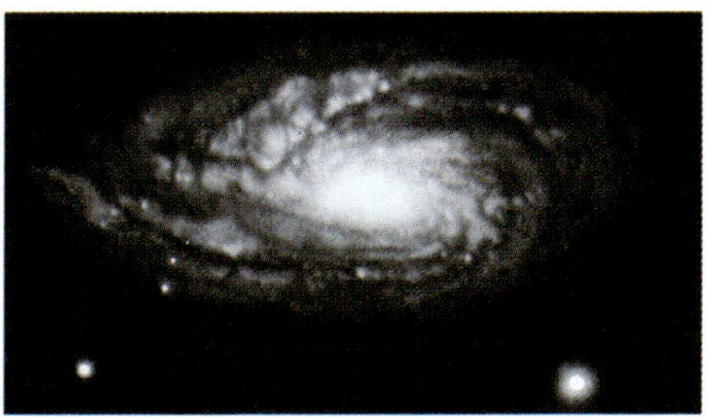

Rechts: Galaxis **M 66 – NGC 3627** im Sternbild des Löwen.

LEPUS

Leporis Lep Hase

Unter diesem Namen kannten schon die alten Griechen und Römer das Sternbild. Der Hase, ein häufiges Wildbret, hat am Himmel seinen Platz zu Füßen des großen Jägers Orion und in Reichweite des Großen Hundes. Das relativ prägnante Sternbild des Hasen findet man also leicht südlich vom Orion ein Stück westlich vom Sirius.

Alpha Leporis – Arneb, $2^{m}_{,}6$, ein Überriese, 6000mal heller als die Sonne, über eine Entfernung von über 1000 Lj zu sehen. Alpha hat einen Begleiter von $11^{m}_{,}0$ in 36" Abstand.

R Leporis – Hinds Karmesinstern, ein unregelmäßiger veränderlicher Stern. Der britische Astronom John Russel Hind beschrieb ihn 1845 als einen „intensiv karminroten Stern, wie ein Blutstropfen vor dem Hintergrund des Himmels". Seine Helligkeitsschwankungen werden von der Lichtkurve unten demonstriert. R Leporis ist ein Riese mit einer niedrigen Oberflächentemperatur von nur 2700 K. In seiner Atmosphäre befinden sich Kohlenstoffmoleküle, die blaue Kurzwellenstrahlung verschlucken; der Stern ist von einer Staubwolke umhüllt. All das wird zur Ursache für die rote Färbung, die vor allem bei seinem Helligkeitsmaximum hervorsticht. Der Stern wird im Feldstecher sichtbar, doch zu einer klaren Erkennung der Farbe ist schon ein Fernrohr nötig.

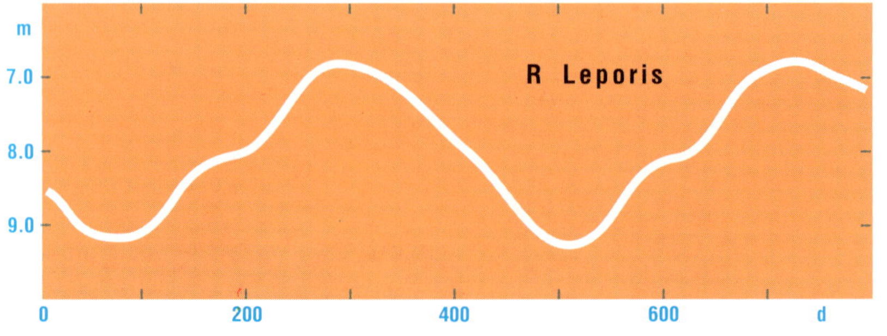

Lichtkurve des unregelmäßigen Veränderlichen **R Leporis**. In den letzten Jahren ändert der Stern seine Helligkeit von $7^{m}_{,}0$ bis $10^{m}_{,}0$ in zwei sich überlagernden Perioden: die erste dauert rund 14 Monate, die längere einige Jahrzehnte (ca. 50 Jahre).

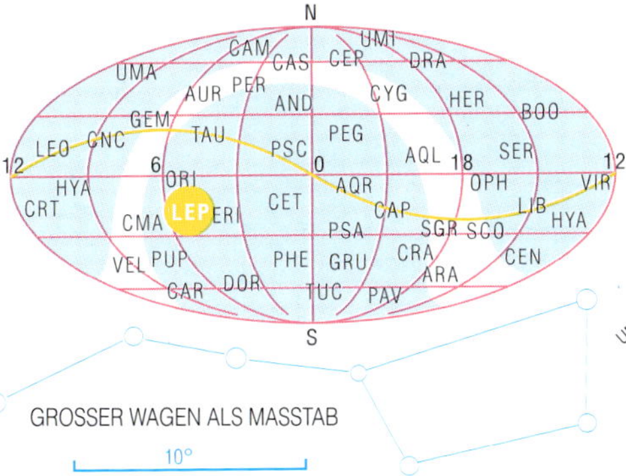

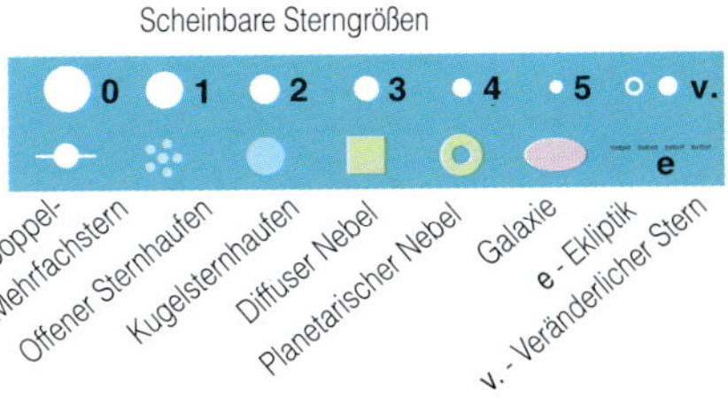

LEP

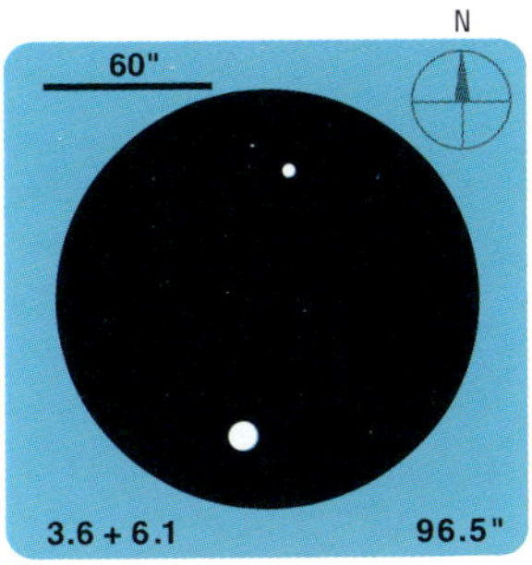

Oben: der Doppelstern **Gamma Leporis** läßt sich mit dem Feldstecher beobachten. Er besteht aus zwei nur 29 Lj entfernten Zwergen.

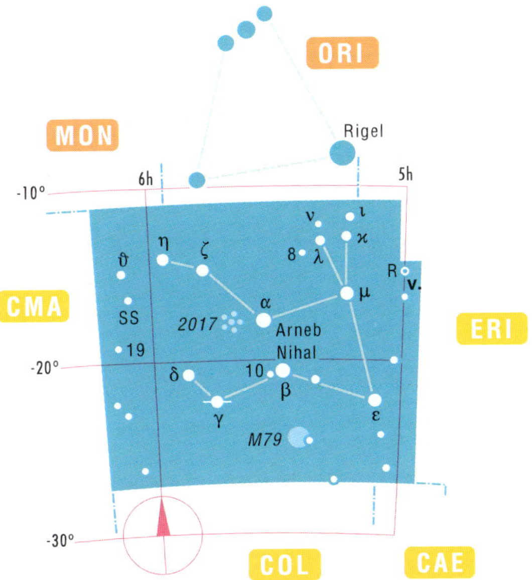

Kugelsternhaufen **M 79 – NGC 1904**, $7^{m}_{,}8$, Winkeldurchmesser des helleren Teils 8', Realdurchmesser ca. 260 Lj, Entfernung von der Sonne 42 500 Lj, Entfernung von der Galaxismitte 63 500 Lj.

LIBRA

Librae Lib Waage

Ein Tierkreissternbild, das man leicht mitten auf der Verbindungslinie zwischen den hellen Sternen Spica in der Jungfrau und Antares im Skorpion findet. Die Namen der hellen Sterne in der Waage zeugen davon, daß diese ursprünglich zum Skorpion gehörten: Zuben el Genubi heißt „linke Schere", Zuben el Schemali ist die „rechte Schere". Ins Zeichen der Waage, das jetzt in der Jungfrau liegt (s. Präzession, S. 58) tritt die Sonne am Tag der Herbstäquinoktion ein. Als Waage, das Symbol für Gerechtigkeit, war dieses Sternbild schon im alten Rom bekannt. Die Figuraldarstellung der Waage aus Hevelius· Atlas von 1690 ist auf dem Bild rechts unten zu sehen.

Jota Librae ist ein Mehrfachstern. Die Komponente A, $4^{m}_{,}5$, hat von der Komponente B, $9^{m}_{,}4$, einen Winkelabstand von 58". A ist ein engständiger Doppelstern mit einem Begleiter in 0,1" Abstand, B ist gleichfalls ein Doppelstern und hat einen Begleiter von $11^{m}_{,}0$ im Winkelabstand von 1,9". Der bedeckungsveränderliche Doppelstern **Delta Librae** ändert seine Helligkeit von $4^{m}_{,}9$ in $5^{m}_{,}9$ in einer Periode von 2,33 Tagen, seine Entfernung beträgt etwa 300 Lj.

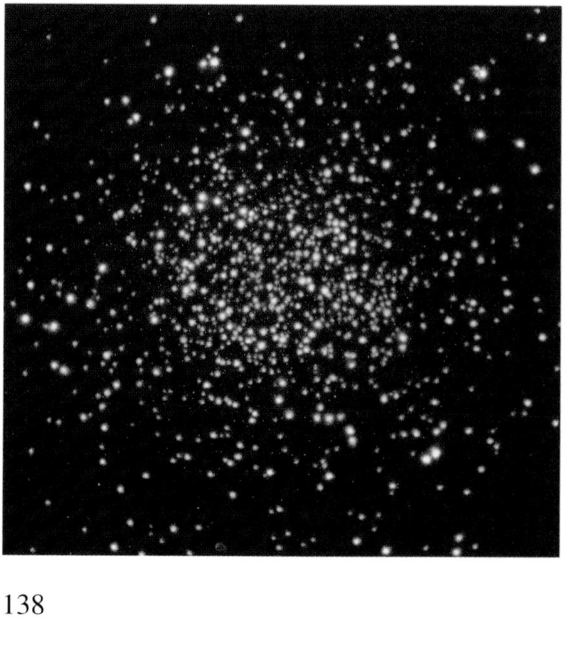

Der Kugelsternhaufen **NGC 5897** hat insgesamt eine Helligkeit von $8^{m}_{,}6$ und einen Winkeldurchmesser von 8,7'. Von der Sonne ist er 38 500 Lj entfernt, von der Galaxismitte 22 000 Lj.

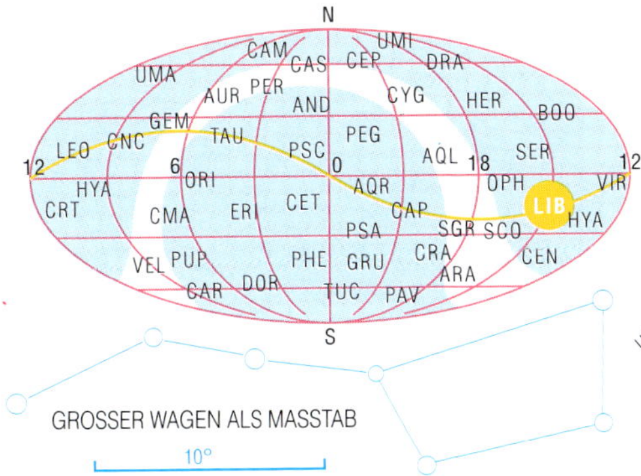

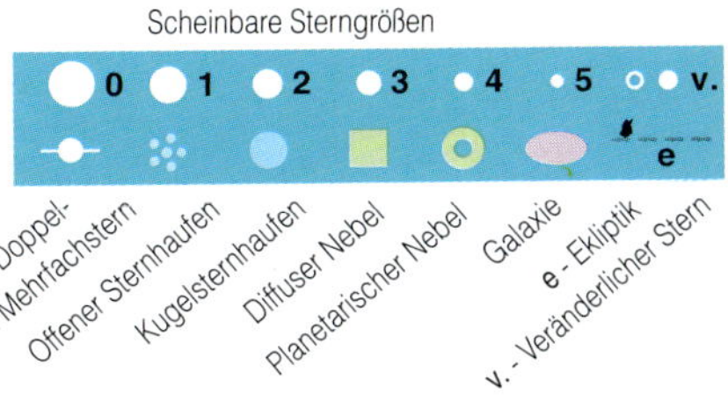

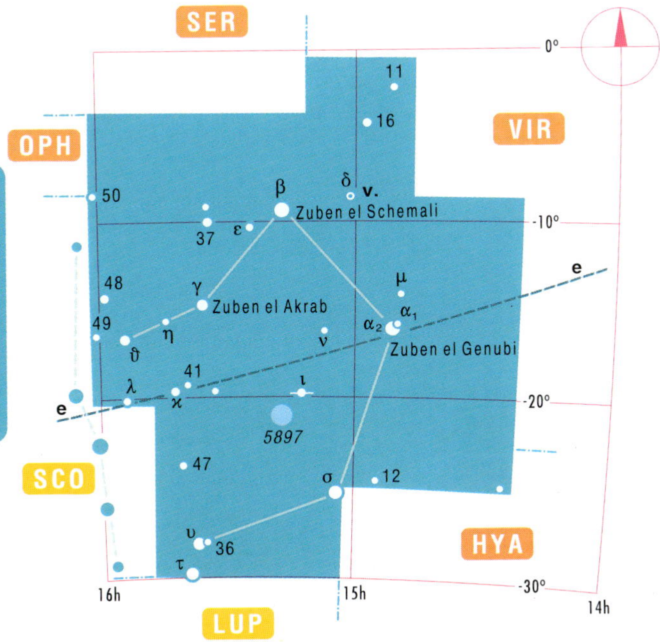

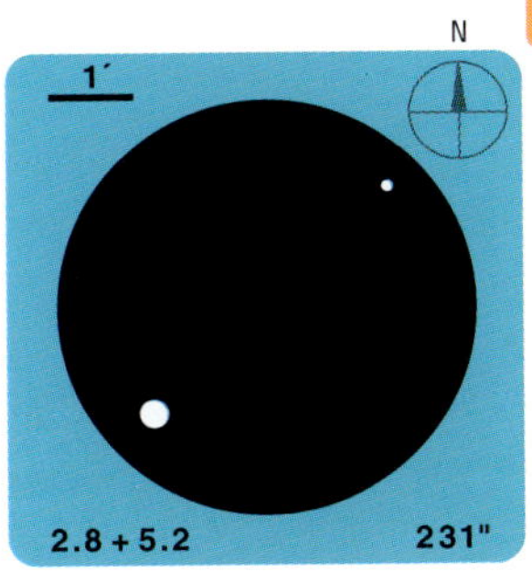

Alpha Librae – Zuben el Genubi, ein schöner Doppelstern, mit dem Feldstecher zu beobachten, 77 Lj entfernt.

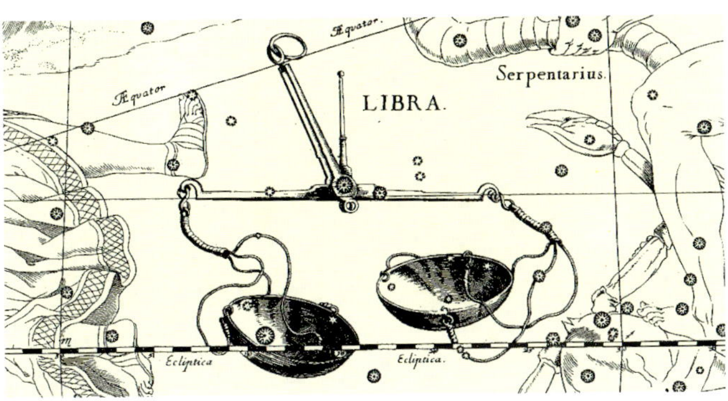

LUPUS

Lupi Lup Wolf

Die Griechen und Römer sahen in dieser Sternengruppe ein nicht näher definiertes Raubtier. Später wurde es in die Sternkarten als Wolf eingezeichnet, den der Kentaur erschlägt. So verewigte ihn J. Hevelius in seinem Atlas von 1690, aus dem das Bild unten übernommen ist. Bei genauerem Hinsehen stellt man fest, daß Hevelius seine Sternkarte seitenverkehrt gezeichnet hat, wie es zu seiner Zeit üblich war, quasi „aus Gottes Sicht" von der anderen Seite der Himmelssphäre. Daher geht der Kentaur von links auf den Wolf los, obwohl man das am Himmel umgekehrt sieht. Der markante Kentaur hilft bei der Suche nach dem Wolf.

Der hellste Stern im Wolf ist **Alpha Lupi**, $2^{m}{,}3$, ein Doppelstern mit einem schwachen Begleiter von $13^{m}{,}4$. **Xi Lupi** ist ein Doppelstern mit Komponenten von $5^{m}{,}3$ und $5^{m}{,}8$ in einem Winkelabstand von 10,4".

Der offene Sternhaufen **NGC 5822** hat die Gesamthelligkeit $6^{m}{,}5$, einen Winkeldurchmesser von 39' und ist mit dem Feldstecher zu sehen. Der Kugelsternhaufen **NGC 5986**, $7^{m}{,}5$, Winkeldurchmesser 6', ist über 34 000 Lj von der Sonne entfernt.

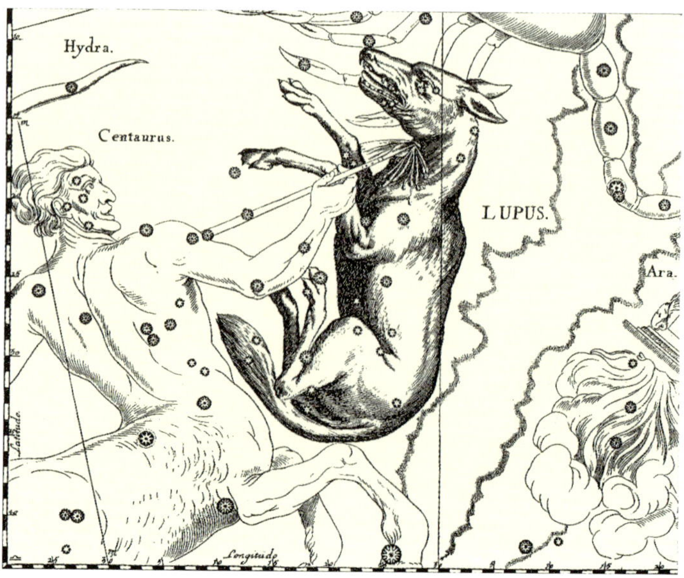

LUP

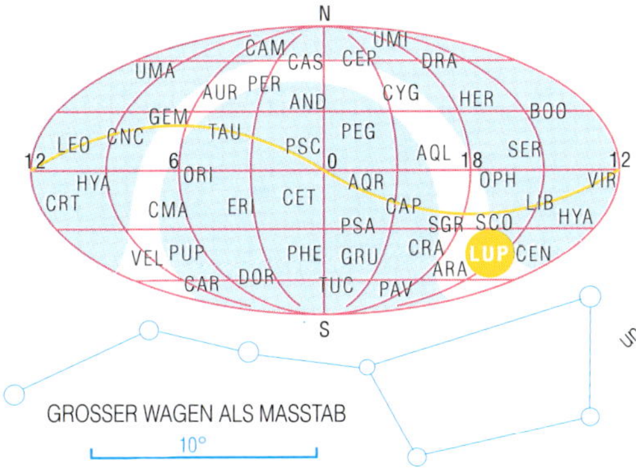

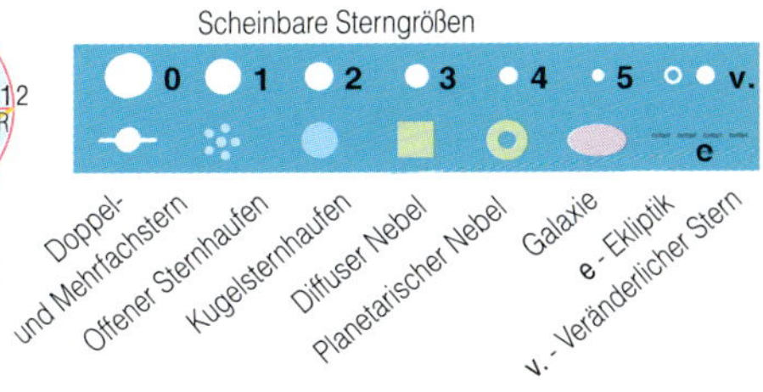

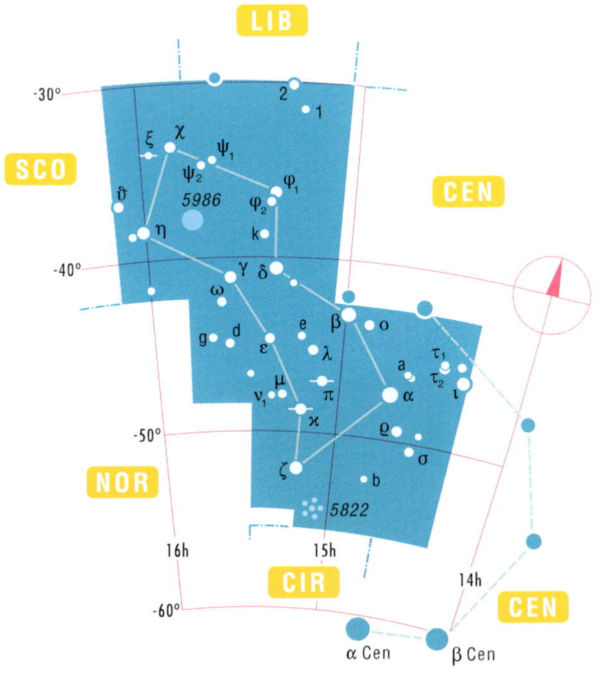

Doppelstern **Pi Lupi**, etwa 500 Lj entfernt. Beide Komponenten sind weiß.

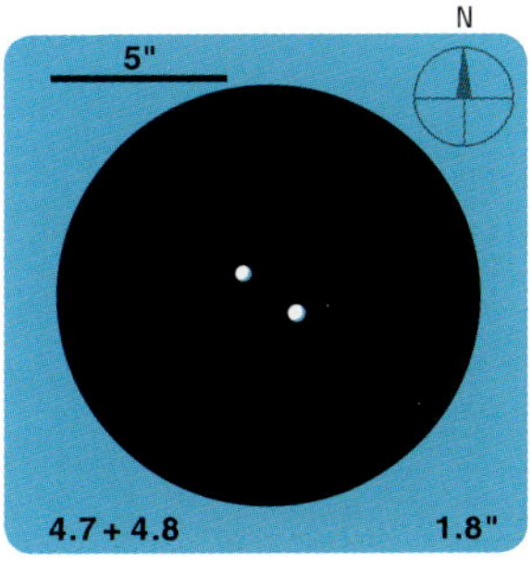

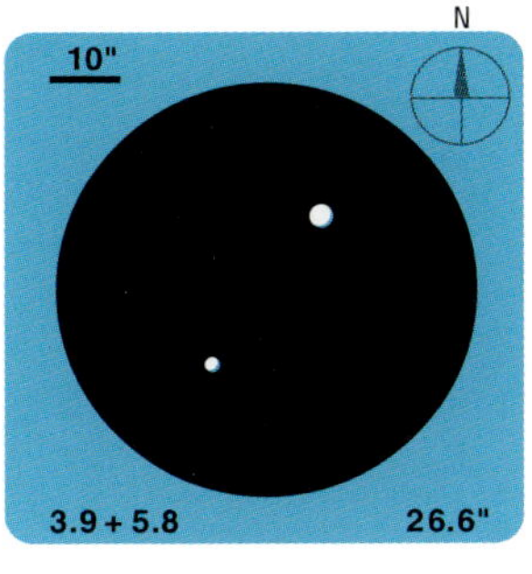

Der Doppelstern **Kappa Lupi** läßt sich mit einem kleinen Fernrohr leicht unterscheiden. Das System ist 190 Lj von der Sonne entfernt.

LYNX

Lyncis Lyn Luchs

Das Sternbild Luchs wurde von J. Hevelius 1690 eingeführt, um eine leere Stelle zwischen dem Großen Bären, dem Fuhrmann und den Zwillingen auszufüllen. Ein Luchs hat ausgezeichnete Augen, und Hevelius hat so insgeheim angedeutet, daß nur Leute mit Luchsaugen dieses schwache Sternbild sehen können. Die Sterngucker sagen, der Luchs ist dort, wo nichts ist. Nur zwei seiner Sterne sind heller als $4^{\mathrm{m}},0$, zwölf sind heller als $5^{\mathrm{m}},0$. Auf der Karte (rechts) ist eine Kuriosität zu sehen: Der Stern 41 Lyncis liegt jenseits der Grenzen des Luchses im Großen Bären, umgekehrt liegt der Stern 10 UMa im Luchs. Das ist ein Erbe aus den Zeiten vor Einführung der definitiven Sternbildgrenzen.

Der Kugelsternhaufen **NGC 2419** (Bild unten) ist sehr schwach, lediglich $10^{\mathrm{m}},4$, sein Winkeldurchmesser nur 4'. Der Realdurchmesser macht 380 Lj aus, die Leuchtkraft 175 000 Sonnen. Es ist der fernste der zu unserer Galaxis gehörenden Sternhaufen, 210 000 Lj von der Galaxismitte und 182 000 Lj von der Sonne entfernt. Er liegt uns also ferner als die nahe Galaxie der Großen Magellanschen Wolke. Daher erhielt er den Namen „Intergalaktischer Wanderer“ (Intergalactic Tramp).

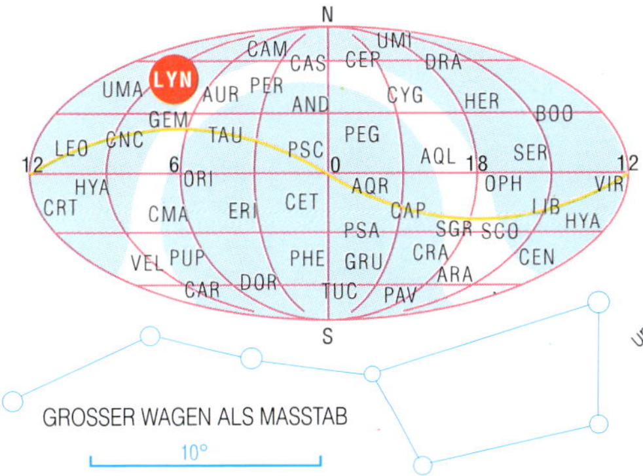

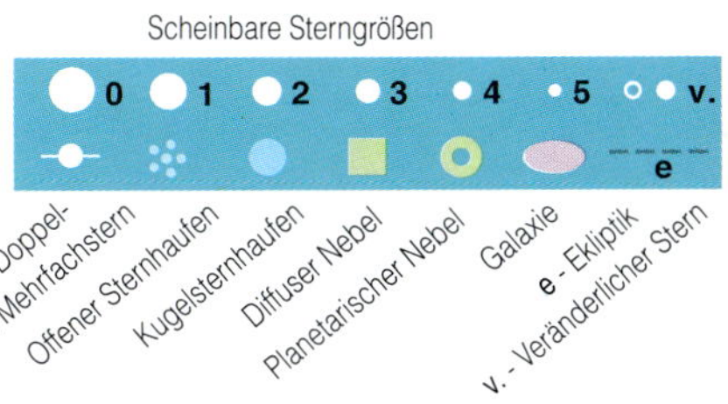

LYN

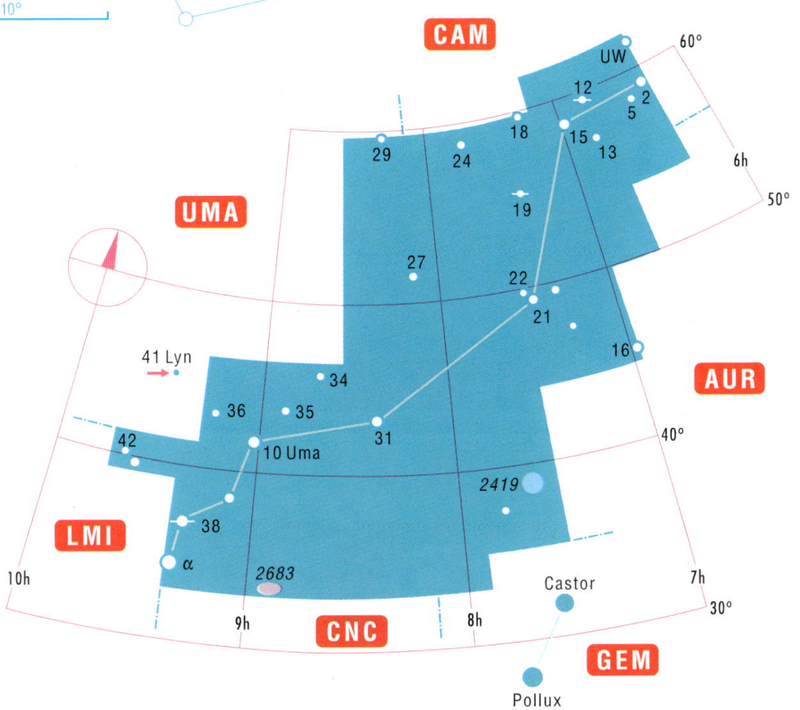

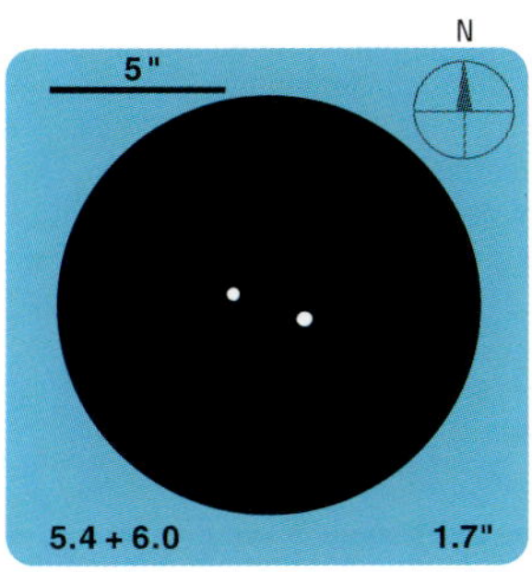

Links: im Doppelstern **12 Lyncis**, 230 Lj entfernt, laufen die Komponenten in 700 Jahren um.

Rechts: Das Licht von den Komponenten des optischen Doppelsterns **19 Lyncis** braucht 360 bzw. 470 Jahre zur Erde. Dem bloßen Auge erscheint er als schwaches Sternchen von $5^m\!,4$.

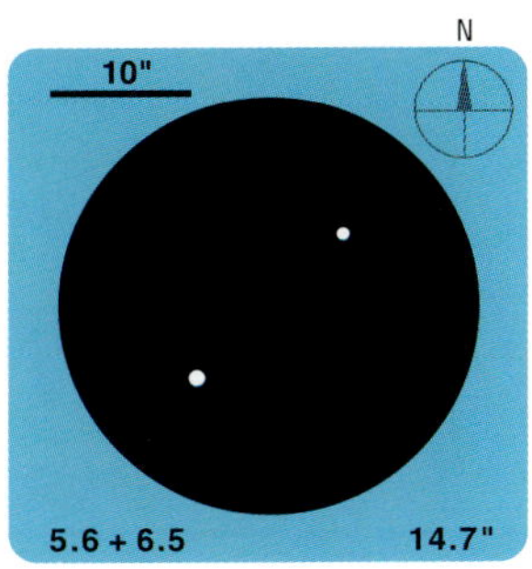

LYRA

Lyrae Lyr Leier

Die Lyra oder Leier war ein Saiteninstrument, das der Gott Apoll dem Sänger Orpheus schenkte. Die rührende Geschichte von Orpheus und Eurydike wurde von Gluck und Monteverdi vertont. Bleibt nur noch hinzuzufügen, daß Zeus nach Orpheus' Tod dessen Leier an den Himmel setzte. Das kleine, aber markante Sternbild findet man gut mit Hilfe der Wega, des hellsten Sterns am Sommerhimmel.

Alpha Lyrae – Wega (Vega), $0^m,0$, der fünfthellste Stern am Himmel, ist ein normaler Stern der Spektralklasse A0 mit einer höheren Oberflächentemperatur, etwa dreimal so groß wie die Sonne. Das Licht ist von der Wega zur Erde 25,3 Jahre unterwegs. 1983 verzeichneten die Infrarotdetektoren des Satelliten IRAS rings um die Wega einen Staubring, der möglicherweise die Grundlage eines Planetensystems darstellt. **Beta Lyrae – Sheliak** ist ein bedeutender Bedeckungs-Doppelstern. Er stellt einen besonderen Systemtyp dar, in dem beide Sterne dicht beieinander stehen und durch die gegenseitige Schwerkraft- sowie Rotationswirkung eine verblüffend längliche Form annehmen. Die Helligkeitsänderungen in einem solchen System rühren auch vom Materiefluß von einer Komponente auf die andere sowie in den umliegenden Raum her. Beta hat im Maximum $3^m,3$, ihr Minimum liegt zwischen $3^m,8$ und $4^m,1$. Im Dreizehntagezyklus wechseln 2 Maxima und 2 Minima ab. **Delta 1, Delta 2** mit $5^m,6$ und $4^m,3$ (620" Abstand voneinander) ist ein Doppelstern inmitten des losen Sternhaufens **Stephenson 1** und kann mit dem Feldstecher beobachtet werden.

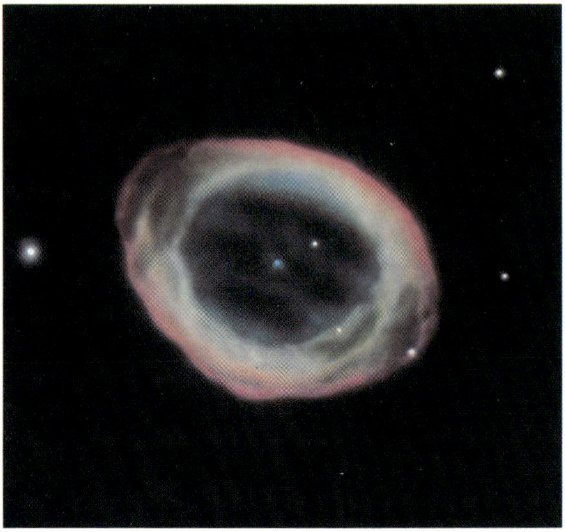

M 57 – NGC 6720 – Ringnebel in der Lyra, wohl der bekannteste planetarische Nebel. Gesamthelligkeit $9^m,0$, Winkeldurchmesser 70", Entfernung ca. 1500–2000 Lj. Es ist kein einfacher Ring, sondern ein ziemlich kompliziertes Raumgebilde. Der schwache Zentralstern (unter $15^m,0$) bleibt für Kleinfernrohre unsichtbar.

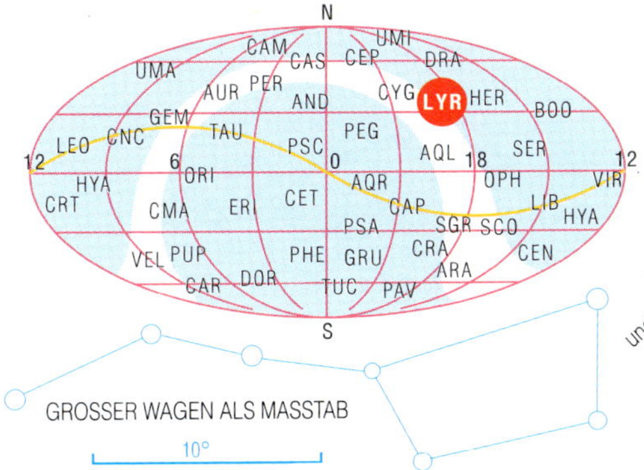

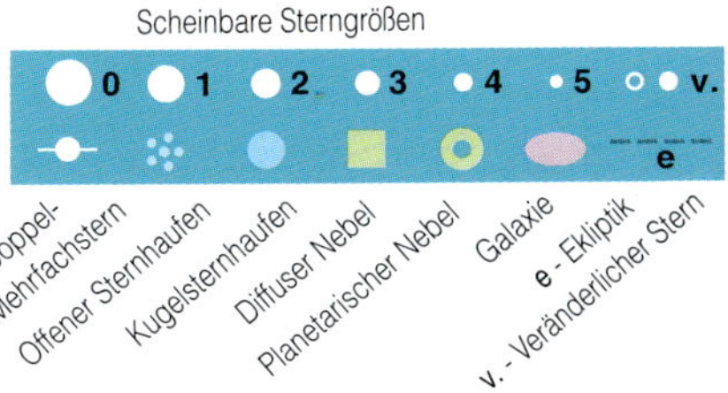

LYR

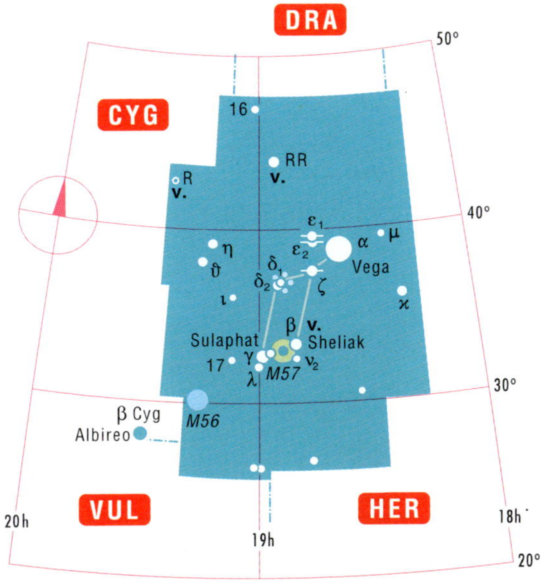

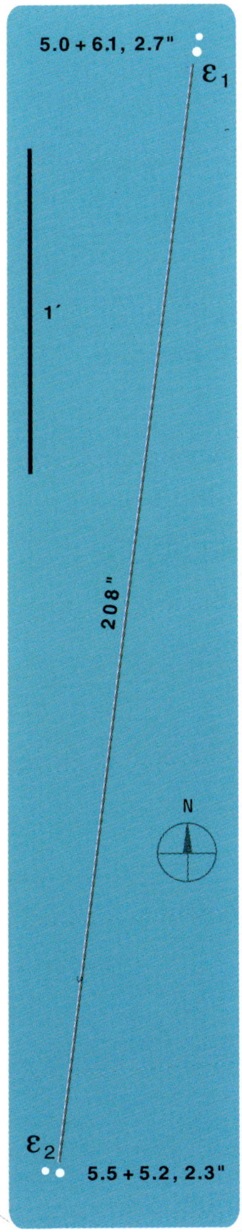

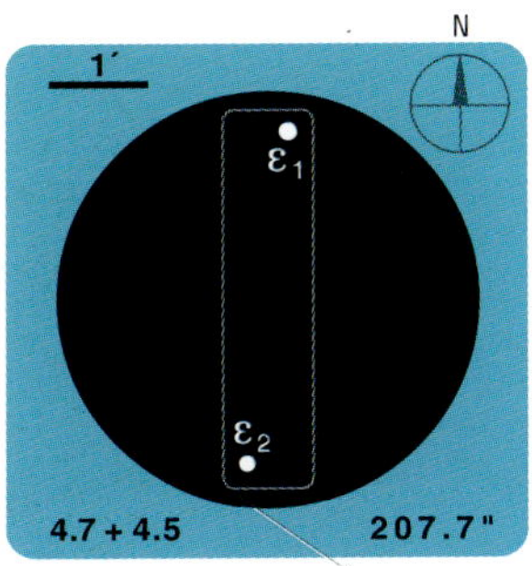

Rechts: **Epsilon Lyrae**, ein bekannter „Doppel-Doppelstern", eins der bekanntesten Mehrfachsysteme. Mit scharfem Auge oder dem Feldstecher kann man zwei Komponenten erkennen; in einem 75 mm-Fernrohr sieht man, daß beide wiederum in zwei Komponenten zerfallen.

MENSA

Mensae Men Tafelberg

Auch hier taucht wieder der Name Nicolas Louis de Lacaille auf. Der französische Astronom füllte die Lücken zwischen den seinerzeit bekannten Sternbildern am Südhimmel auf und verewigte sein zeitweiliges Observatorium am Fuß des Tafelbergs bei Kapstadt, von dem aus er seine Beobachtungen durchführte. Ähnlich wie der Gipfel des südafrikanischen Tafelbergs in Wolken gehüllt ist, wird auch der Tafelberg am Himmel teilweise von der Großen Magellanschen Wolke verdeckt. Der Tafelberg ist das schwächste Sternbild am Himmel, kein Stern ist hier heller als $5^{m}{,}0$. Wären nicht die Magellanschen Wolken, gäbe es hier überhaupt kein bemerkenswertes Objekt.

Der Tafelberg wird von vier Sternen gebildet. Der hellste und nächste ist **Alpha Mensae**, $5^{m}{,}1$, nur 33 Lj entfernt. Das sind etwa 8 Lj mehr als bei der strahlenden Wega, doch ist Alpha Mensae viel kleiner, kälter und schwächer. Alpha ist ein Zwerg der Spektralklasse G5 und ähnelt eher der Sonne. Dafür ist der 100 Lj entfernte **Gamma Mensae** ein Riese der Spektralklasse K4 und erscheint am Himmel genauso hell ($5^{m}{,}2$) wie der nahe Stern Alpha. Die Sterne **Eta** und **Beta Mensae** haben die Größe $5^{m}{,}5$ und $5^{m}{,}3$. Eta liegt ca. 700, Beta über 600 Lj entfernt.

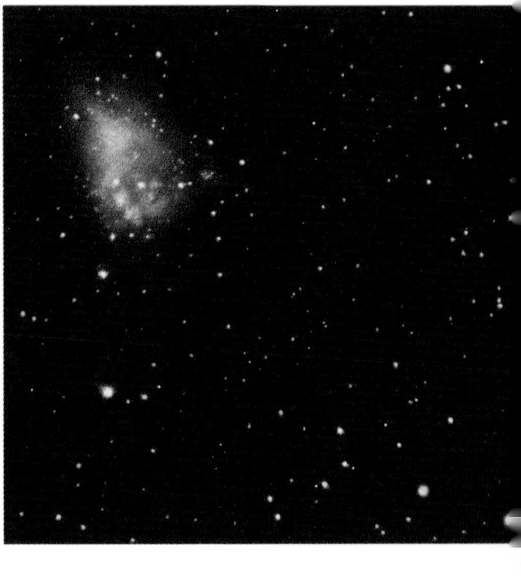

Die **Magellansche Wolke** ist mit unserer Galaxis nicht nur durch die Schwerkraft, sondern auch über eine gigantische „Gasbrücke" aus neutralem Wasserstoff verbunden. Eine für das menschliche Auge unsichtbare Gashülle umgibt und verbindet auch die beiden Wolken untereinander. Links die kleine, rechts die große Wolke.

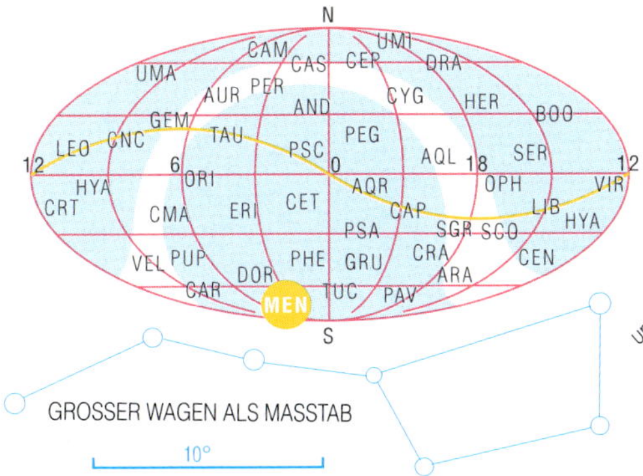

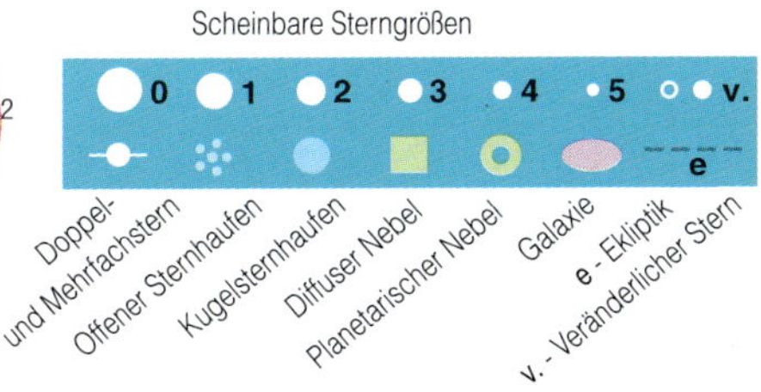

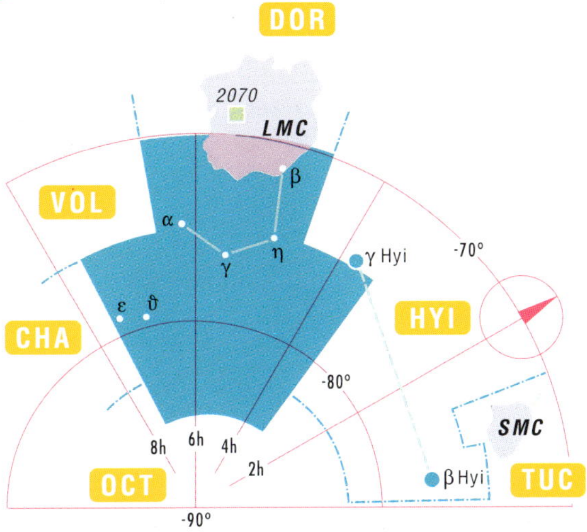

Das winzige, schwache Sternbild Mensa findet man unter Zuhilfenahme der Großen Magellanschen Wolke – LMC, die in das Sternbild eingreift. Die Magellanschen Wolken (LMC und SMC) stehen am Himmel etwa 20° voneinander entfernt und nehmen eine Fläche wie das Siebengestirn des Großen Wagens ein.

MICROSCOPIUM

Microscopii Mic Mikroskop

Eins von jenen nahezu unsichtbaren Sternbildern, mit denen Nicolas Louis de Lacaille um die Mitte des 18. Jahrhunderts die leeren Stellen auf der Karte des südlichen Sternhimmels aufgefüllt hat. So wurde auch das Mikroskop verewigt, eine Erfindung von ungeheurer Bedeutung für die Menschheit. Das unscheinbare Sternbild aus ein paar schwachen Sternen muß man mühselig südlich vom Steinbock suchen. Die ursprüngliche Vorstellung vom Sternbild Mikroskop zeigt ein Detail aus der Lacailleschen Karte des südlichen Sternhimmels (rechts).

Die hellsten Sterne sind **Gamma** und **Epsilon Microscopii**, beide mit $4\overset{m}{.}7$ und 220 bzw. 165 Lj von der Sonne entfernt. Gamma ist ein gelber Riese der Spektralklasse G8 und hat einen ganz schwachen Begleiter von nur $13\overset{m}{.}7$ im Winkelabstand von 26". Mit Amateurgeräten besser zu beobachten, allerdings auch nicht sonderlich attraktiv ist der Doppelstern **Alpha Microscopii**.

Ein Fernrohr – lohnt das?

Vor dem Kauf eines Fernrohrs muß man sich über ein paar Fragen im klaren sein: Braucht man es wirklich? Wenn ja, zu welchem Zweck? Nur für einen gelegentlichen Blick auf den Himmel oder für systematische Beobachtungen mit fachlichen Ansprüchen? Im Handel wird eine für den Einsteiger verwirrende Auswahl angeboten, und es ist immer gut, die Meinung eines Kenners einzuholen, der mit der Astronomietechnik schon Erfahrung hat. Einen guten Rat kann jedes Planetarium oder jede Sternwarte geben, auch was Literatur, Handbücher, Zeitschriften oder Anleitungen zum Fernrohr-Eigenbau angeht.

*Das allerwichtigste ist **nicht die Vergrößerung** eines Fernrohrs, sondern die **Qualität** von Optik und Montierung oder Ständer. Ohne eine feste, zitterfreie Montierung ist auch eine Hochleistungsoptik nicht viel wert. Also Vorsicht mit den eleganten, chromglitzernden Geräten auf dünnen Stativbeinchen, die in Hobbyabteilungen von Kaufhäusern angeboten werden!*

Als „Familienfernrohr" hat sich ein kleiner Refraktor (Linsenfernrohr) mit 5 bis 7 cm Objektivdurchmesser und einer Brennweite von 50–80 cm bewährt. Solch ein Gerät erlaubt je nach Okularwahl eine 50–100fache Vergrößerung. Man kann die Vergrößerungsleistung eines Fernrohrs errechnen, indem man die Objektivbrennweite durch die Okularbrennweite dividiert.

MIC

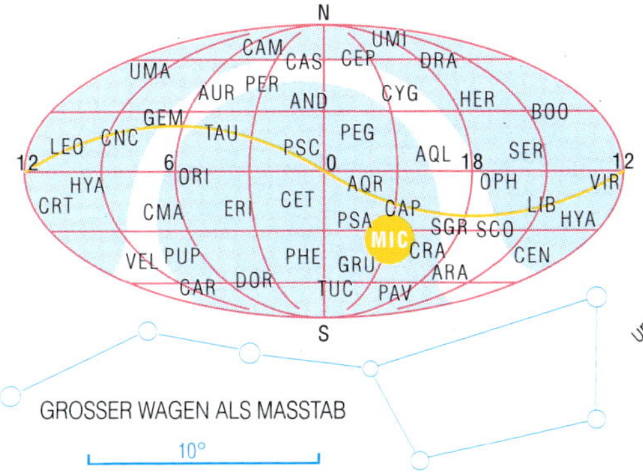

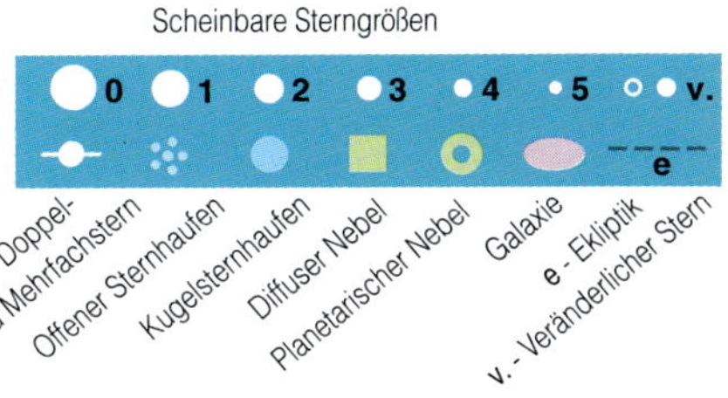

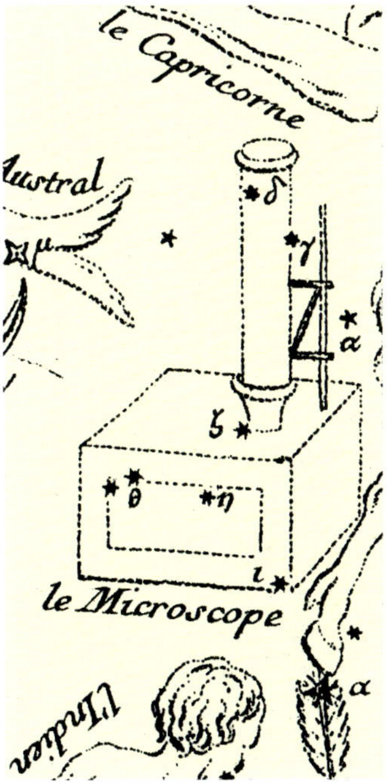

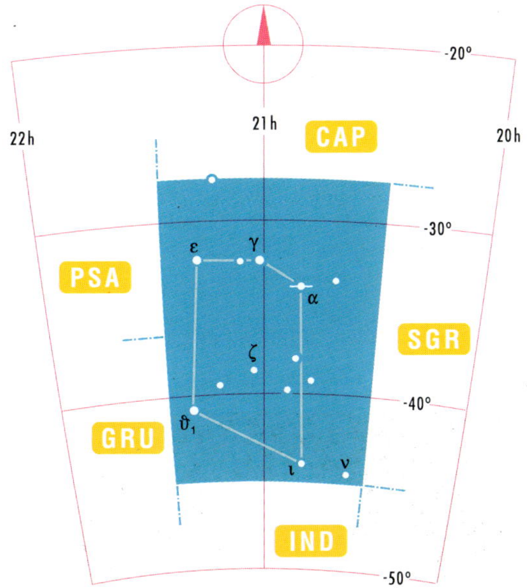

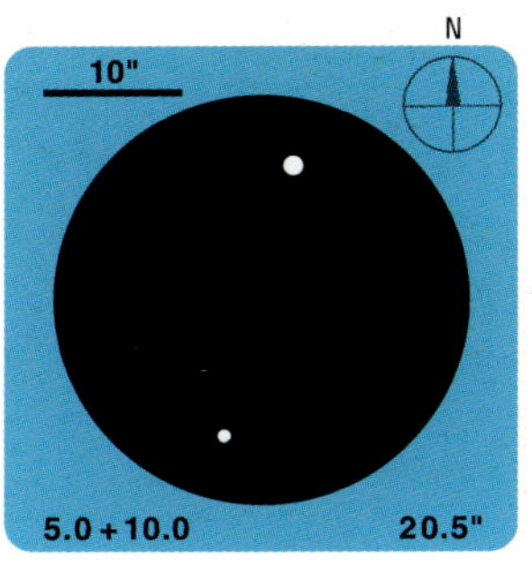

Der Doppelstern **Alpha Microscopii** hat die Gesamthelligkeit $5^m\!\!,0$ und ist in einer Entfernung von ca. 380 Lj zu sehen. Die Hauptkomponente ist ein gelber Riese der Spektralklasse G6.

MONOCEROS

Monocerotis Mon Einhorn

Das Einhorn, ein Fabelwesen, wurde als Pferd dargestellt, aus dessen Stirn ein langes, gerades Horn nach vorn ragte. Die Vorstellung von diesem einhornigen Tier geht möglicherweise auf den Narwal der Nordmeere zurück. Das Einhorn wurde schon 1624 auf der Karte von Jakob Bartsch (dem Schwiegersohn J. Keplers) verzeichnet, es kommt auch auf Hevelius' Karte von 1690 vor. Das Sternbild aus Sternen vierter Größe und noch schwächer hebt sich am Himmel kaum ab, doch findet man es unschwer inmitten des „Winterdreiecks", an dessen Spitzen Procyon, Beteigeuze und Sirius strahlen.

Am hellsten ist **Alpha Monocerotis**, $3^{m}_{\cdot}9$, ein orangener Riese in 144 Lj Entfernung. **Epsilon Monocerotis** ist ein Doppelstern mit Komponenten von $4^{m}_{\cdot}5$ und $6^{m}_{\cdot}5$ im Winkelabstand von 13". Ein außergewöhnlicher Stern ist **S Monocerotis**, $4^{m}_{\cdot}7$, ein blauweißer Riese der Spektralklasse O7 mit der Oberflächentemperatur 30 000 K und der Leuchtkraft von 8500 Sonnen! S Mon ist das hellste Objekt des Sternhaufens **NGC 2264**.

Der Sternhaufen **NGC 2244**, umgeben vom diffusen **Rosettennebel NGC 2237–9**, gehört zu den schönsten Deep-Sky-Objekten (Abb. auf S. 152). Der Sternhaufen ist mit dem Feldstecher zu finden, doch ist der Nebel visuell schwach und kommt erst auf der Fotografie gut zur Geltung.

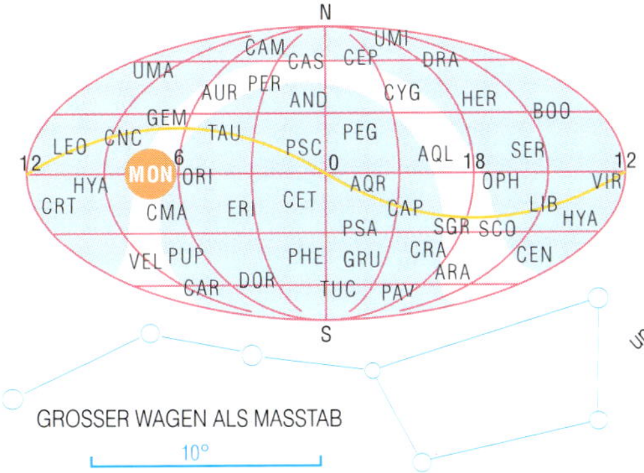

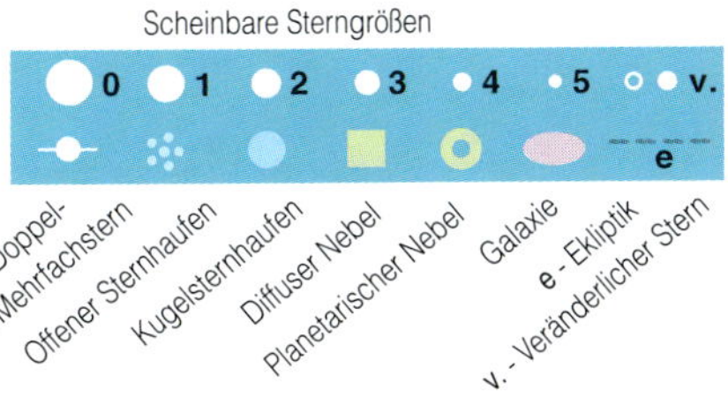

MON

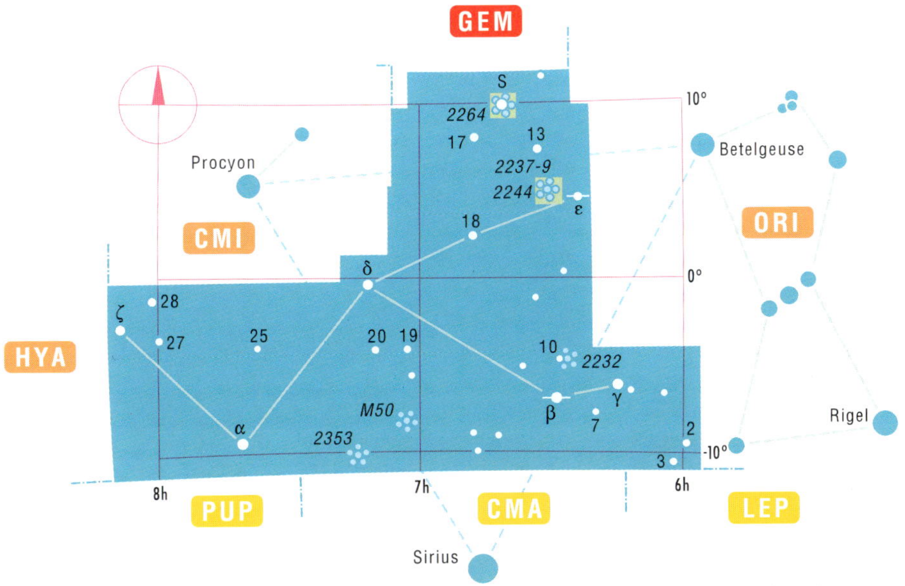

Unten: **Beta Monocerotis** – ein ganz besonders schöner Dreifachstern, der im Kleinfernrohr als Doppelstern erscheint.

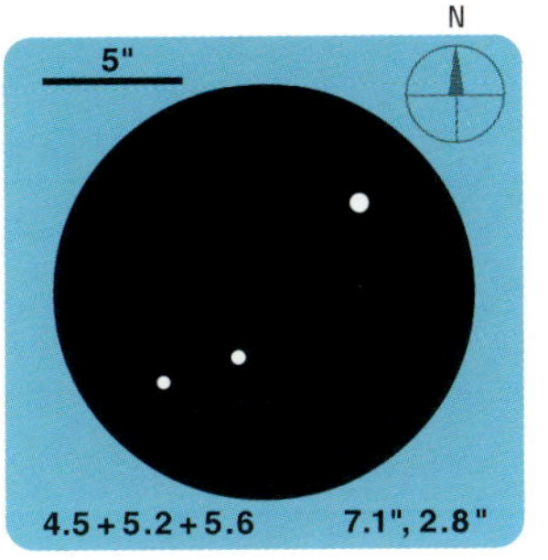

Ganz links: **NGC 2264** – der offene Sternhaufen „Christbaum“ ist schon im Feldstecher zu sehen. Er hat eine Winkelmaßhöhe von 26' (fast Monddurchmesser), in Wirklichkeit jedoch ca. 20 Lj. Der Sternhaufen ist in einen Nebel gehüllt, der offenbar auch seine Wiege war. Links: Vor dem hellen Nebel steht der bemerkenswerte Dunkelnebel **Conus**, ein dunkler Kegel, der sich scharf vor dem strahlenden Nebel abhebt und rund 3000 Lj entfernt ist.

MUSCA

Muscae Mus Fliege

Dieses Sternbild führte Johann Bayer in seinem Sternenatlas „Uranometria“ von 1603 ursprünglich als Apis (Biene) ein. Später wurde es von Lacaille in Musca Australis (Südliche Fliege) umbenannt, um Verwechslungen mit der Nördlichen Fliege zu vermeiden, die in den damaligen Karten unweit des Widders eingezeichnet war. Das Sternbild Nördliche Fliege konnte sich nicht halten, für sein südliches Gegenstück blieb dann schlicht der Name Fliege. Durch ihren markanten Nachbarn, das Kreuz des Südens, findet man die unscheinbare Fliege ganz gut.

Alpha Muscae, $2^{m}_{,}7$, ist ein Doppelstern mit einem sehr schwachen Begleiter von $12^{m}_{,}8$ im Winkelabstand von 29,6".

Im Jahr 1991 erstrahlte im Sternbild Fliege eine Nova (**N 1991** auf der Karte), die für kurze Zeit eine der hellsten Röntgenstrahlenquellen am Himmel war. Dabei stellte sich heraus, daß es sich um einen engständigen Doppelstern handelte, in dem ein gewöhnlicher Stern der Spektralklasse K um ein Zentralobjekt mit einer Masse von mehr als 3–8 Sonnen kreiste. Dieses Objekt könnte ein sogenanntes schwarzes Loch gewesen sein, ein superschwerer zusammengebrochener Stern, der keine Strahlung mehr aussendet, nach außen aber immer noch Gravitationseffekte zeigt und in seiner Nähe auch Prozesse hervorrufen kann, die zu einer intensiven Röntgenstrahlung führen.

Zu S. 150:
NGC 2237–9, der diffuse **Rosettennebel**, der den offenen Sternhaufen **NGC 2244** umhüllt. Der Sternhaufen besteht aus kleinen, glühenden Sternen, die physikalisch mit dem Nebel zusammenhängen. Der hat einen Durchmesser von ca. 55 Lj und ist rund 3000 Lj entfernt.

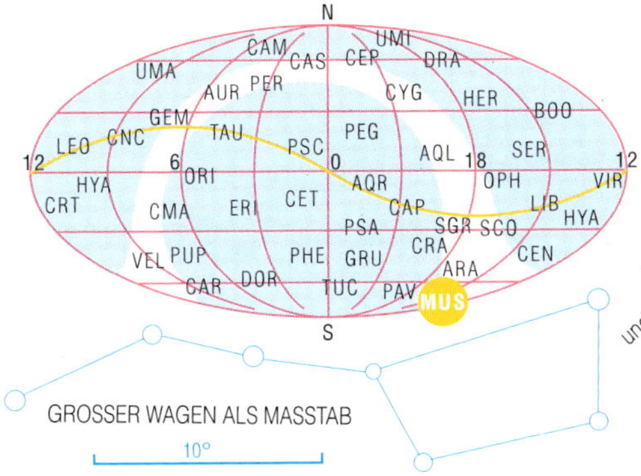

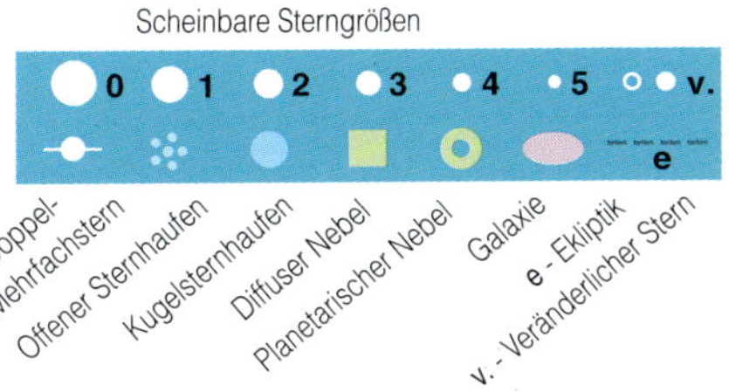

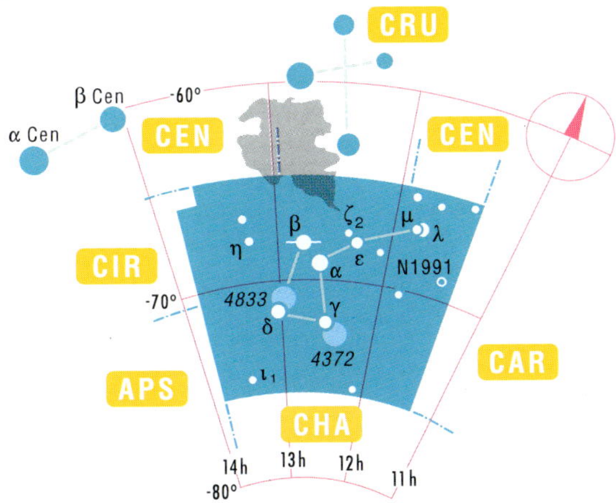

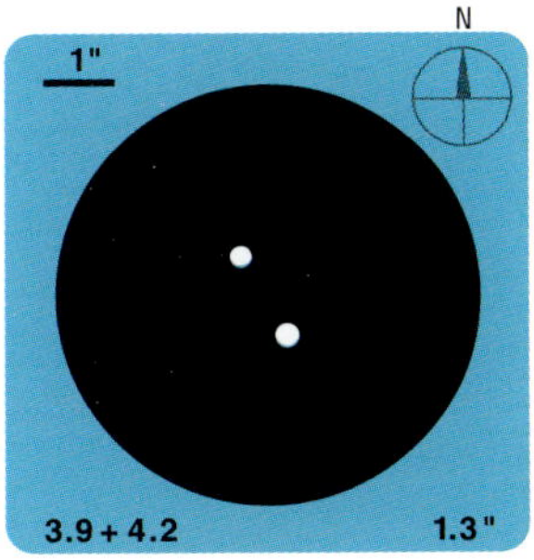

Beta Muscae ist ein physischer Doppelstern mit einem Komponentenumlauf von 383 Jahren. Um beide unterscheiden zu können, braucht man ein Fernrohr mit einem Objektivdurchmesser von mehr als 100 mm.

Rechts: Zum Vergleich oben die Karte mit Fliege und Kreuz des Südens mit einer Fotografie des entsprechenden Himmelsabschnitts. Vor den Sternnebeln der Milchstraße zeichnet sich deutlich der dunkle Kohlensacknebel ab.

NORMA

Normae Nor Winkelmaß

Eins der 14 kleinen Sternbilder, die Lacaille um die Mitte des 18. Jahrhunderts auf seiner Karte des südlichen Sternhimmels einführte. Seit seiner Entstehung hat dieses – man könnte fast sagen, überflüssige – Sternbild mehrfach Namen und Begrenzungen gewechselt. Ursprünglich sollte hier altes Handwerksgerät verewigt werden – Richtscheit und Winkelmaß. Allerdings sind die Sterne Alpha und Beta nicht mehr zu finden, da sie bei der endgültigen Festlegung der Sternbildergrenzen 1930 nicht in Norma blieben.

Das Sternpaar Gamma 1, Gamma 2 bildet kein physisches System. **Gamma 1 Normae**, $5^{\mathrm{m}}{,}0$, ist ein weißer Überriese, über 1500 Lj weit weg. **Gamma 2 Normae** ist 128 Lj entfernt. Es ist ein Doppelstern, dessen Hauptkomponenten von $4^{\mathrm{m}}{,}0$ einen Winkelabstand von 45" zur $10^{\mathrm{m}}{,}0$ schwachen Nebenkomponente hat. Der Doppelstern **Jota 1 Normae** hat Komponenten von $4^{\mathrm{m}}{,}9$ und $8^{\mathrm{m}}{,}1$ in 10,8" Abstand.

Der Nebel **NGC 6164–5** ähnelt ein wenig dem planetarischen Nebel, hat auch ein Zentralgestirn von $6^{\mathrm{m}}{,}8$ Helligkeit. Das Objekt sieht wie ein spiegelverkehrtes S aus, doch ist seine tatsächliche Raumgestalt noch unbekannt.

Der Nebel **NGC 6164–5** ist ein schwaches Objekt, das erst auf der Fotografie hervorkommt. Er hat einen Winkeldurchmesser von 370" und liegt an der Grenze zum Nachbarsternbild Altar (Ara).

NOR

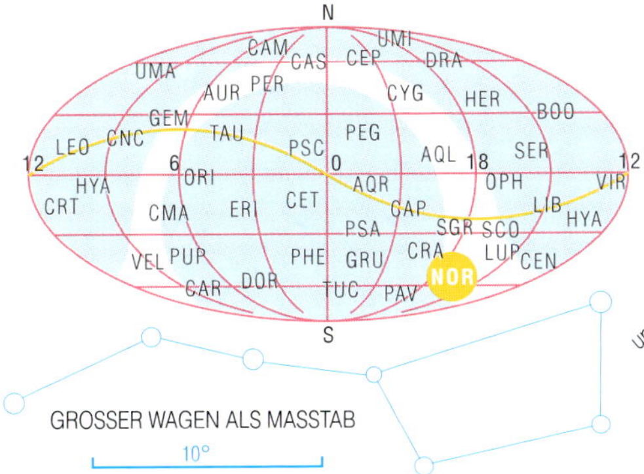

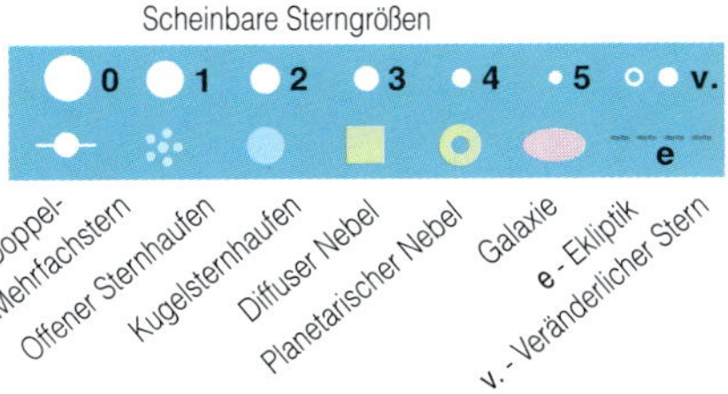

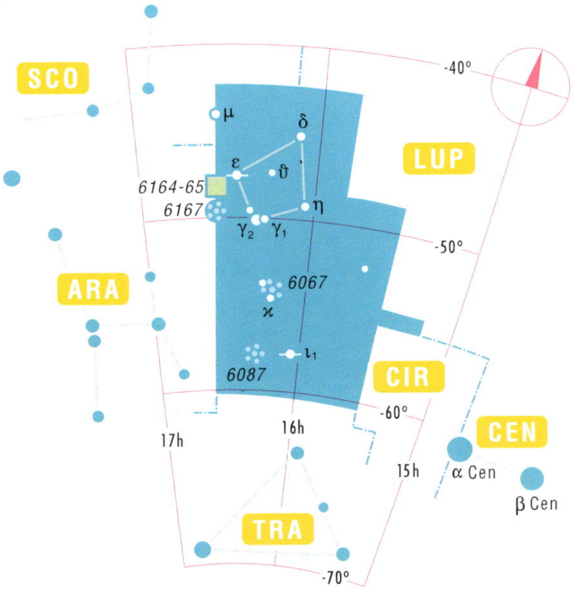

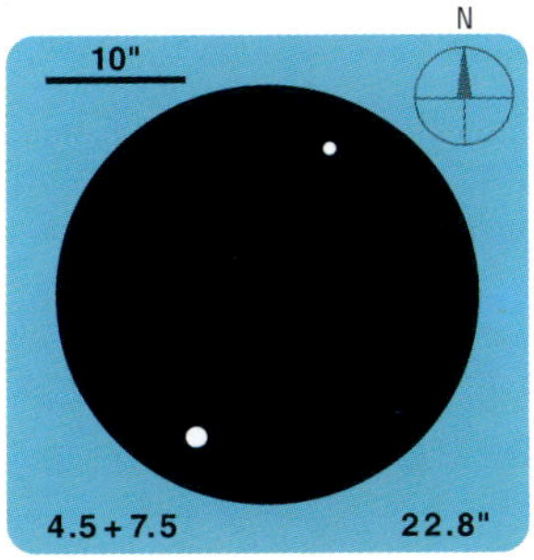

Das System **Epsilon Normae** ist ein Vierfachstern. Beide im Fernrohr sichtbaren Komponenten sind spektroskopische Doppelsterne.

Der offene Sternhaufen **NGC 6087** wird im Feldstecher sichtbar, hat eine Gesamthelligkeit von $5\overset{m}{.}4$, 12' Winkeldurchmesser und enthält etwa 40 Sterne zwischen $8\overset{m}{.}0$ und $10\overset{m}{.}0$, rund 2900 Lj entfernt.

OCTANS

Octantis Oct Oktant

In diesem unscheinbaren Sternbild verewigte Lacaille ein wichtiges Winkelmeßgerät, eine Erfindung von John Hadley aus dem Jahr 1730. Als Vorläufer des Sextanten diente auch der Oktant den Seefahrern zur Messung der Winkelhöhe von Sternen über dem Horizont, eine der grundlegenden Messungen bei der Navigation und Koordinatenbestimmung auf der Erde und am Himmel.

Der Oktant enthält den **Himmelssüdpol**, doch gibt es hier keinen hellen Stern, der wie der Polarstern am Nordhimmel die Lage dieses wichtigen Punkts markiert. Den kaum sichtbaren Hüter des Pols stellt das Sternchen **Sigma Octantis** dar, $5^{\mathrm{m}}{,}5$. Wie aus der Abbildung unten hervorgeht, ist das dank der Erdachsenpräzession nur eine vorübergehende Rolle, denn der Pol verlagert sich auf einer angenäherten Kreisbahn, deren Mittelpunkt der Ekliptikpol (P.E.) bildet. 1870 stand Sigma dem Pol am nächsten, im Jahr 2000 wird er etwa 1° vom Südpol entfernt sein. Den hellsten Polarstern werden die Bewohner der Südhalbkugel zwischen den Jahren 5000 und 11 000 haben, dann geht der Pol nämlich durch die Sternbilder Carina und Vela. In den Jahren 8000–9000 wird das „Falsche Kreuz“ einen großartigen Wegweiser zum Pol abgeben.

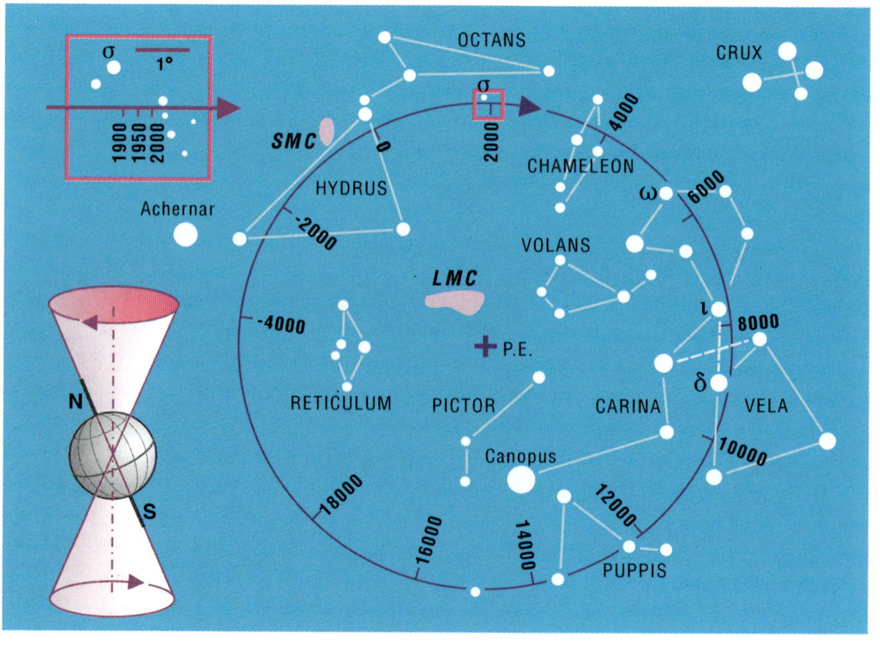

OCT

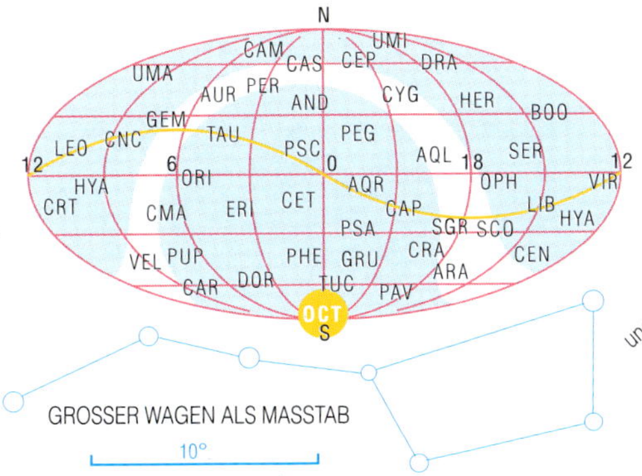

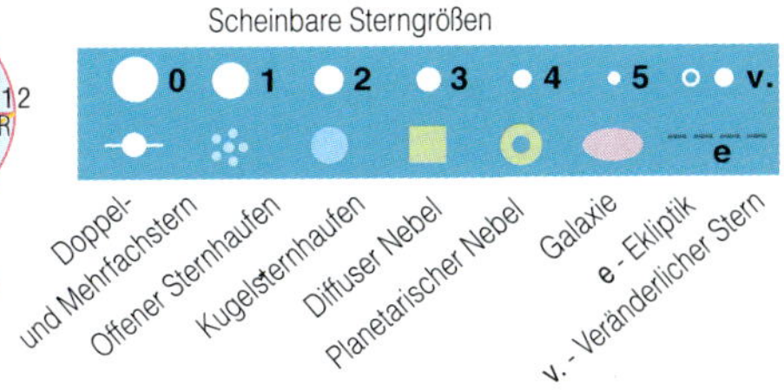

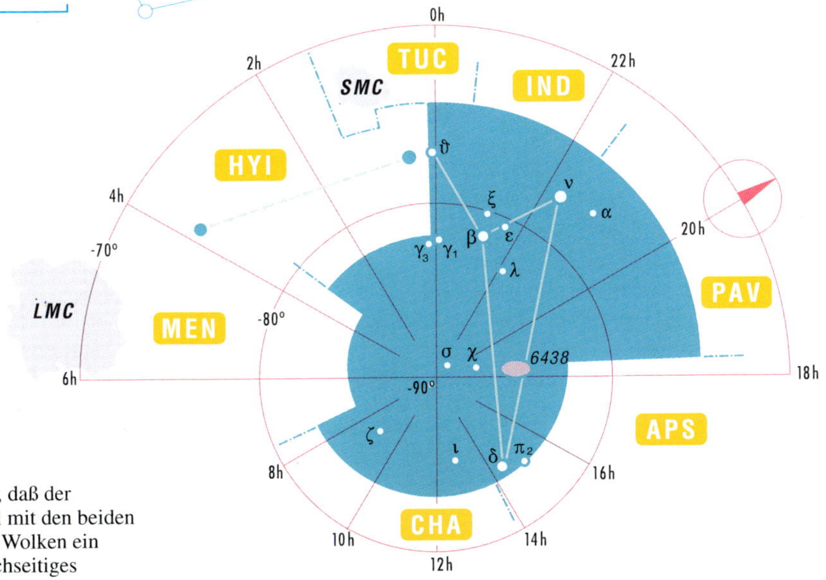

Die Karte zeigt, daß der Himmelssüdpol mit den beiden Magellanschen Wolken ein annähernd gleichseitiges Dreieck bildet.

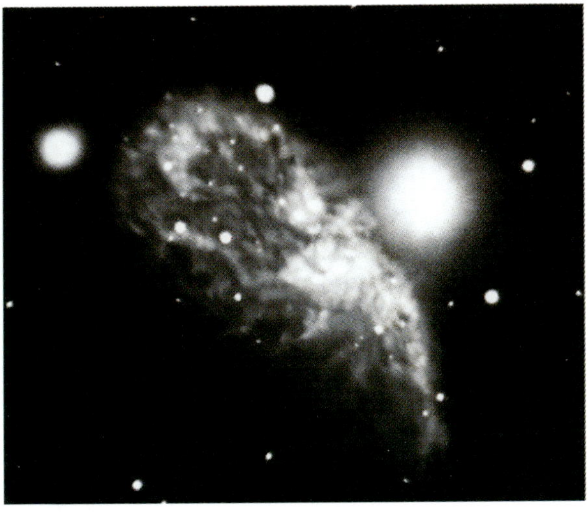

Galaxienpaar **NGC 6438–38A**. Beide Galaxien sind etwa 110 Millionen Lichtjahre entfernt und wahrscheinlich durch Gravitation miteinander verbunden. NGC 6438 gehört zum Typ S0, während NGC 6438A eine unregelmäßige Riesengalaxie mit zwei breiten Armen ist.

OPHIUCHUS

Ophiuchi Oph Schlangenträger

Auf älteren Karten heißt er auch Serpentarius, laut Mythologie war es Asklepios oder Äskulap, der Gott der Heilkunde, dem eine Schlange die Geheimnisse der Heilkräuter verriet. Angeblich konnte er auch Tote auferwecken, weswegen Hades, der Gott der Unterwelt, von seinem Bruder Zeus verlangte, den Arzt durch einen Blitz zu töten. Zeus setzte Asklepios samt Schlange an den Himmel. Die Schlange wurde später als selbständiges Sternbild ausgegliedert. Der Schlangenträger gehörte nie zu den Tierkreissternbildern, auch heute nicht, obgleich in seinen Bereich ein dreimal so langer Ekliptikabschnitt fällt wie in den benachbarten Skorpion. Im Jahr 1604 flammte im Schlangenträger die bislang letzte Supernova in unserer Galaxis auf, bekannt als **Keplerscher Stern**.

Der **Barnardsche Pfeilstern** ist ein schwacher roter Zwerg von $9^{\mathrm{m}}{,}5$, 1/2500 Sonnenleuchtkraft und 225 000 km Durchmesser. Ein Rekordhalter: Er hat die größte bekannte Eigenbewegung und verschiebt sich vor dem Hintergrund entfernterer Sterne um einen Monddurchmesser in 175 Jahren! Außerdem ist er der zweitnächste Stern, nur 5,9 Lj weit weg (näher ist lediglich Alpha Centauri mit Proxima). Der Pfeilstern kommt unserer Erde immer näher, in 9700 Jahren fliegt er in der Mindestentfernung von 3,8 Lj vorbei und befindet sich dann am Himmel in der Nähe des Drachenkopfes. **Rho Ophiuchi** ist ein Dreifachstern, den man mit dem Feldstecher beobachten kann; er hat Komponenten von $5^{\mathrm{m}}{,}0$, $7^{\mathrm{m}}{,}0$ und $8^{\mathrm{m}}{,}0$. Beide schwächeren Komponenten stehen im Winkelabstand von 2,5' von der stärkeren mit $5^{\mathrm{m}}{,}0$.

Scheinbare Bahn des Doppelsterns **70 Ophiuchi**. Der Winkelabstand der Komponenten schwankt in einer Periode von 88 Jahren zwischen 1,7" und 6,7".

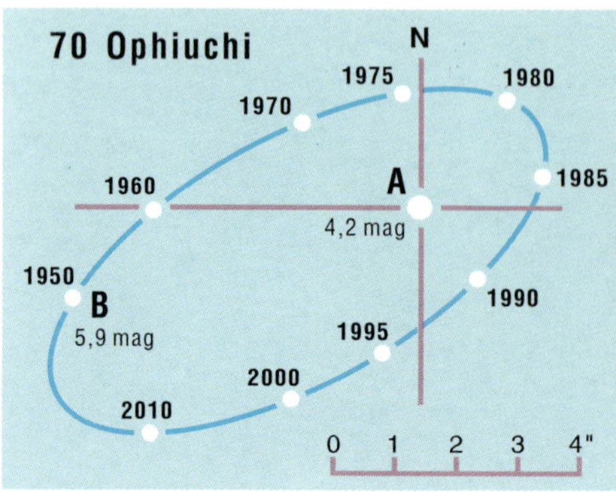

Einer der zahlreichen Kugelsternhaufen im Schlangenträger: **M 10 – NGC 6254**, $6^{\mathrm{m}}{,}5$, Winkeldurchmesser 12', im Feldstecher sichtbar.

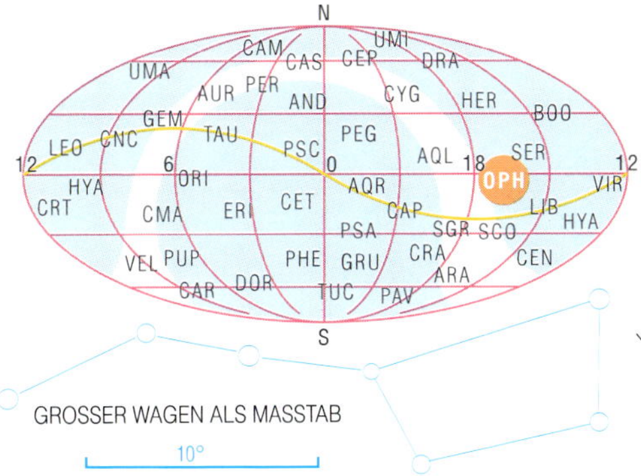

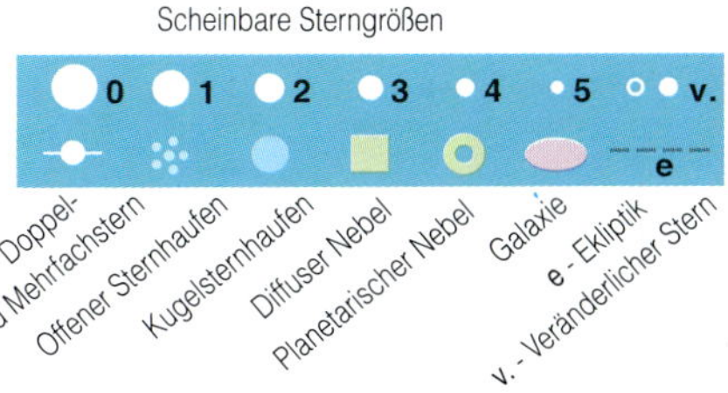

OPH

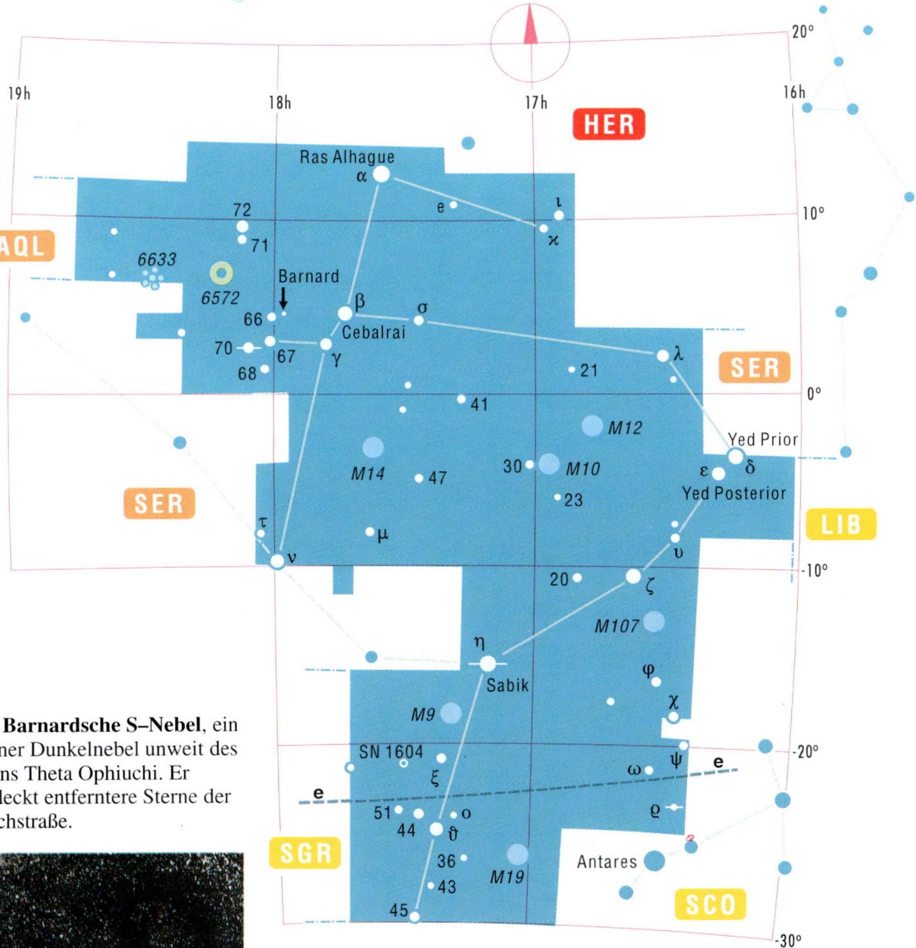

Der **Barnardsche S–Nebel**, ein kleiner Dunkelnebel unweit des Sterns Theta Ophiuchi. Er verdeckt entferntere Sterne der Milchstraße.

ORION

Orionis Ori — Orion, Großer Jäger

Der Große Jäger Orion ist zweifellos das grandioseste Sternbild am Himmel. Die Sterne Beteigeuze und Bellatrix strahlen auf seinen Schultern, Rigel und Saiph sind seine Füße, seinen Gürtel ziert das am Himmel einzigartige Dreigestirn Alnitak-Alnilam-Mintaka. Der Jäger wurde meist im Kampf mit dem Stier (Taurus) abgebildet. Einer der Sagen zufolge tötete Orion den Skorpion (Scorpius). Was Wunder, daß sich die beiden so hassen, daß sie nie gemeinsam über dem Horizont erscheinen: Wenn Orion aufgeht, geht der Skorpion unter und umgekehrt.

Alpha Orionis – Beteigeuze (Betelgeuse) ist ein unregelmäßig pulsierender roter Überriese mit einer deutlichen Rotorangefärbung. Er verändert seine Helligkeit zwischen $0^{m}_{,}3$ und $0^{m}_{,}6$. Beteigeuze ist einer der größten Sterne, sein Durchmesser schwankt zwischen 550 und 900 Sonnendurchmessern. **Beta Orionis – Rigel**, $0^{m}_{,}1$, einer der leuchtkräftigsten Sterne, etwa 55 000 Sonnen entsprechend.

Am bekanntesten, meistbewundert, meistfotografiert, schlicht ein Superlativ – das ist der diffuse Nebel **M 42 – NGC 1976**, bekannt als Großer Orionnebel. Man kann ihn mit bloßem Auge, Feldstecher, Fernrohr und auf Fotografien sehen – und immer ist er wunderschön. Ein Riesenkomplex aus Interstellargas, -staub und -molekülen mit einem Durchmesser von rund 30 Lj, ca. 1600 Lj weit weg.

Im ganz hellen Kern des Nebels **M 42** kann man auch mit einem Kleinfernrohr das **Trapez**, ein Viergestirn von $5^{m}_{,}4$ bis $8^{m}_{,}0$, beobachten. Diese jungen und sehr heißen Sterne sind die Strahlungsquelle des Nebels.

ORI

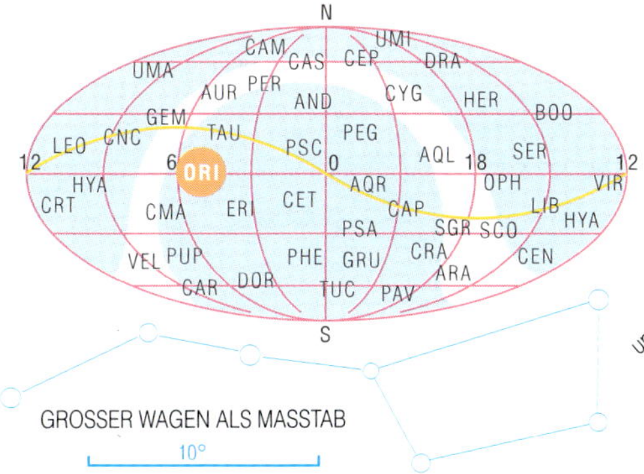

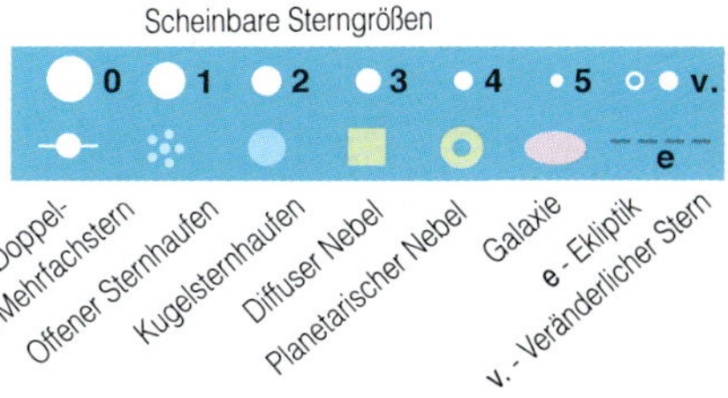

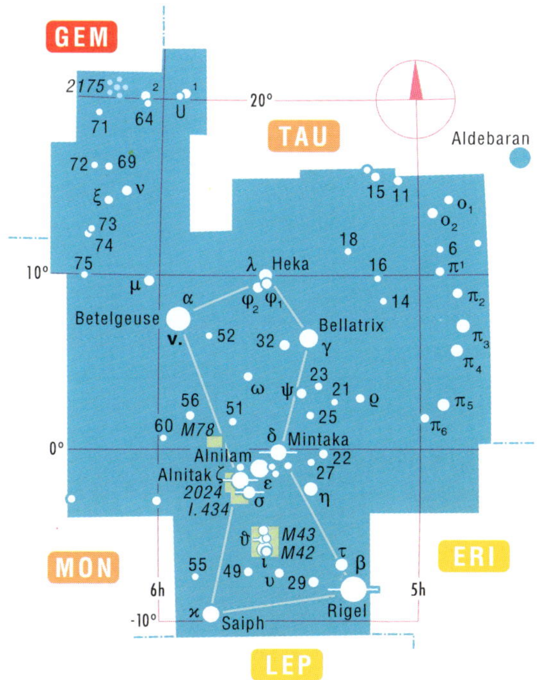

Rechts oben: Nebelkomplex beim Stern Zeta Orionis. In der linken oberen Ecke der diffuse Nebel **NGC 2024**, rechts darunter der großflächige, schwach strahlende **IC 434**. Vor dem Hintergrund eines anderen Nebels kommt der markante dunkle **Pferdekopfnebel B33** (Detail unten) besonders gut heraus. Er sieht kurioserweise fast wie ein Springer im Schachspiel aus; Höhe ca. 1 Lj.

PAVO

Pavonis Pav Pfau

Der Pfau ist eins der 12 neuzeitlichen Sternbilder am Südhimmel, die Johann Bayer 1603 in seinem Atlas „Uranometria" nach den Vorschlägen des holländischen Seefahrers P.D. Keyser einführte. Diesem schwebte wohl ein bestimmter Vogel aus der griechischen Mythologie vor, dessen Schwanzfedern die Göttin Hera mit den hundert Augen des Riesen Argus verziert hat. Der arme Riese war das Opfer eines Streits zwischen Zeus und Hera, der wegen einer der zahllosen Liebesaffären des Göttervaters ausgebrochen war.

Alpha Pavonis – Peacock (Pfau), $1^{m},9$, der hellste Stern sowohl im Pfau als auch in der weiteren Umgebung, so daß er der Orientierung dient. Er ist ein Mehrfachstern mit Begleitern von $9^{m},0$ und $10^{m},3$. Zentrale Komponente der Spektralklasse B2, 2,5 Sonnendurchmesser, mehr als 1000mal heller als die Sonne, Entfernung 183 Lj. **Kappa Pavonis** ist ein ganz heller Cepheide (s. S. 84), der seine Helligkeit zwischen $4^{m},0$ und $4^{m},9$ in 9,1 Tagen ändert.

Das Galaxienpaar **NGC 6769** und **NGC 6770** ist von einer gemeinsamen Hülle umgeben, die Galaxien wirken durch ihre Gravitationsfelder aufeinander ein. Ihre Entfernung beträgt etwa 190 Millionen Lj.

Kugelsternhaufen **NGC 6752**, Gesamthelligkeit $5^{m},5$, Winkeldurchmesser 42', Entfernung von der Sonne ca. 14 000 Lj.

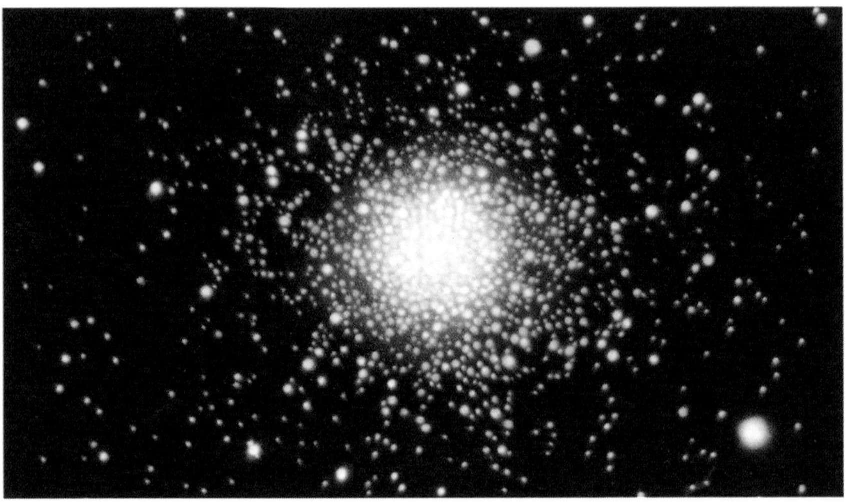

PAV

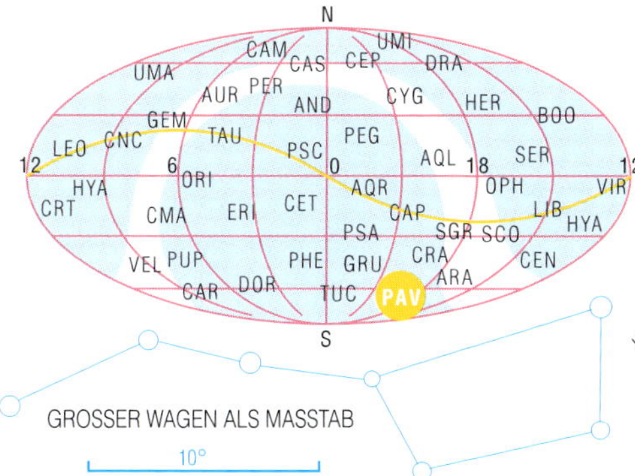

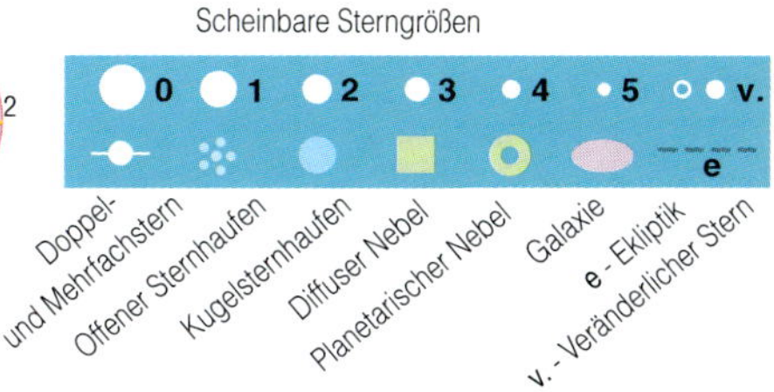

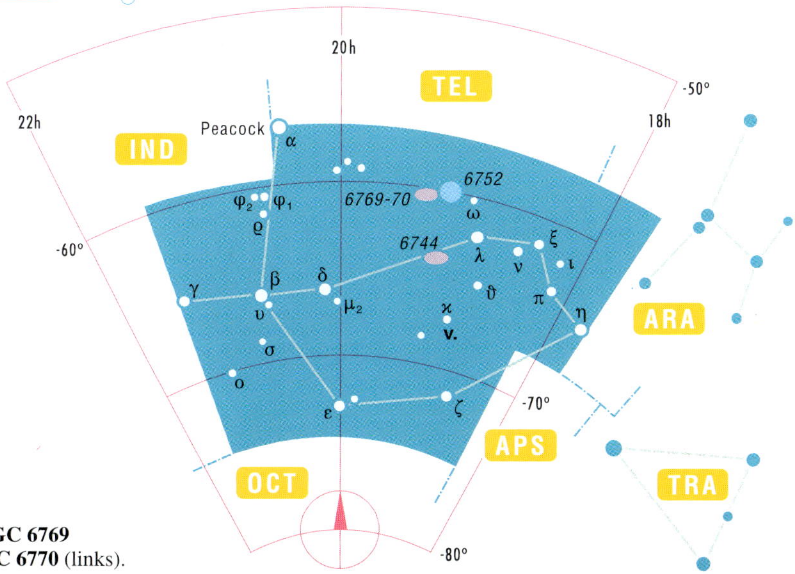

Die Galaxien **NGC 6769** (rechts) und **NGC 6770** (links).

PEGASUS

Pegasi Peg Pegasus

Das geflügelte Roß Pegasus erhob sich aus dem Körper der von Perseus getöteten Gorgone Medusa. Der Held Bellerophon gezähmte es und brachte mit seiner Hilfe die Chimäre, ein weiteres Ungeheuer, zur Strecke. Einer anderen Version zufolge war der heroische Perseus selbst der erste Flieger auf dem Rücken des Pegasus und konnte so bei der Rettung der Andromeda das Meeresungeheuer aus der Luft angreifen. Die Figur des Pegasus steht kopfüber am Himmel, die Beine nach oben, auf dem Rücken die Sterne Alpha und Gamma, den Kopf zieren Zeta, Theta und Epsilon. Die Sterne Alpha, Beta und Gamma Pegasi bilden mit Alpha Andromedae das bekannte „Pegasusviereck", das für die Orientierung am Sternhimmel sehr nützlich ist.

Beta Pegasi – Scheat ändert seine Helligkeit in ca. 30 Tagen von $2\overset{m}{,}4$ in $2\overset{m}{,}6$. Er ist ein roter Überriese der Spektralklasse M2, dessen Durchmesser auf 90–110 Sonnendurchmesser geschätzt wird; Entfernung 199 Lj. **Epsilon Pegasi – Enif** (Schnauze), $2\overset{m}{,}4$, hat zwei Begleiter von $8\overset{m}{,}4$ und $11\overset{m}{,}3$. Der Hauptstern ist ein orangener Überriese, der in einer Entfernung von rund 670 Lj strahlt.

Der üppige Kugelsternhaufen **M 15 – NGC 7078**, insgesamt $6\overset{m}{,}0$, wird gut im Feldstecher sichtbar. Ein Beispiel für eine Balkengalaxis vom Typ SBb liefert **NGC 7479**. **Stephans Quintett** ist eine Galaxiengruppe; einige davon sind durch „Brücken" aus intergalaktischer Materie miteinander verbunden.

Galaxie **NGC 7479** (links) und **Stephans Quintett** (rechts).

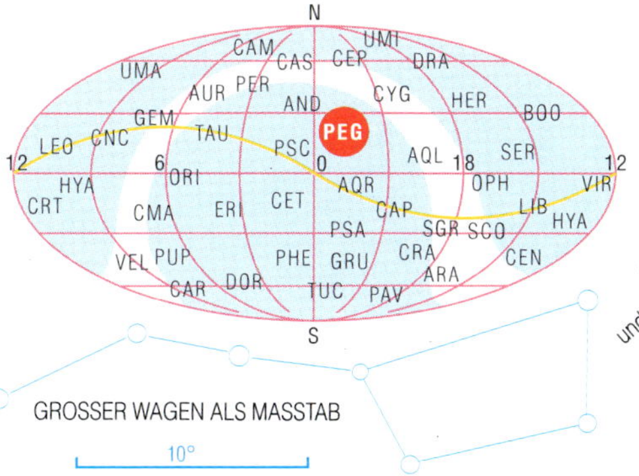

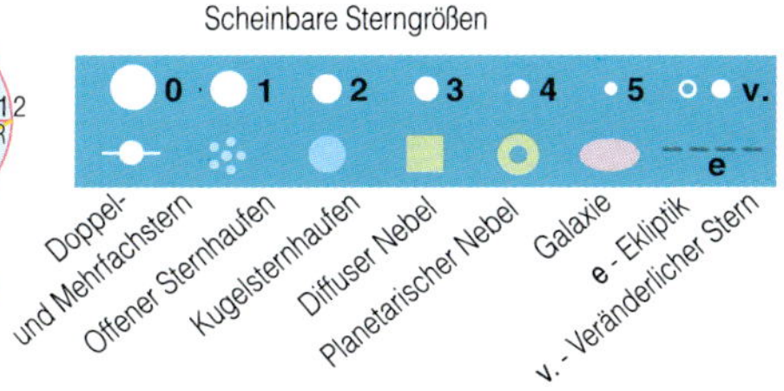

PEG

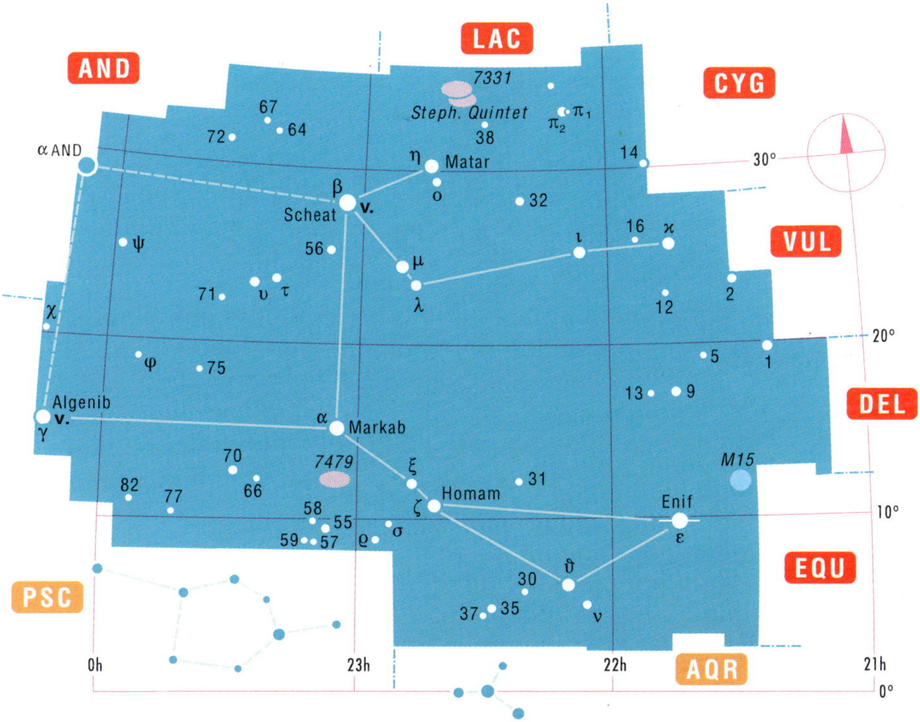

Der Spiralnebel **NGC 7331**, 9ᵐ,0, Typ Sb, ähnelt unserer Galaxis. Er ist über 50 Millionen Lj entfernt, d.h. etwa 17mal weiter als M 31 in der Andromeda.

PERSEUS

Persei Per Perseus

Dieser Held aus der griechischen Göttersage, ein Sohn von Zeus und Danae, steht am Himmel als Angehöriger der „Königsfamilie“ zusammen mit Kassiopeia, Kepheus und Andromeda. Von den Göttern ausgerüstet und beschützt, vollführte er eine Heldentat, indem er der furchtbaren Gorgone Medusa das Haupt abschlug. Aus dem Blut der Medusa erhob sich das geflügelte Roß Pegasus. Auf dem Rückflug (wobei nicht feststeht, ob Perseus auf Pegasus oder mit Hilfe geflügelter Sandalen durch die Lüfte reiste) erblickte er die an einen Felsen geschmiedete Andromeda und rettete sie aus den Fängen des Seeungeheuers (Cetus) vor dem sicheren Tod.

Alpha Persei – Algenib, Mirfak, $1\overset{m}{,}8$, ist ein gelber Überriese inmitten des lockeren, offenen Sternhaufens **Melotte 20** (auch Bewegungssternhaufen Alpha Persei – alle seine Teile bewegen sich in der gleichen Richtung). Der Sternhaufen zählt über 50 Sterne in einem Umkreis von 3° und bietet im Feldstecher einen herrlichen Anblick. Das Alter des Haufens macht rund 50 Millionen Jahre aus, die Entfernung beträgt ca. 600 Lj. **Beta Persei – Algol** (Teufelsstern) ist der bekannteste Bedeckungs-Doppelstern (s. S. 25). Die Entfernung von Algol beträgt 93 Lj.

Der **Doppelsternhaufen Chi** und **h Persei – NGC 884** und **869** ist mit bloßem Auge zu sehen, doch erscheint seine Pracht erst richtig im Fernrohr. Jeder Haufen hat einen Winkeldurchmesser von 0,5° und den Realdurchmesser 60 Lj; Entfernung über 7000 Lj. Jeder enthält ungefähr 300 Sterne.

Der diffuse Nebel **NGC 1499 – California**. Winkelmaße 145' x 40', Entfernung ca. 2500 Lj.

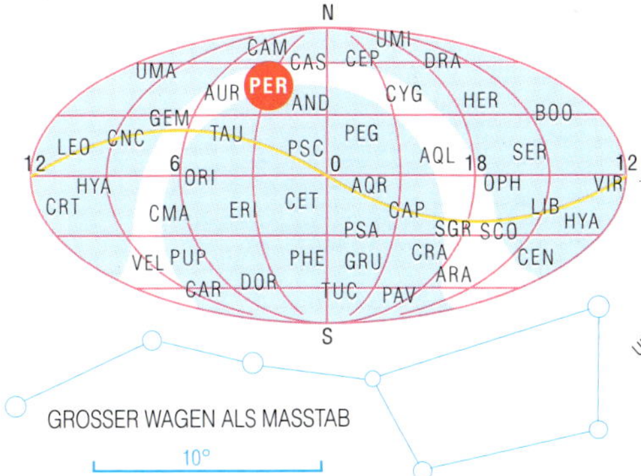

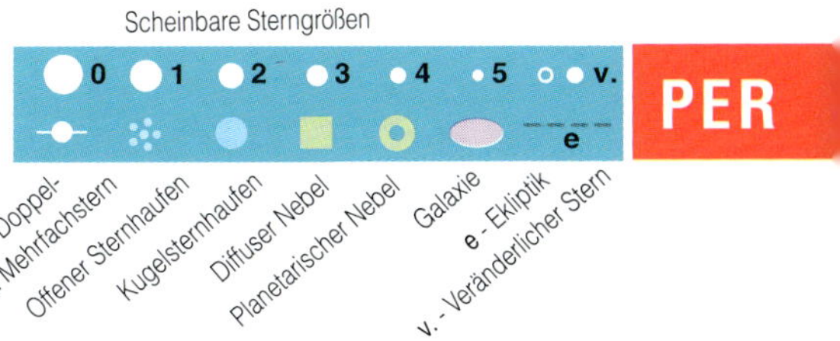

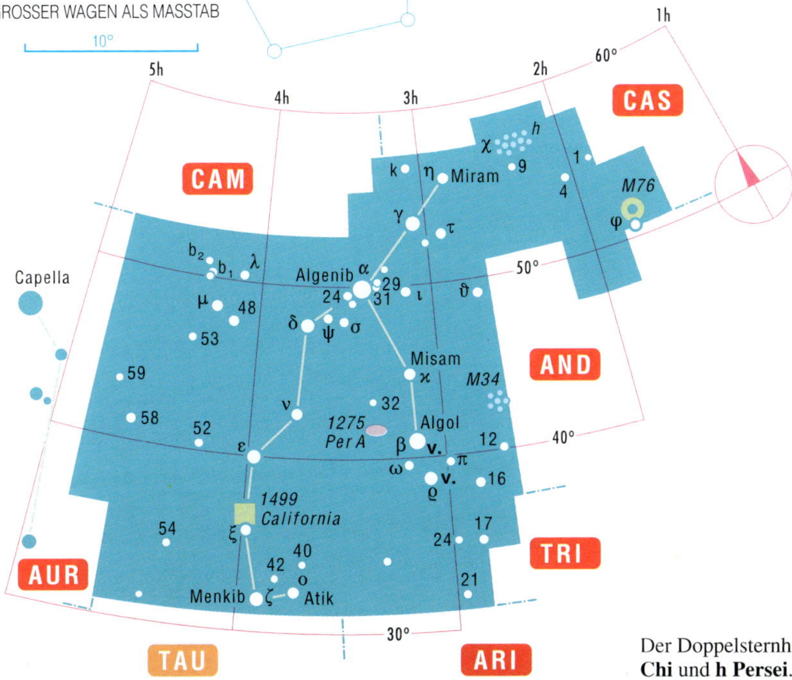

Der Doppelsternhaufen **Chi** und **h Persei**.

PHOENIX

Phoenicis Phe Phönix

Der legendäre Vogel Phönix gilt als Symbol der Wiedergeburt oder Auferstehung. Der Mythologie zufolge lebte dieser wunderschöne Vogel 500 Jahre und verbrannte dann. Aus der Asche erhob sich ein neuer Phönix. Diesen Wundervogel verwandelte J. Bayer in ein nicht besonders markantes Sternbild, als er 1603 in seinem Atlas „Uranometria" 12 neue Sternbilder an Südhimmel einführte. Man findet den Phönix dank des hellen Achernar in seiner Nachbarschaft verhältnismäßig leicht.

Der hellste Stern ist **Alpha Phoenicis**, ein gelber Riese der Spektralklasse K0, 77 Lj entfernt. Die Mehrfachsysteme **Beta** und **Zeta Phoenicis** sind Objekte für größere Fernrohre.

Phönix liegt in einer Gegend mit Fernblick ins Galaxienall. **NGC 87–89** und **NGC 92** ist ein Galaxien-Viergespann mit Gliedern von unterschiedlichem Typ in einer Entfernung von ca. 180 Millionen Lj NGC 87 ist eine unregelmäßige Galaxie, NGC 88 ein Spiralnebel mit äußerer Gashülle. NGC 89 ist eine Galaxie vom Typ Sa mit zwei kräftigen, breiten Armen. Die größte ist NGC 92, eine Galaxie vom Typ Sa mit einem außergewöhnlichen spiraligen, etwa 100 000 Lj langen Arm.

Die vier Galaxien **NGC 87–89** und **NGC 92**.

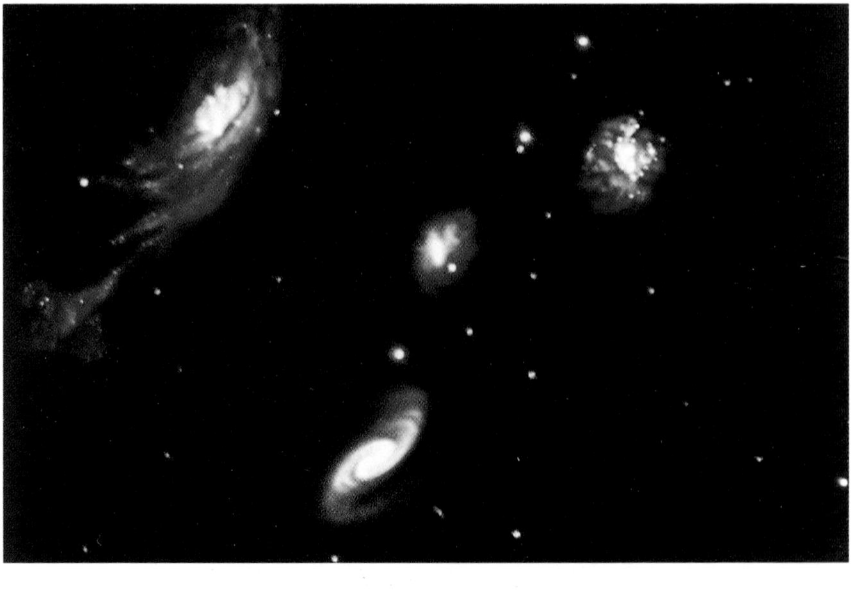

PHE

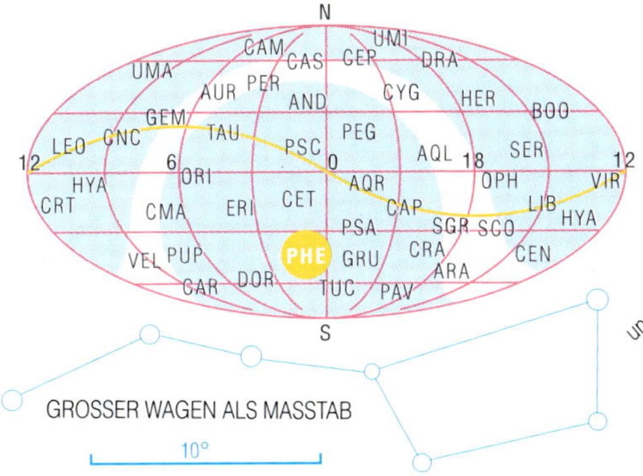

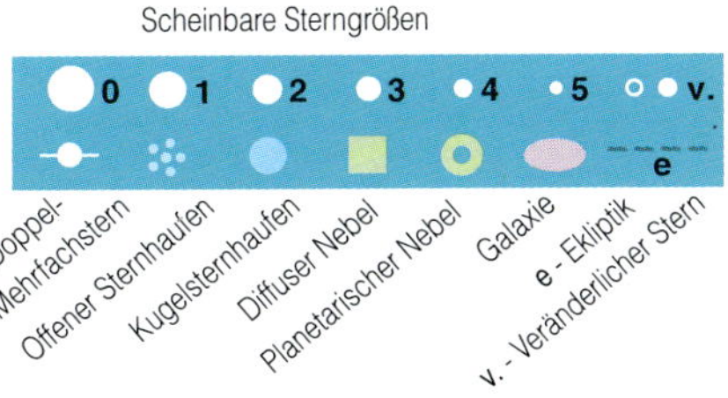

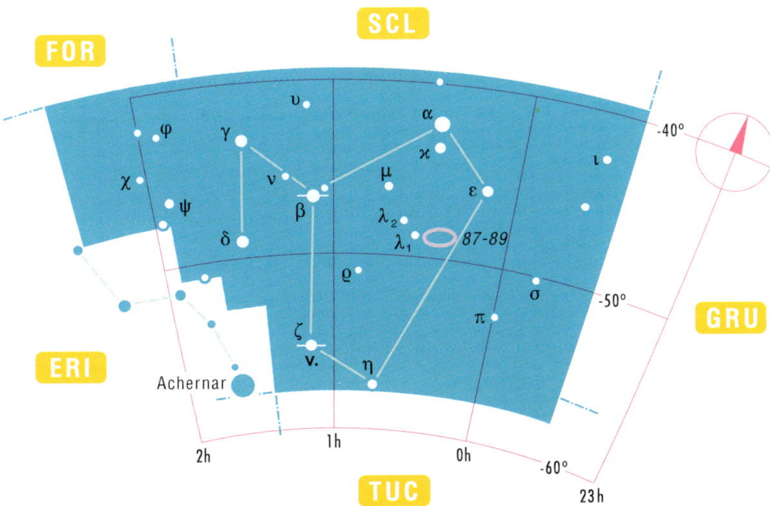

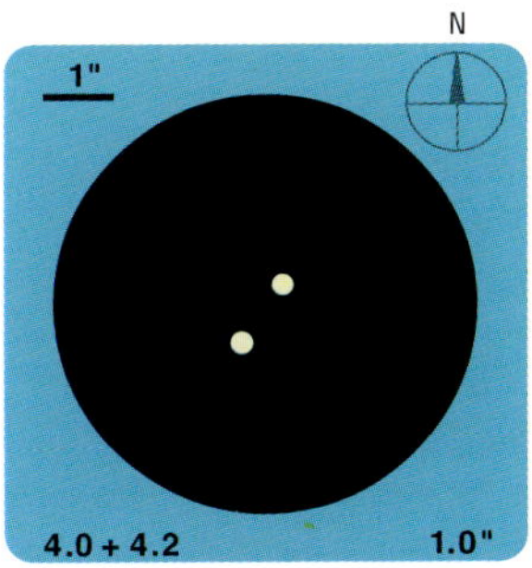

Beta Phoenicis ist ein Mehrfachsystem, 198 Lj entfernt. Ein weiterer Begleiter von 11^m,5 liegt 58" seitlich vom Hauptgestirn.

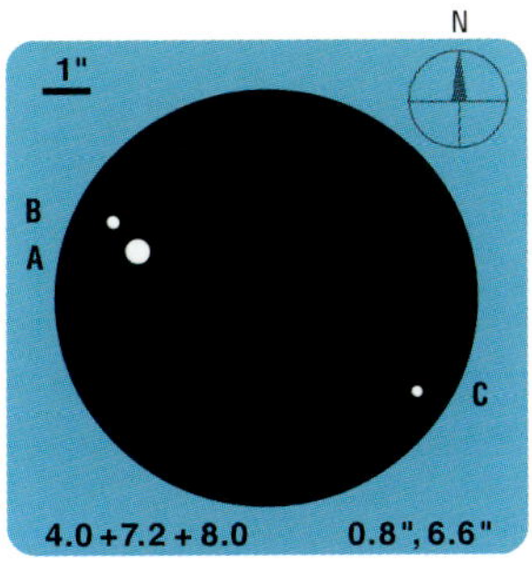

Das Mehrfachsystem **Zeta Phoenicis** ist von uns 280 Lj entfernt. Die Komponente A ist ein Bedeckungs-Doppelstern mit kleinen Helligkeitsschwankungen.

PICTOR

Pictoris Pic Maler

Eins der nicht sonderlich gelungenen Sternbilder am Südhimmel, die Nicolas Louis de Lacaille um die Mitte des 18. Jahrhunderts einführte. Die ursprüngliche Bezeichnung lautete Equuleus Pictoris, was soviel wie Malerstaffelei heißt (engl. Painter's Easel). Davon ist der heutige Pictor – Maler abgeleitet, doch wurde in einigen Sprachen die alte Bezeichnung beibehalten.

Alpha Pictoris, $3\overset{\mathrm{m}}{,}3$, ein 99 Lj entfernter Stern der Spektralklasse A7. Etwas schwächer, aber viel interessanter ist **Beta Pictoris**, $3\overset{\mathrm{m}}{,}8$, ein Stern auf der Hauptreihe, Spektralklasse A3, Entfernung 63 Lj. Im Jahr 1983 wurde um Beta eine Ringscheibe aus festen Staub- und Eisteilchen entdeckt, die bis in eine Entfernung von ca. 1000 astronomischen Einheiten vom Stern reicht. Möglicherweise sind hier Planeten im Entstehen begriffen bzw. bereits entstanden.

Kapteyns Stern, $8\overset{\mathrm{m}}{,}9$, ist ein roter Zwerg der Spektralklasse M0, nur 12,8 Lj entfernt. Er wurde 1897 von dem holländischen Professor J. C. Kapteyn entdeckt und ist durch die zweitgrößte Eigenbewegung gleich nach dem Barnardschen Pfeilstern (s. Ophiuchus) bemerkenswert. Er rast mit 280 km/s durch das All.

Der Sternhimmel im Computer

PC-Benutzer finden im handelsüblichen Softwareangebot eine Riesenauswahl an Astronomieprogrammen. Dabei gilt durchaus nicht immer, daß das teuerste auch das beste ist. Eine ganze Reihe hervorragender, sehr genauer Programme ist als Freeware oder Shareware für eine geringe Gebühr zu haben. Astronomie-Einsteiger greifen meist zu einem der zwei Programmtypen „Astronomisches Jahrbuch“ und „Planetarium“. Die Berechnungsprogramme vom Jahrbuch-Typ liefern sämtliche Angaben, die zur astronomischen Beobachtung erforderlich sind, z.B. Zeit und Position von Erscheinungen und Objekten oder sekundengenaue Auf- und Untergangszeiten von Himmelskörpern. Die Handhabung des Programms besteht meist in ganz einfacher Menü-Auswahl.

Programme vom Typ „Planetarium“ oder „Sternkarte“ erlauben die Darstellung eines beliebigen Sternhimmelbereichs auf dem Bildschirm einschließlich aller Objekte, die an gegebenem Ort zur jeweiligen Zeit mit dem bloßen Auge oder Fernrohr zu sehen sind. Zum Bild kann man dann Beschreibungen des Objekts, Koordinaten sowie weitere Daten abrufen. So kann man im PC eine ganze Bibliothek aus astronomischen Tabellen, Jahrbüchern, Katalogen, Karten und Atlanten speichern. Ein Notebook-Besitzer kann dieses Material praktisch immer und überall mitführen.

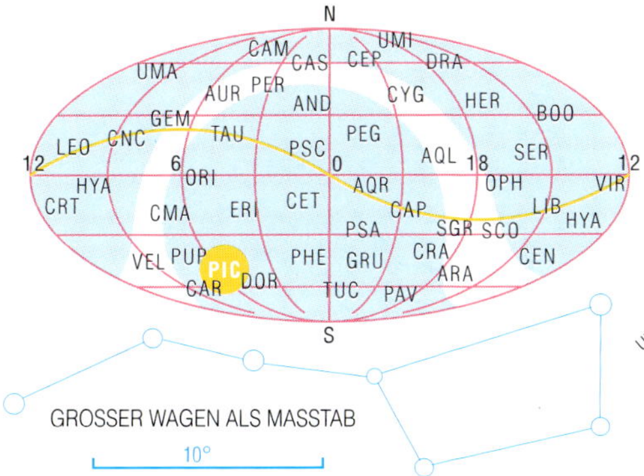

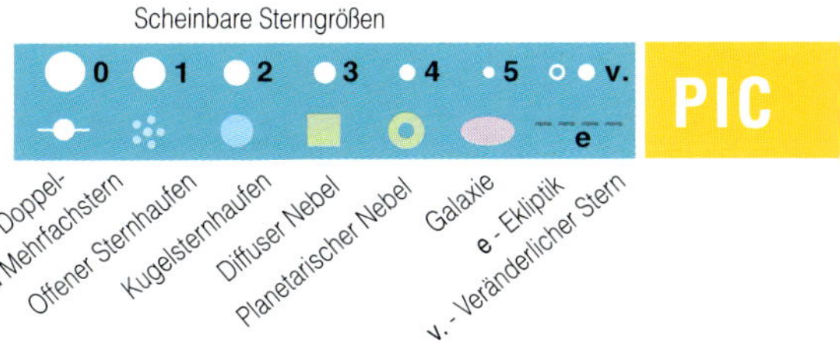

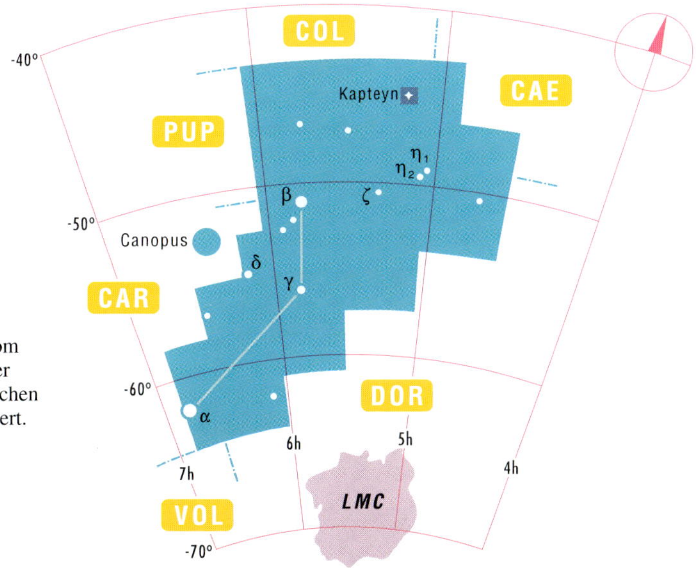

Die Suche nach dem unauffälligen Maler wird vom strahlenden Canopus und der unweiten großen Magellanschen Wolke berträchtlich erleichtert.

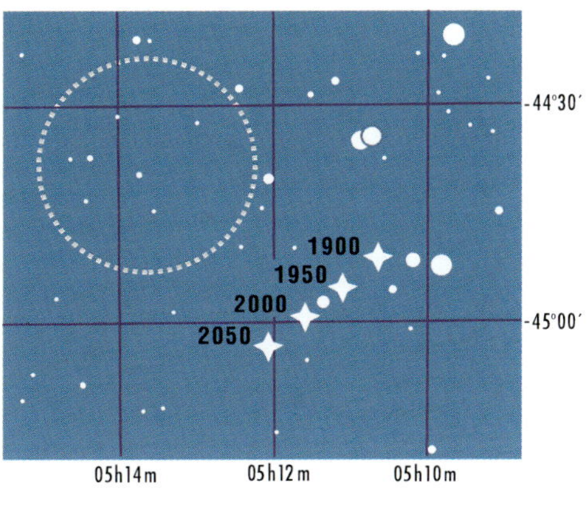

Die Bewegung von **Kapteyns Stern** zwischen 1900 und 2050. Der Stern legt jährlich 8,7" zurück und verlagert sich in zwei Jahrhunderten um 0,5°, d.h. um die Länge eines Mondscheibendurchmessers (punktierte Kreislinie).

PISCES

Piscium Psc Fische

Die griechisch-römische Mythologie weiß zu berichten, daß Aphrodite und ihr Sohn Eros (Venus und Cupido) sich auf der Flucht vor dem feuerspeienden Ungeheuer Typhon in Fische verwandelten. Die Verwandlung in einen Fisch ist schon aus der Fabel vom Steinbock bekannt, doch da ist sie nicht ganz geglückt. Die Fische sind ein Tierkreis-Sternbild und schon seit Jahrtausenden bekannt. Auf Figuralkarten werden sie als zwei Fische dargestellt, deren Schwänze mit Schleifen zusammengebunden sind; die beiden Schleifen sind bei **Alpha Piscium – Al Rischa** (Knoten) verknotet. Der von den Sternen Sigma bis Phi markierte östliche Fisch befindet sich unter der Andromeda, den westlichen Fisch kennzeichnet ein Kreis aus den Sternen Jota, Theta, Gamma, Kappa und Lambda.

Für kleine Fernrohre ist **Zeta Piscium** mit den Komponenten von $5\overset{m}{,}2$ und $6\overset{m}{,}4$ im Winkelabstand von 23" ein dankbares Objekt. Die Komponenten sind 148 und 195 Lj. von der Sonne entfernt. Ein weiterer schöner Doppelstern ist **Psi 1 Piscium**; er hat Komponenten von $5\overset{m}{,}3$ und $5\overset{m}{,}6$ in 30" Abstand. **Van Maanens Stern**, $12\overset{m}{,}4$ (läßt sich in einem Fernrohr mit 20 cm Objektivdurchmesser beobachten) ist ein weißer Zwerg, etwa so groß wie die Erde, jedoch mit dem Gewicht der Sonne, so daß seine Dichte etwa 1000 kg/cm^3 beträgt! Er ist einer der kleinsten bekannten Sterne und nur 14,4 Lj entfernt.

Spiralnebel **M 74 – NGC 628**, $9\overset{m}{,}5$, Typ Sc, Winkeldurchmesser 10'. Eins der ganz schwachen Messier-Objekte. Die Entfernung wird zwischen 25 und 42 Millionen Lj geschätzt.

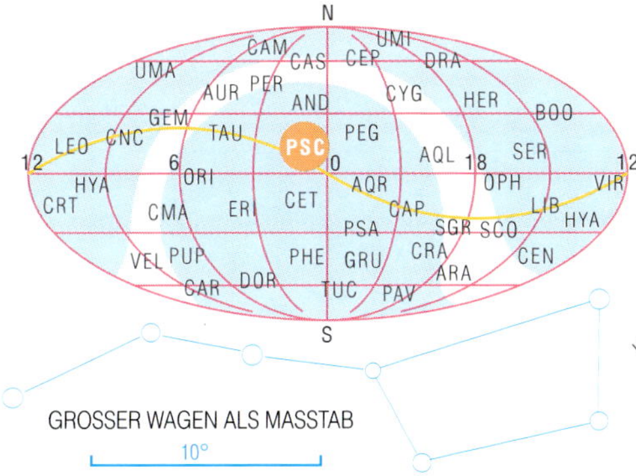

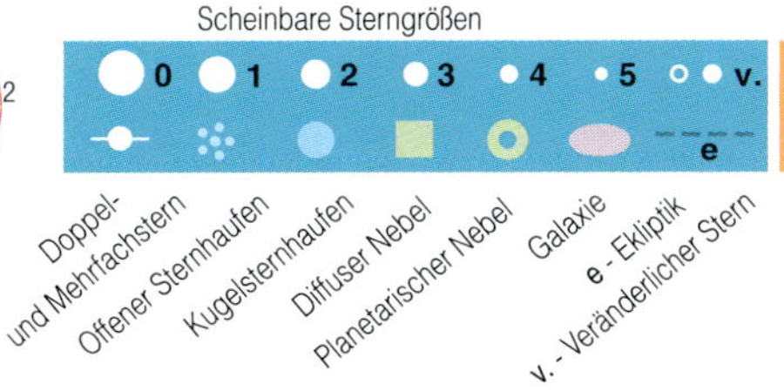

In den Fischen liegt der **Frühlingspunkt** (♈), der Schnittpunkt von Äquator und Ekliptik, Nullpunkt des Äquator-Koordinatensystems, die Grenze des Zeichens Widder (s. auch Aries).

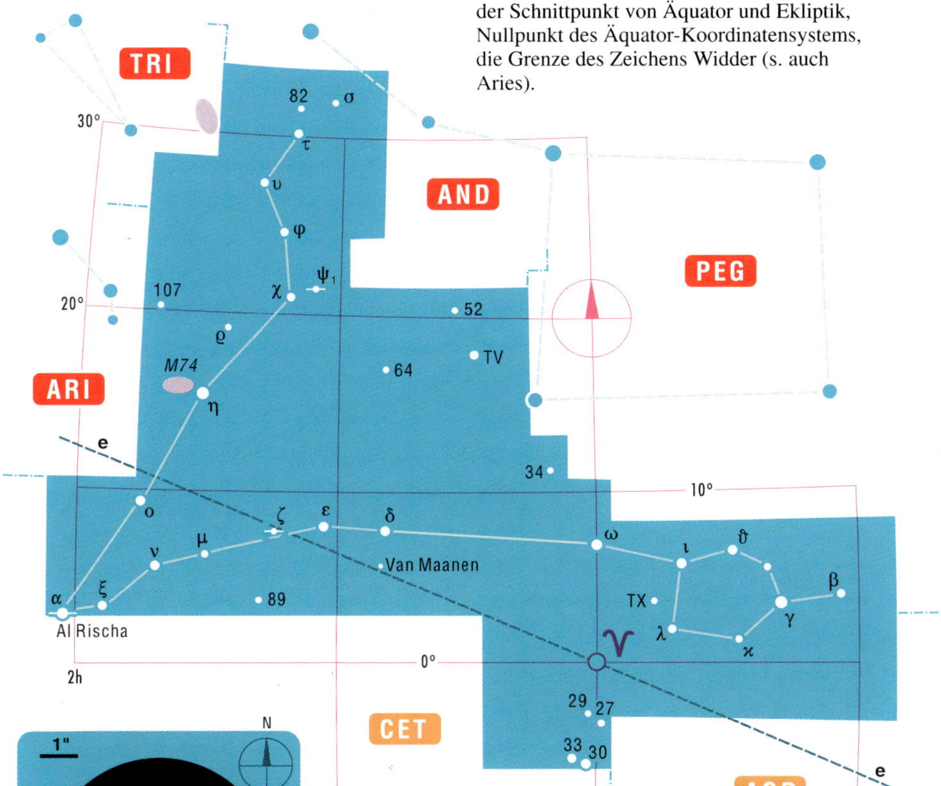

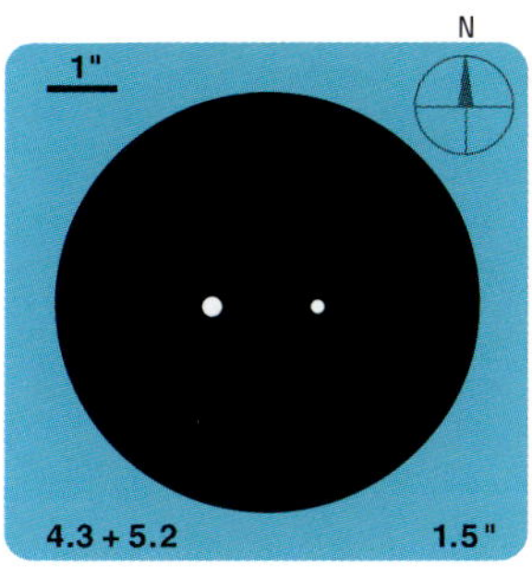

Doppelstern **Alpha Piscium – Al Rischa** (links). Beide Komponenten sind spektroskopische Doppelsterne.

PISCIS AUSTRINUS

Piscis Austrini PsA Südlicher Fisch

Der Südliche Fisch gehört zu den ganz alten, seit Jahrtausenden bekannten Sternbildern. Dem Wassermann benachbart, wurde er auf den Figuralkarten meist mit dem Maul im Wasserstrom dargestellt, der aus dem Krug des Wassermannes fließt. Den Südlichen Fisch findet man ganz leicht dank eines einsamen Sterns erster Größe, des Fomalhaut. Ihn kann man als eins der wichtigsten Leuchtfeuer am südlichen Sternhimmel betrachten.

Alpha Piscis Austrini – Fomalhaut, $1^{m}_{,}2$, Spektralklasse A3, etwa doppelte Sonnengröße. Er ist der Sonne relativ nahe, nur 25 Lj entfernt. Im Jahr 1993 wurde rings um Fomalhaut ein kalter Staubring entdeckt, der bis in eine Entfernung von über 400 astronomischen Einheiten vom Stern reichte. Das war eine unter mehreren ähnlichen Entdeckungen in den neunziger Jahren, die davon zeugen, daß sich um viele Sterne protoplanetarische Gasstaubscheiben befinden, in denen Planeten im Entstehen begriffen oder gar schon entstanden sind.

Der Stern **Lacaille 9352**, $7^{m}_{,}4$, ist ein roter Zwerg der Spektralklasse M2, der die viertschnellste Eigenbewegung nach dem Barnardschen Pfeilstern in Oph, Kapteyns Stern in Pic und dem Groombridgestern 1830 in UMa aufweist. Lacaille 9352 steht in einer Entfernung von 10,7 Lj.

Wir fotografieren den Sternhimmel

Die einfachsten Aufnahmen des Sternhimmels und ganzer Sternbilder macht man mit einer Kamera auf Stativ. Dazu eignet sich jedes Gerät mit der Verschlußzeit T, damit man beliebig lange belichten kann. Auf so einem Bild sieht man dann die von der Erdrotation hervorgerufenen Spuren der Sterne. Will man Punktaufnahmen von den Sternen machen, muß die Kamera die ganze Belichtungszeit über genau der Himmelsdrehung nachgeführt werden. Dazu dient eine sogenannte parallaktische Montierung, die bei astronomischen Fernrohren üblich ist. Das Filmmaterial sollte hochempfindlich sein, doch auch die modernen Umkehr-Farbfilme haben sich gut bewährt.

Für Detailaufnahmen von Himmelskörpern verwendet man ein Fernrohr, genauer gesagt, ein Fernrohrobjektiv mit der Arbeitsweise eines großen Teleobjektivs. Anstelle des Okulars wird mit einem Adapter (Zwischenring) das Kameragehäuse angebracht. Am besten eignet sich eine einäugige Spiegelreflexkamera mit auswechselbarem Objektiv. So kommt der empfindliche Film genau in den Brennpunkt des Fernrohrobjektivs.

Amateur-Astrofotografie ist eine hochinteressante Freizeitbeschäftigung, die schon so manche verblüffenden Ergebnisse gebracht hat. Für Amateure ist heute sogar die elektronische Bildaufzeichnung mit CCD-Kameras mit anschließender Computer-Bildverarbeitung erschwinglich.

PSA

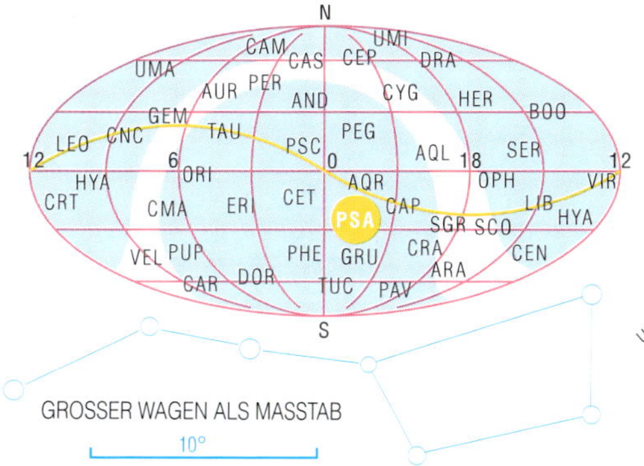

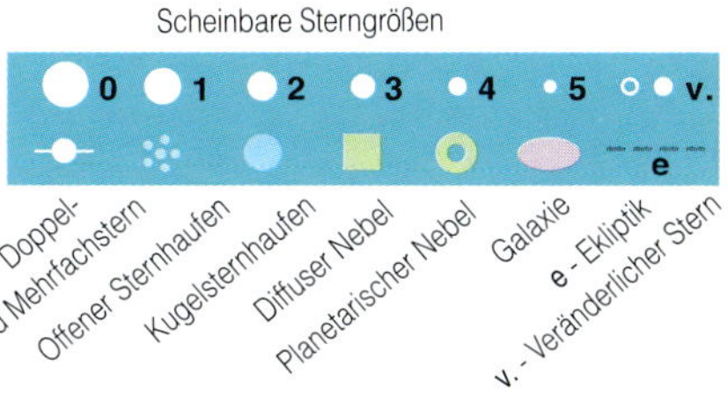

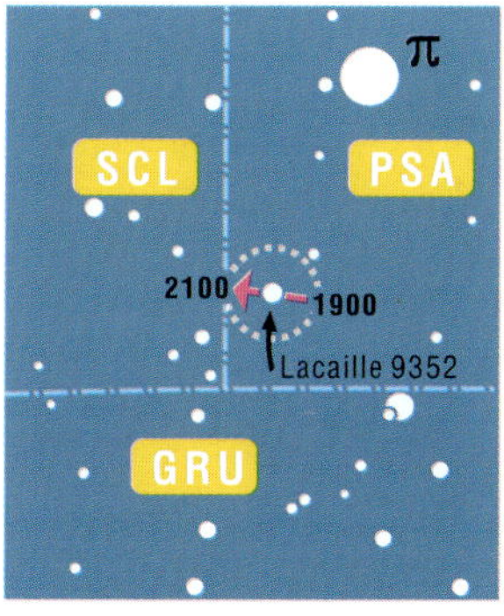

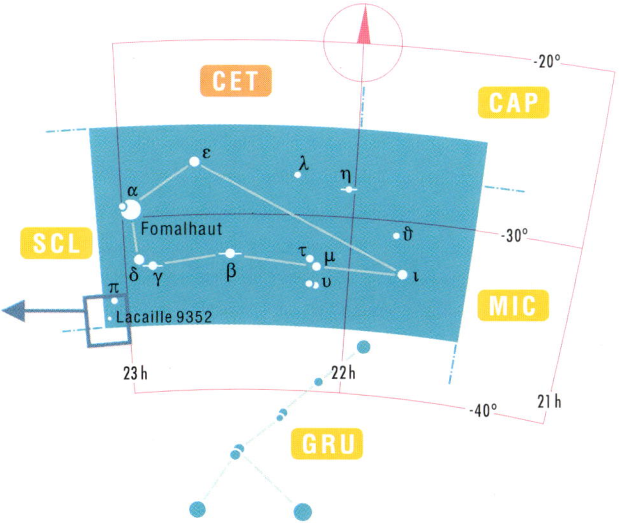

Oben: Eigenbewegung des Sterns **Lacaille 9352** in den Jahren 1900–2100, dann wechselt er ins Sternbild Sculptor hinüber. Punktiert ist die Größe der Mondscheibe angedeutet (0,5°). Jährlich verschiebt sich der Stern um 6,9".

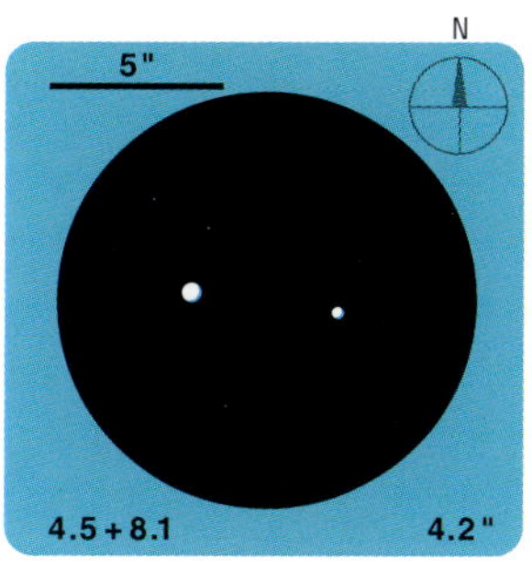

Links: Der Doppelstern **Gamma Piscis Austrini** ist etwa 220 Lj entfernt. Die hellere Komponente hat die Spektralklasse A0.

Rechts: **Beta Piscis Austrini** ist ein optischer Doppelstern, auch im Kleinfernrohr sichtbar.

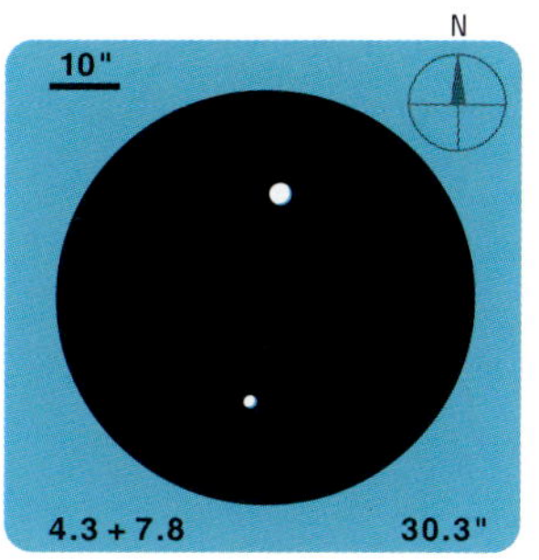

PUPPIS

Puppis Pup Achterschiff

Zu den klassischen Sternbildern des Altertums gehörte das Sagenschiff Argo (Argo Navis), auf dem die Argonauten ihre abenteuerliche Reise zum Goldenen Vlies unternahmen. Nach der definitiven Aufteilung des Himmels blieben vom Schiff Argo vier getrennte Sternbilder übrig, die Lacaille vorgeschlagen hatte: Puppis, Carina, Vela und Pyxis. Insgesamt befinden sich hier rund 1000 mit dem bloßen Auge sichtbare Sterne.

Faszinierend für die Sternenfreunde wirken die vielen, mit dem Feldstecher sichtbaren offenen Sternhaufen. **M 47 – NGC 2422** ist sogar mit bloßem Auge zu sehen. In einem Umkreis von 25' befinden sich rund 50 Sterne zwischen $6^{m}\!.0$ und $12^{m}\!.0$. Der Sternhaufen **NGC 2451** hat einen Winkeldurchmesser von 45' und enthält etwa 40 rings um den Stern **c Puppis** gruppierte Sterne. **M 46 – NGC 2437** ist ein dichter offener Sternhaufen von kreisförmiger Kontur, hat 20' Winkeldurchmesser und enthält in einer Entfernung von 5400 Lj rund hundert Sterne zwischen $9^{m}\!.0$ und $13^{m}\!.0$.

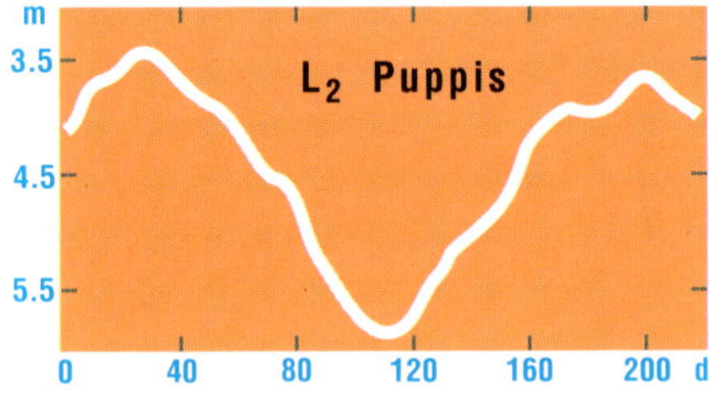

Lichtkurve des langperiodischen Veränderlichen **L_2 Puppis**. Der rote Riese der Spektralklasse M5 pulsiert und ändert seine Helligkeit in einer Periode von 141 Tagen.

PYXIS

Pyxidis Pyx Schiffskompaß

Ursprünglich Pyxis Nautica, d.h. Schiffskompaß. Der hier schon oft zitierte Louis de Lacaille plazierte dieses wichtige Navigationsgerät dort, wo sich der Mast des Schiffes Argo befunden hatte. Es handelt sich also nicht um ein ursprüngliches Ausrüstungsteil der Argo, sondern um eins der wissenschaftlichen Geräte, die Lacaille am Südhimmel verewigt.

Beta Pyxidis, $4^{m}\!.0$, ist ein gelber Überriese der Spektralklasse G5 mit einem Begleiter von $12^{m}\!.5$ im Winkelabstand von 12,6". Der Stern **T Pyxidis** ist eine rekurriernde Nova. Diese strahlt alle 12–25 Jahre auf, und ihre Helligkeit steigt vom Minimum $12^{m}\!.0$ zum Maximum von ca. $7^{m}\!.0$.

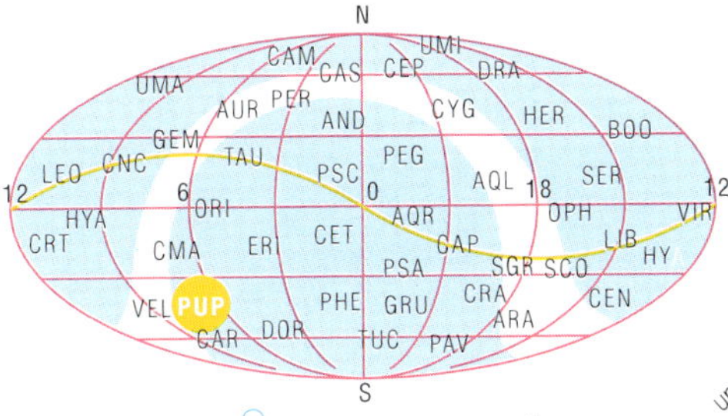

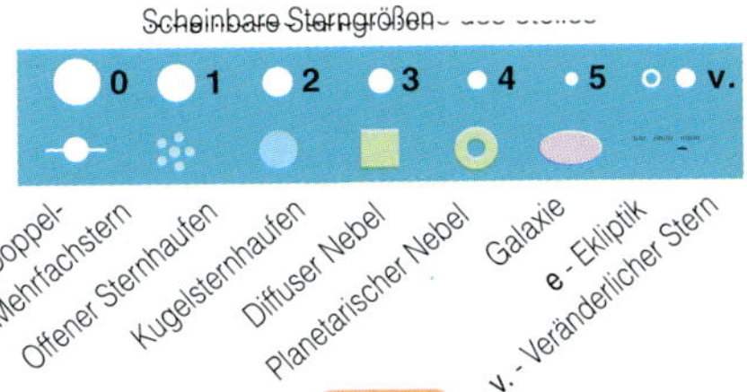

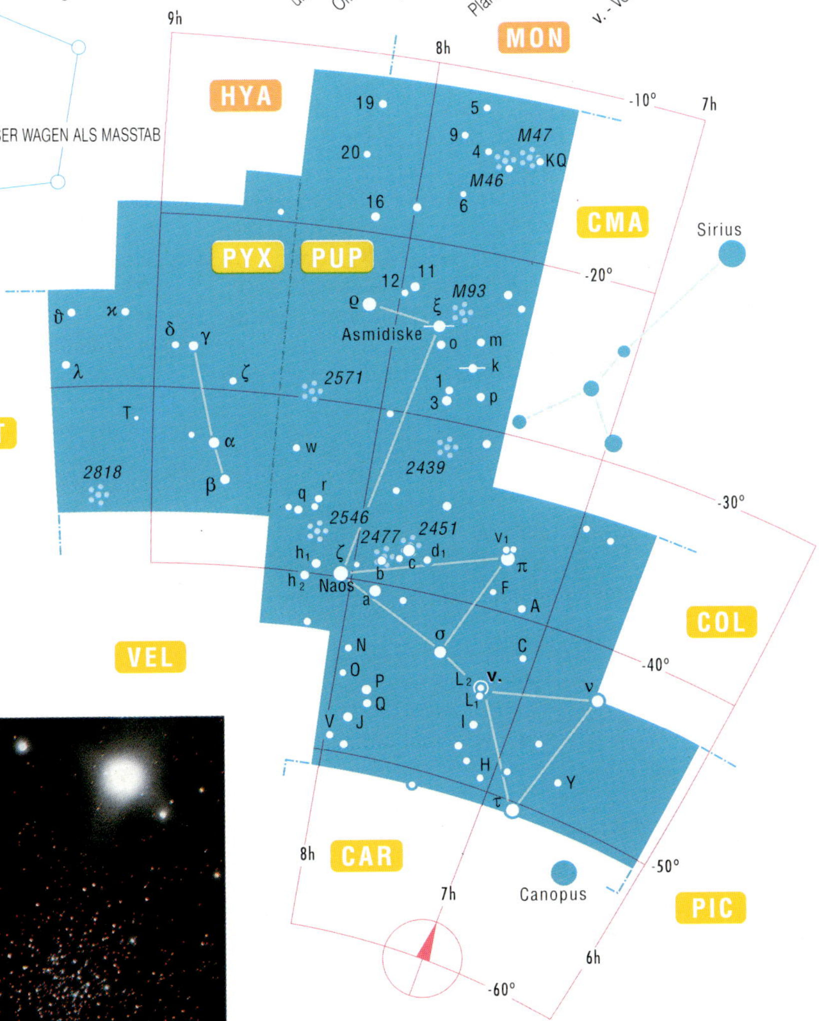

Der offene Sternhaufen **NGC 2477** enthält etwa 300 Sterne in einem Umkreis von 27' und befindet sich in der Nachbarschaft des Sterns **b Puppis**.

RETICULUM

Reticuli Ret Netz

Zu den wissenschaftlichen Geräten und Hilfsmitteln, die Nicolas Louis de Lacaille am Südhimmel verewigte, gehört auch das Reticulum oder Netz. Die ursprüngliche Bezeichnung lautete Reticulum Rhomboidalis, Rautennetz, und sollte an das feinfaserige Gitternetz erinnern, das im Gesichtsfeld des Fernrohrs für astronomische Beobachtungen und Peilungen angebracht wurde. Lacaille selbst nahm in den Jahren 1750–1754 unendlich viele Positionsmessungen von Sternen am Südhimmel vor, als er eine Expedition der französischen Akademie der Wissenschaften zum Kap der Guten Hoffnung leitete. Das winzige Sternbild läßt sich dank der Großen Magellanschen Wolke (LMC) in seiner Nachbarschaft leicht finden.

Die drei hellsten Sterne im Netz sind Doppelsterne mit schwachen Begleitern. **Alpha Reticuli**, $3\overset{\mathrm{m}}{,}4$, hat einen Begleiter von $12\overset{\mathrm{m}}{,}0$ im Winkelabstand von 48,5". Alpha ist 163 Lj entfernt. **Beta Reticuli**, $3\overset{\mathrm{m}}{,}8$, Begleiter $8\overset{\mathrm{m}}{,}0$, ist von der Sonne 100 Lj entfernt. Auch **Epsilon Reticuli**, $4\overset{\mathrm{m}}{,}4$, ist ein Doppelstern; der Begleiter mit $12\overset{\mathrm{m}}{,}5$ steht 13,7" vom Hauptstern entfernt. Epsilon strahlt aus einer Entfernung von 60 Lj. Den optischen Doppelstern **Zeta 1** und **Zeta 2 Reticuli** ($5\overset{\mathrm{m}}{,}2$ und $5\overset{\mathrm{m}}{,}5$) kann man mit bloßem Auge unterscheiden.

Beobachtungsnotizen

Jede Beobachtung ist für den Beobachter selbst wertvoll, manchmal geradezu ein einzigartiges Erlebnis, doch kann sie auch breitere Bedeutung haben. Astronomieamateure haben heute durchaus die Möglichkeit, fachlich wertvolle Beobachtungen durchzuführen. Die Voraussetzung für die Verwertbarkeit ihrer Arbeit besteht in exakten und zutreffenden Aufzeichnungen, die für eine anschließende Auswertung unerläßlich sind.

An die erste Stelle der Aufzeichnung gehört die ***Beobachtungszeit****, und zwar mit der erforderlichen Genauigkeit. Dabei muß Klarheit herrschen, um welche Zeitzone es sich handelt – also Vorsicht mit der Sommerzeit! In der Astronomie wird üblicherweise mit der* ***Weltzeit*** *gearbeitet (UT, Universal Time), d.h. mit der Zeit des Nullten oder Greenwich-Längengrades. Jeder Beobachter muß also den Zeitunterschied zwischen seiner Zeitzone und der Greenwichzeit kennen. Ferner gehört in die Aufzeichnungen die geographische Position des Beobachters, Angaben über die verwendeten Geräte, manchmal auch meteorologische und andere Daten, je nach Beobachtungszweck.*

Viele, möglicherweise sogar die allermeisten rätselhaften UFOs (Unidentified Flying Object) kamen durch unzulängliche Nachrichten über Beobachtungen zustande. Also keine UFOs produzieren!

RET

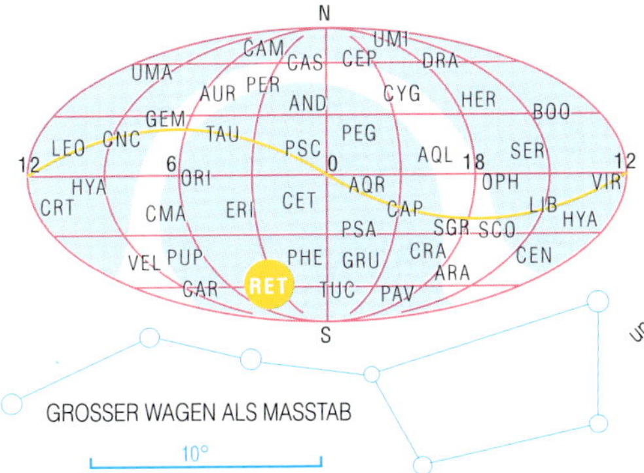

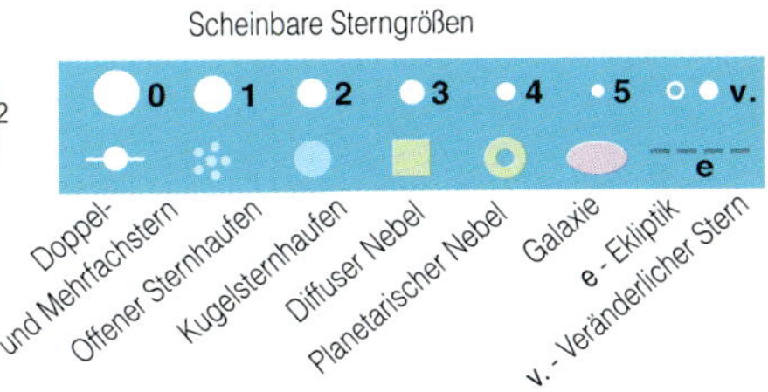

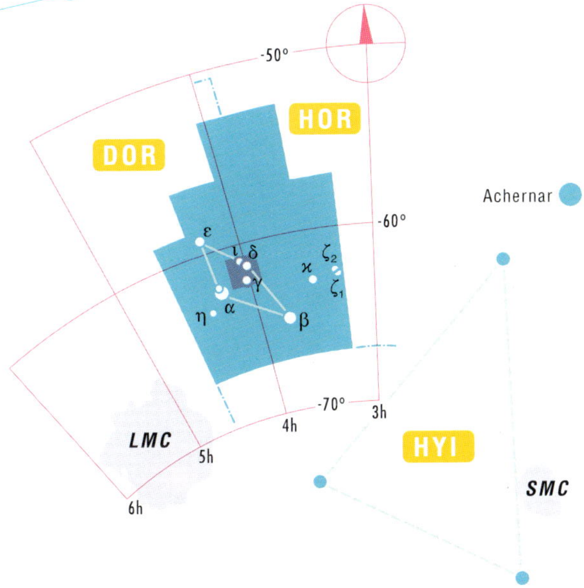

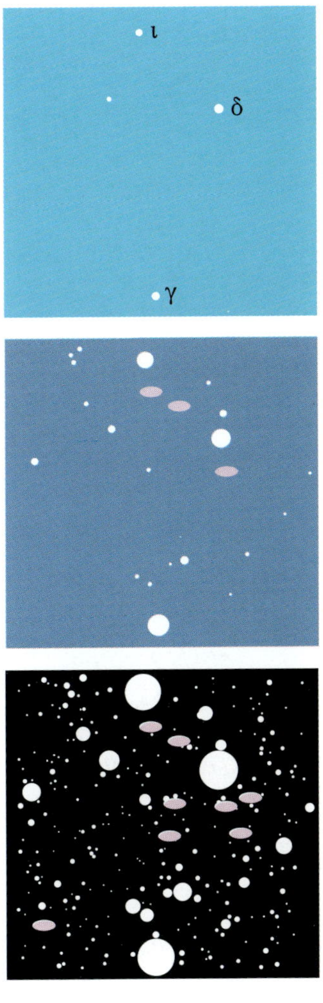

Die drei Abbildungen links zeigen anschaulich, wie rapide die Zahl der Sterne und sonstiger Objekte mit zunehmend schwächerer Magnitudo ansteigt. Auf der oberen Karte wurde ein Quadrat mit der Seitenlänge 1,25° gewählt (d.h. etwa 2,5 Monddurchmesser am Himmel), das die Sterne Jota, Delta und Gamma Reticuli enthält. In das gleiche Quadrat wurden Sterne bis $7^{\mathrm{m}}{,}0$ eingezeichnet (oben), Sterne und Galaxien bis $11^{\mathrm{m}}{,}0$ (Mitte) und bis $15^{\mathrm{m}}{,}0$ (unten). Mit großen Fernrohren kann man noch zu wesentlich schwächeren Objekten vordringen. Mit dem bloßen Auge ist wirklich nicht viel zu sehen!

SAGITTA

Sagittae Sge Pfeil

Das kleine, aber markante und leicht zu findende Sternbild Pfeil kannten bereits die Astronomen der verschiedenen antiken Völker. Mit einer Ausdehnung von nur 80 Quadratgraden ist es das drittkleinste Sternbild, gleich nach dem Kreuz des Südens (Crux) und dem Füllen (Equuleus). An den Pfeil knüpfen verschiedene Sagen an: Nach der einen war es der Pfeil, mit dem Apoll einen der einäugigen Riesen, den Kyklopen, tötete. Nach einer anderen Version verschoß der Liebesgott Cupido diesen Pfeil.

Alpha Sagittae, $4\overset{m}{,}4$, ein gelber Riese der Spektralklasse G0, hat vier Begleiter, durchweg schwächer als $11\overset{m}{,}0$. Der hellste Stern im Pfeil ist **Gamma Sagittae**, $3\overset{m}{,}5$, ein orangerner Riese der Klasse K5, Entfernung ca. 275 Lichtjahre.

M 71 – NGC 6838 ist ein lockerer Kugelsternhaufen ohne die übliche hohe Sternkonzentration im Kern. Daher wird er gelegentlich als reicher offener Sternhaufen angesprochen. Von der Galaxismitte rund 24 000 Lj entfernt, von der Sonne 14 500 Lj.

Zu S. 182: Der Nebel **M 17 – NGC 6618 – Omega**.

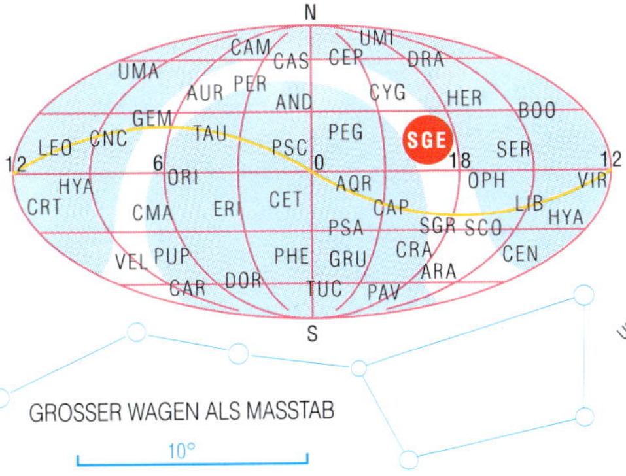

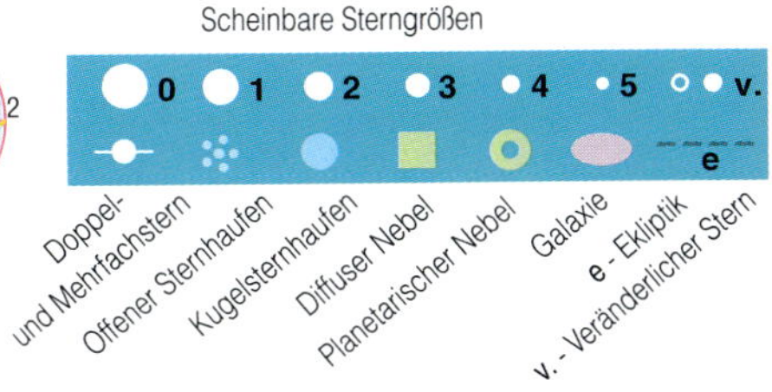

SGE

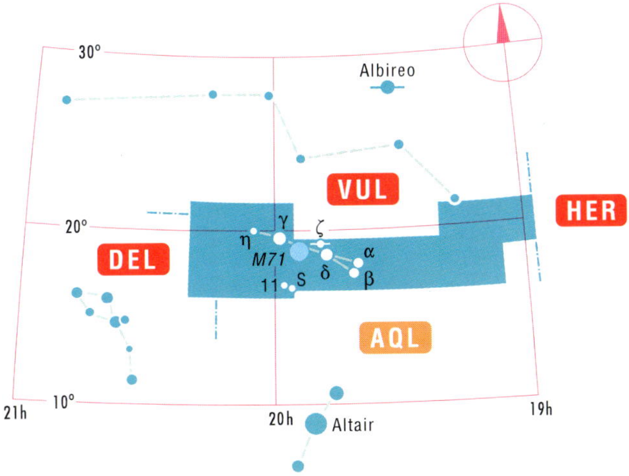

Der Doppelstern **Zeta Sagittae** ist ein physisches Paar mit einer gemeinsamen Bewegung der Komponenten durch den Raum. Die Entfernung des Systems beträgt etwa 325 Lj.

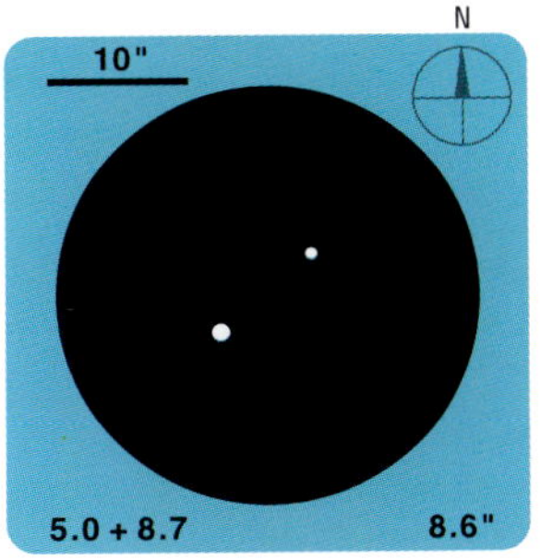

Der lose Kugelsternhaufen **M 71 – NGC 6838** hat eine Gesamthelligkeit von $8\overset{m}{,}0$ und einen Winkeldurchmesser von 6'. Die hellsten Sterne in diesem Haufen haben $12\overset{m}{,}0$. Im Feldstecher sieht man das ganze Objekt als ein Nebelfleckchen.

SAGITTARIUS

Sagittarii Sgr Schütze

Ein Tierkreis-Sternbild, das auf Figuralkarten als Kentaur, ein Wesen halb Pferd, halb Mensch, dargestellt wird, mit Pfeil und Bogen auf den benachbarten Skorpion zielend. Auf heutigen Karten hat sich die sogenannte Teekanne eingebürgert, die durch einfache Verbindungslinien entsteht.

Die Sterne des Schützen sieht man in den hellsten Milchstraßenabschnitten, die in Richtung Galaxismitte liegen. Der Schütze enthält auch die meisten nur mit dem Feldstecher sichtbaren Messierobjekte: hier liegen die diffusen Nebel **M 8 – Lagune, M 20 – Trifid** und **M 17 – Omega**, die offenen Sternhaufen **M 23, M 25** und **M 21**, die Sternwolke **M 24.** Der Kugelsternhaufen **M 22 – NGC 6656**, der reichste der zahlreichen Sternhaufen im Schützen, hat einen Winkeldurchmesser von 17' und ist mit seinen 10 000 Lj Entfernung eins der allernächsten Objekte seiner Art.

Der Nebel **M 17, Omega- oder Schwanennebel** genannt (Abb. auf S. 180), hat die Winkelmaße 45' x 35' und ist 6000 Lj entfernt. Ebenso weit liegt **M 8 – NGC 6523 – Lagunennebel**, der den lockeren Sternhaufen **NGC 6530** aus sehr heißen jungen Sternen umgibt.

Der diffuse **Lagunennebel M 8**.

SGR

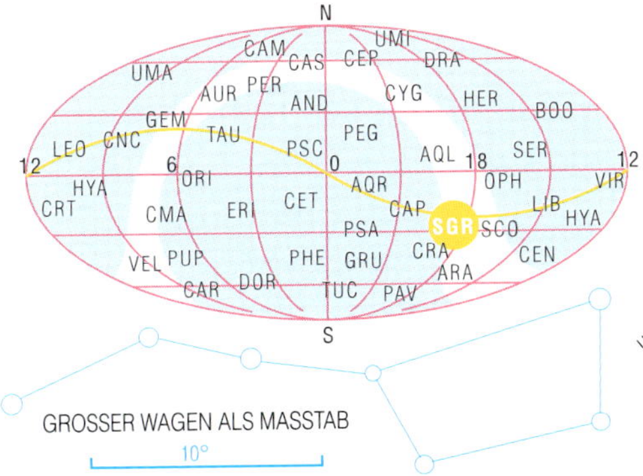

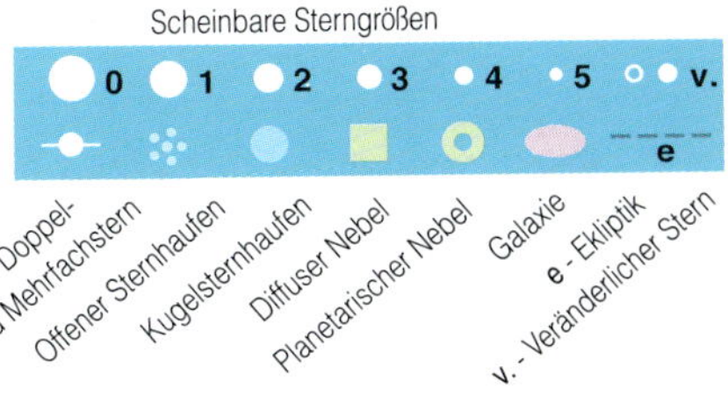

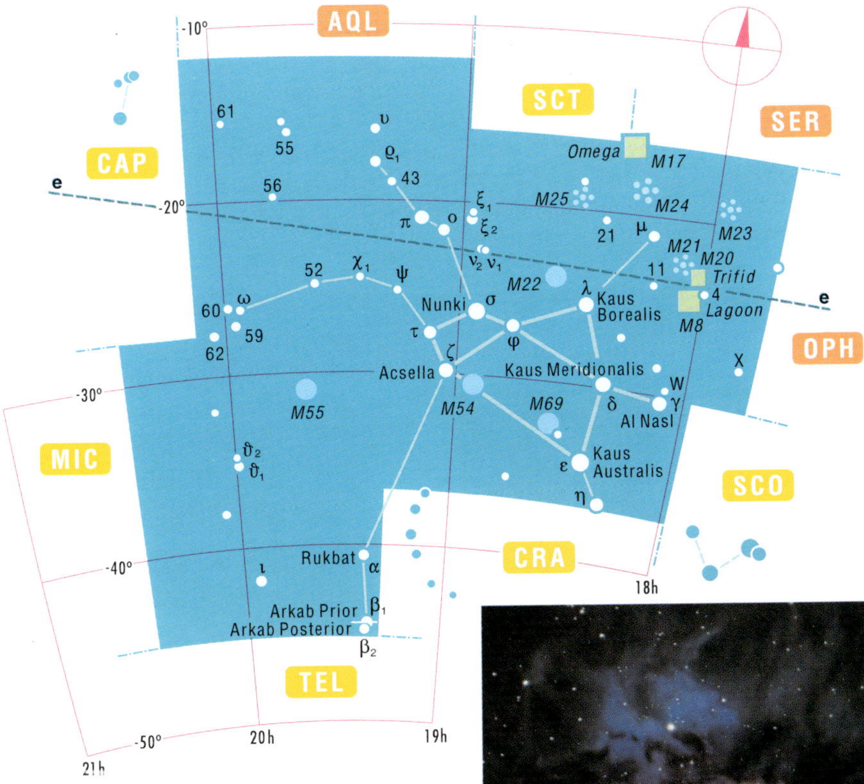

Der diffuse Nebel **M 20 – NGC 6514**, auch wegen der Teilung durch drei dunkle Streifen **Trifidnebel** genannt. Die Wasserstoffwolken strahlen rot. Die blaue Farbe kommt von der Streuung des Sternenlichts durch die Staubteilchen des Nebels zustande.

SCORPIUS

Scorpii Sco Skorpion

Dieses Tierkreissternbild kann man in seiner ganzen Pracht von Orten sehen, die südlich vom 40. Grad nördlicher Breite liegen. Es ist eins der wenigen Sternbilder, deren Gestalt dem Namen entspricht, es ähnelt in der Tat jenem gefährlichen Geschöpf, das der Sage nach vom großen Jäger Orion erlegt wurde. Der ursprüngliche Skorpion hatte gewaltige Scheren, die bis zur heutigen Waage reichten (s. Libra).

Alpha Scorpii – Antares (Anti-Mars, Gegner des Mars; der griechische Kriegsgott Ares hieß bei den Römern Mars) ist ein roter Überriese der Spektralklasse M1. Er ändert regelmäßig seine Helligkeit von $9^{m}\!,0$ in $1^{m}\!,1$. Der Durchmesser des Sterns beträgt ca. 950 Millionen km, die Masse entspricht nur 15–25 Sonnen, so daß dieser Gigant ungeheuer dünn ist: befände sich der Stern an der Stelle der Sonne, reichte er bis an die Mars-Umlaufbahn.

Der offene Sternhaufen **M 7 – NGC 6475**, Gesamthelligkeit $3^{m}\!,3$, bietet im Feldstecher oder Kleinfernrohr ein grandioses Bild. Im Umkreis von 80' sind 50 bis 80 Sterne zu sehen, der hellste hat $7^{m}\!,0$ und ist etwa 800 Lj entfernt. Der Sternhaufen ist das südlichste Messierobjekt.

Umgebung des Sterns **Antares** (links unten). Rechts von Alpha Scorpii liegt der Kugelsternhaufen **M 4 – NGC 6121**, im Feldstecher sichtbar. Seine ganze Pracht zeigt erst das Fernrohr. Es ist einer der ganz hellen, ganz großen (Winkeldurchmesser 26') und ganz nahen Kugelsternhaufen (etwa 7000 Lj). Rechts über M 4 steht der helle Stern Sigma Scorpii. Der bläuliche Nebel oben umgibt den Stern Rho Ophiuchi.

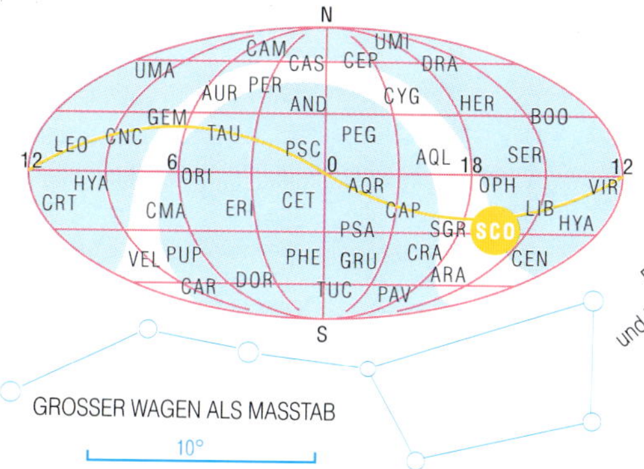

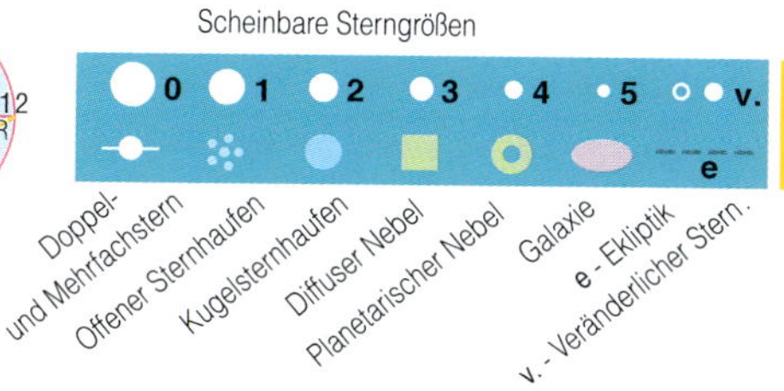

SCO

Unten: **Beta Scorpii** ist ein Mehrfach-System: in einem kleinen Fernrohr sieht er wie ein Doppelstern aus, dessen Komponenten jede für sich spektroskopische Doppelsterne sind.

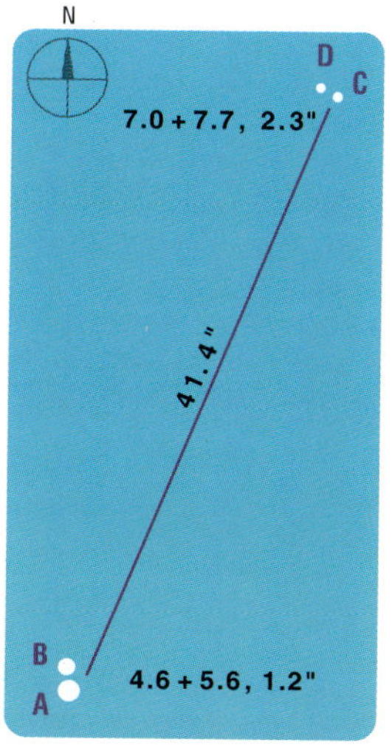

Links: **Ny Scorpii** ist ein Mehrfachstern, der dem bekannten „Doppel-Doppelstern" Epsilon Lyrae ähnelt. Im Kleinfernrohr wirkt er wie ein Doppelstern, in größeren Geräten lassen sich beide Paare unterscheiden.

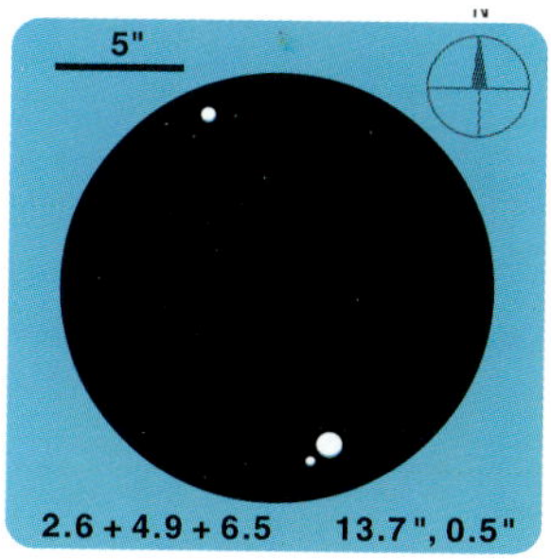

Unten: **M 6 – NGC 6405** – ein besonders schöner offener Sternhaufen, den man auch mit kleinen Fernrohren beobachten kann. Der englische Name lautet „Butterfly Cluster", da er den Umriß eines Schmetterlings hat.

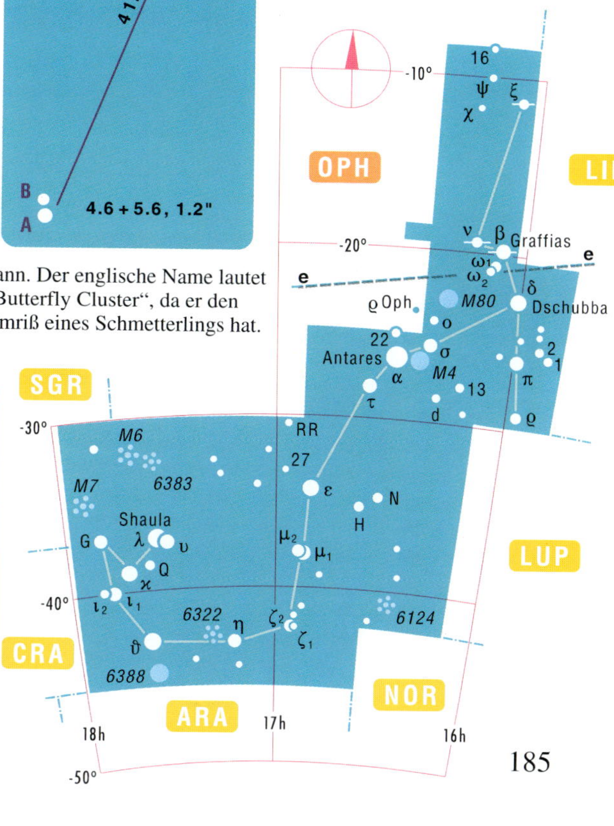

SCULPTOR

Sculptoris Scl Bildhauer

Auch der Bildhauer gehört zu den Kreationen von Nicolas Louis de Lacaille, seine ursprüngliche Bezeichung lautete aufwendiger: L'Atelier du Sculpteur. Allerdings kann man hier beim besten Willen weder ein Bildhaueratelier noch den Bildhauer in Person erkennen. Diese öde Himmelsgegend enthält nur 6 Sterne, die heller sind als $5^m\!\!,0$, dafür allerdings den galaktischen Südpol (S.G.P. auf der Karte), d.h. man schaut hier in lotrechter Richtung zur Galaxisebene, und vor dem Betrachterauge tut sich der Blick in fernste Tiefen des Alls auf.

Die Zwerggalaxie **Sculptor System**, auch **Sculptor dE** ist Teil der Lokalen Galaxiengruppe, in die rund zwei Dutzend ähnliche Zwerge, aber auch drei große Spiralnebel gehören. Die nächstfolgende Lokale Galaxiengruppe liegt gerade im Sculptor, rund 10 Millionen Lj entfernt. Zu ihr gehören auch die beiden auf der nebenstehenden Seite abgebildeten Galaxien.

NGC 55 (Gesamthelligkeit $8^m\!\!,0$) ist von der Seite zu sehen, es handelt sich wohl um eine unregelmäßige Galaxie, den Magellanschen Wolken ähnlich. **NGC 253**, ein großer Sprialnebel vom Typ Sc (Helligkeit insgesamt $7^m\!\!,0$, Winkelmaße 25' x 7'), wird im Feldstecher sichtbar und gehört zu den hellsten Galaxien am Himmel.

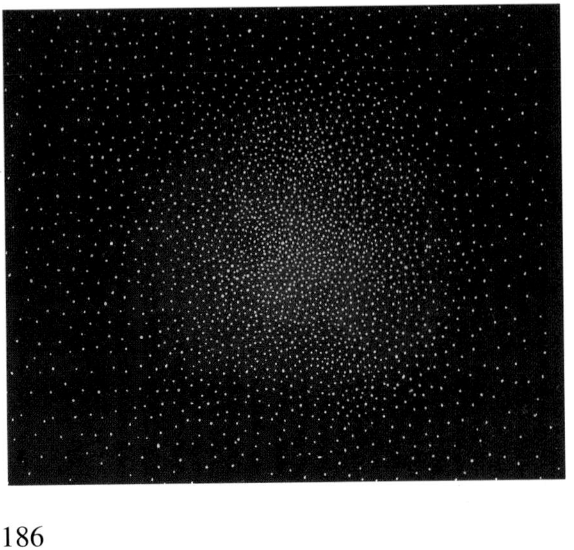

Das **Sculptor System** ist eine Zwerggalaxie, deren Aussehen eher einem lockeren Kugelsternhaufen gleichkommt. Sie ist 260 000 Lj entfernt, ihr Durchmesser macht ca. 8000 Lj aus. Ihre hellsten Sterne haben nicht mehr als $18^m\!\!,0$.

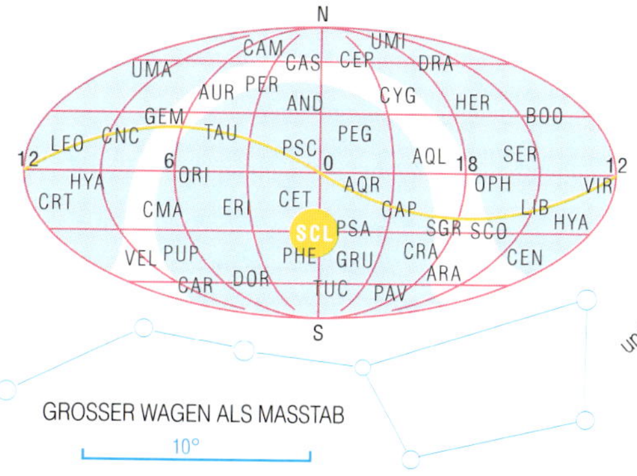

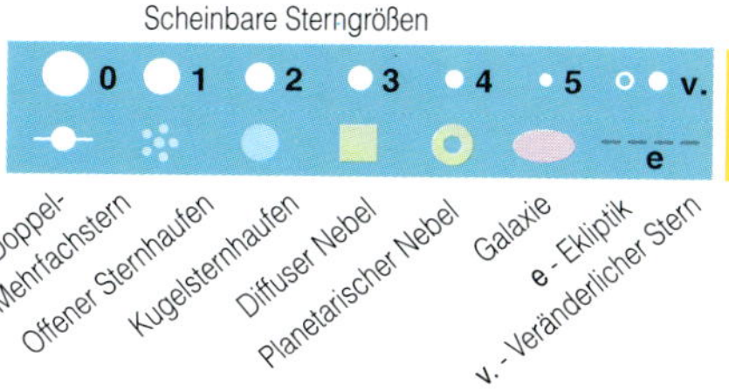

SCL

Spiralnebel **NGC 253**.

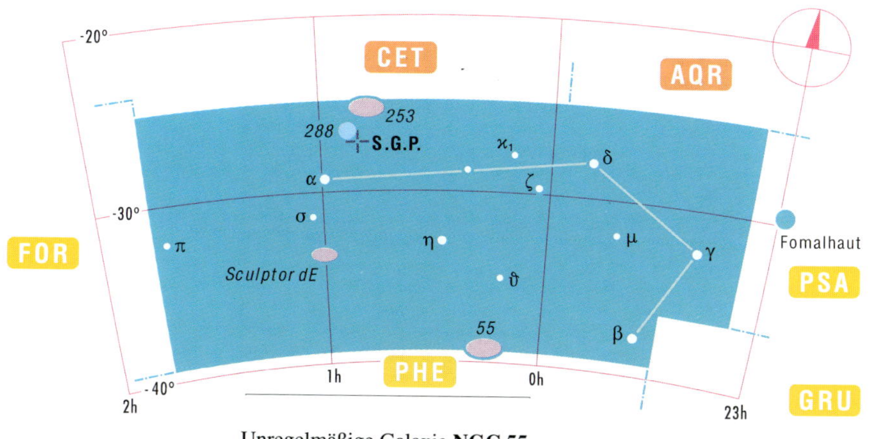

Unregelmäßige Galaxie **NGC 55**.

SCUTUM

Scuti Sct Schild

Dieses in seiner Ausdehnung fünftkleinste Sternbild wird von einem schroffen Rechteck umrissen. Es wurde 1690 vom Danziger Astronomen Johann Hevelius zu Ehren seines Königs Johann Sobieski eingeführt. Ursprünglich lautete der Name des Sternbilds Scutum Sobiescianum, Schild des Sobieski.

Alpha Scuti, $3^{m}{,}8$, der hellste Stern im Schild, ist ein orangener Riese in 175 Lj Entfernung. Mit bloßem Auge ist manchmal auch **R Scuti** zu sehen, ein regelmäßig pulsierender Veränderlicher. Im Maximum macht seine Helligkeit $4^{m}{,}4$ bis $5^{m}{,}0$ aus, im Minimum $6^{m}{,}0$ – $8^{m}{,}7$ bei einer etwa fünfmonatigen Periode. Ursache für die schwachen Minima können Kohlenstoffteilchen (Rauch) sein, die in der Sternatmosphäre entstehen.

Das verlockendste Objekt für die Bewunderer der Sternenpracht ist im Schild der offene Sternhaufen **M 11 – NGC 6705**, ein besonders reicher und heller Sternhaufen, 1681 vom deutschen Astronomen G. Kirch entdeckt. Er enthält einen Stern von $0^{m}{,}8$ und eine reichhaltige Gruppe aus schwachen Sternen von $11^{m}{,}0$ bis $14^{m}{,}0$.

Im Schild sitzt auch eine der ganz hellen Sternwolken der Milchstraße. Man sieht sie mit bloßem Auge als eine hellere Stelle im Milchstraßenstreifen; Einzelheiten kommen erst auf der Fotografie heraus.

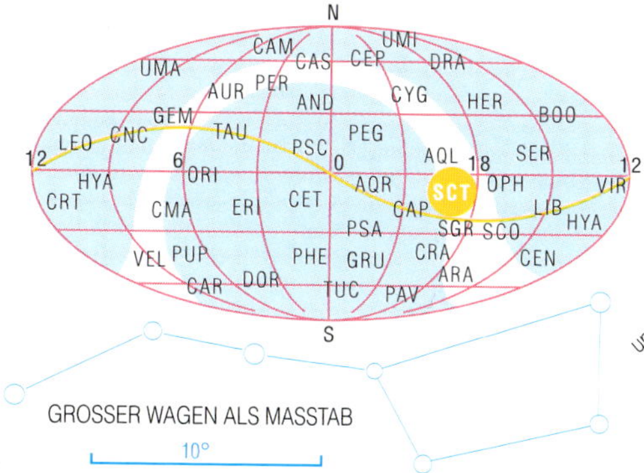

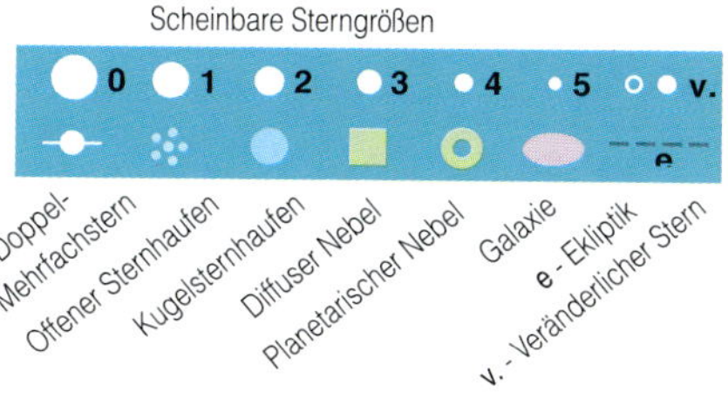

SCT

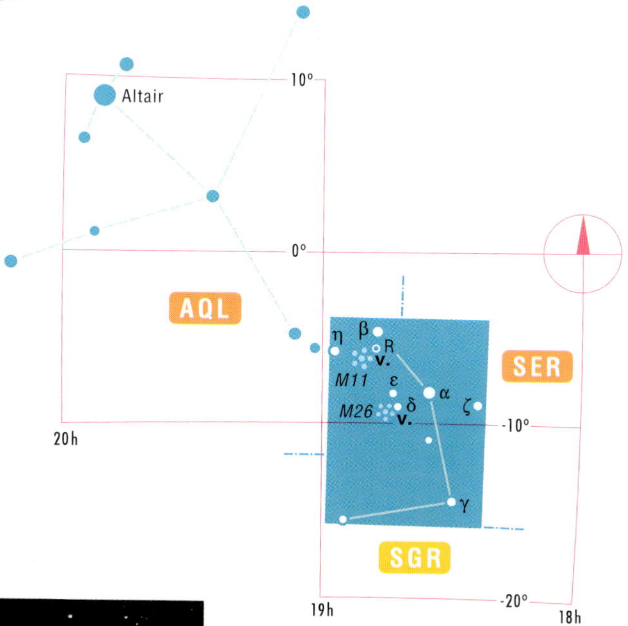

Das Sternbild Schild findet man, indem man vom benachbarten Adler mit dem hellen Atair ausgeht, wie die Karte andeutet.

Der offene Sternhaufen **M 11** hat insgesamt eine Helligkeit von $6^m_{,}0$ und 13' Winkeldurchmesser. Der Realdurchmesser wird auf 15–20 Lj geschätzt. Das System enthält rund 500 Sterne, die heller sind als $14^m_{,}0$, und ist annähernd 5500 Lj entfernt.

SERPENS

Serpentis Ser Schlange

Die Schlange ist das einzige zweigeteilte Sternbild. Ursprünglich gehörten die ganze Schlange und der Schlangenträger zusammen (s. Oph) und bildeten eins der ältesten und größten Sternbilder. Die offizielle Begrenzung des Sternbilds, wie sie von der IAU 1930 festgelegt wurde, hat aber den Schlangenkopf (Serpens caput) vom Schlangenschwanz (Serpens cauda), der bis in die Milchstraße reichte, getrennt. Die Mittelpartie des Schlangenkörpers blieb Bestandteil des Schlangenträgers. Das ist eine Kuriosität, deren Sinn bei einem Blick auf die alte Sternhimmel-Figuralkarte klar wird.

Alpha Serpentis – Unuk Elhaia, Unukalhai, $2^{m},6$, ist ein orangener Riese in 73 Lj Entfernung. Den Stern **Delta Serpentis** enthüllt das Fernrohr als einen Doppelstern mit den Komponenten $3^{m},8$ und $4^{m},9$ in 4,0" Winkelabstand.

M 16 – NGC 6611 (Abb. auf S. 192) ist ein weitläufiger offener Sternhaufen mit diffusem Nebel, eins der schönsten Objekte seiner Art. Er wird in der Literatur als Adlernebel oder Sternkönigin-Nebel bezeichnet. Die Sterne im Haufen sind heiße Riesen der Spektralklassen O und B, die vor knapp einer Million Jahren entstanden sind.

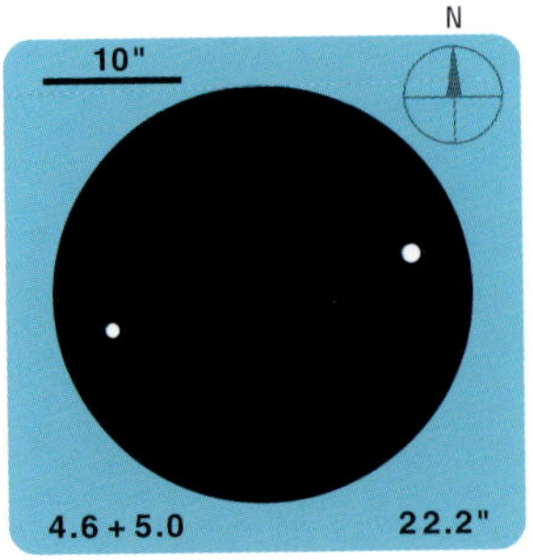

Theta Serpentis, ein sehr schöner Doppelstern, schon mit einem kleinen Fernrohr zu beobachten. Das System ist etwa 110 Lj entfernt.

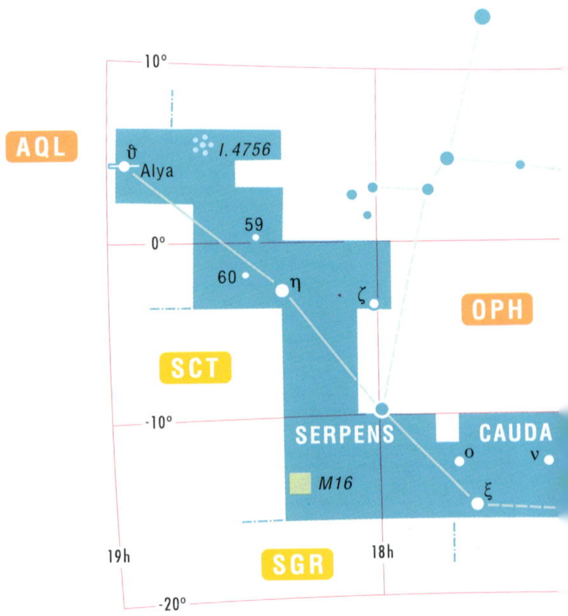

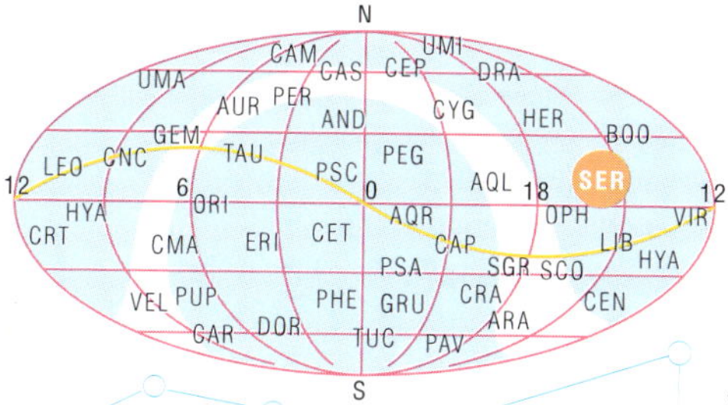

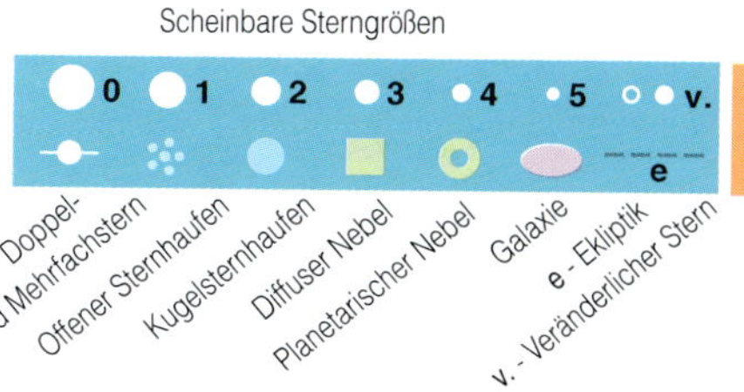

SER

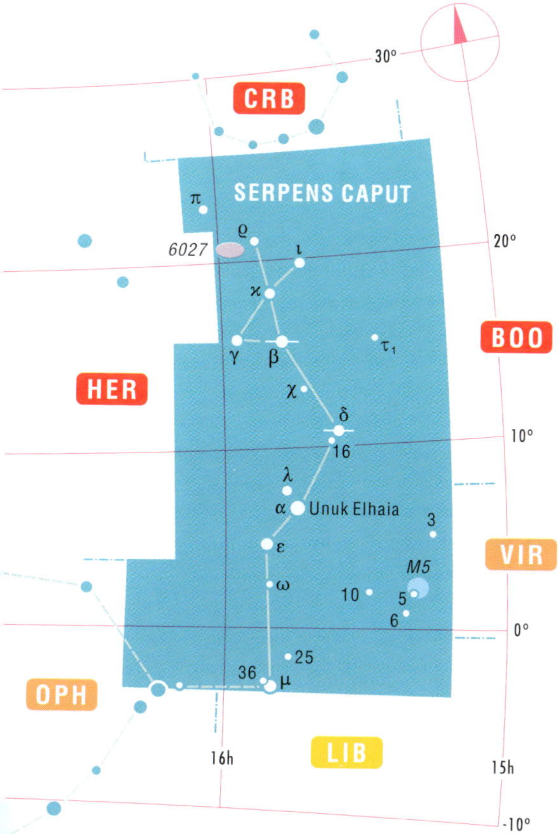

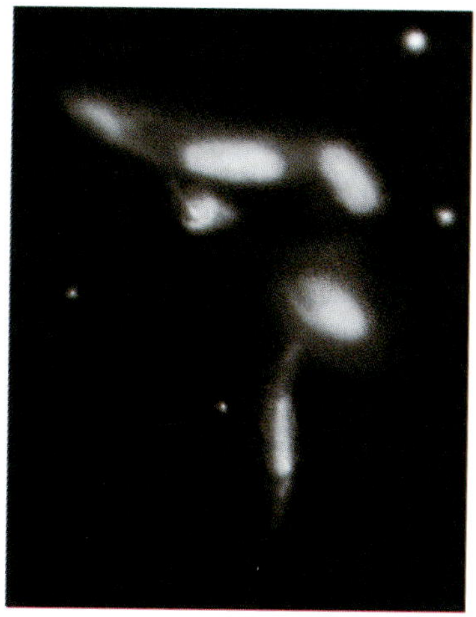

Oben: Galaxiengruppe um **NGC 6027**, durch Gravitation aneinander gebunden.

Rechts: Der Kugelsternhaufen **M 5 – NGC 5904** hat insgesamt eine Helligkeit von $5\overset{m}{,}7$ und 20' Winkeldurchmesser. Von der Sonne trennen ihn rund 25 000 Lj.

SEXTANS

Sextantis Sex Sextant

Das Sternbild Sextant wurde von Hevelius gegen Ende des 17. Jahrhunderts eingeführt. Ursprünglich lautete der Name „Sextans Uraniae", also ein Gerät der Urania, wie die Muse der Sternkunde hieß. Ein Sextant, wie ihn Hevelius benutzte, war ein großes, auf einem Ständer befestigtes Gerät zum Messen von Winkeln bzw. Sternhöhen. Obgleich er noch nicht mit einem Fernrohr ausgestattet war und zum Anpeilen des Sterns nur einfache Sehschlitze und natürlich auch ein scharfes Auge dienten, haben die erfahrensten Beobachter damit Messungen mit einer Genauigkeit von einer halben Bogenminute durchgeführt.

Den Sextanten kann man nur bei guten Beobachtungsbedingungen finden – er hat nur zwei Sterne, die heller als $5^{m}\!\!,0$ sind. Dabei hilft man sich mit dem nahen Regulus im Löwen und dem Stern Alfard in der Hydra. Der hellste Stern ist **Alpha Sextantis**, $4^{m}\!\!,5$, Spektralklasse A0, Entfernung 287 Lj.

Die Galaxie **NGC 3115**, $9^{m}\!\!,0$, liegt in der Reichweite kleiner Fernrohre. Sie erscheint wie eine Linse oder Spindel (daher der englische Name Spindle Galaxy).

Zu S. 190: **M 16 – NGC 6611** ist ein offener Sternhaufen mit einem diffusen Nebel in der Schlange. Auf Fotos nimmt der Nebel M 16 eine etwa mondgroße Fläche ein, visuell ist der Nebel sehr schwach.

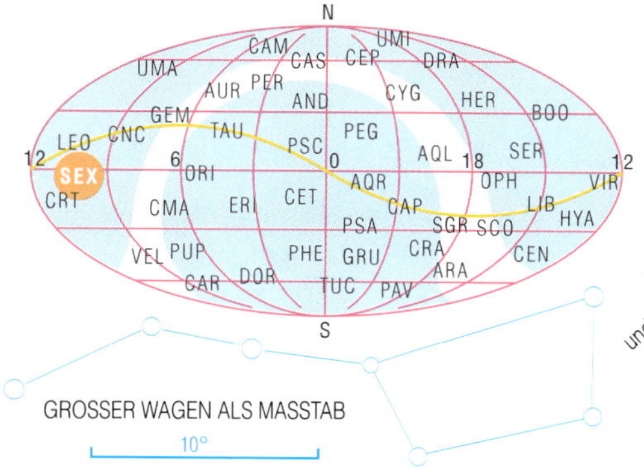

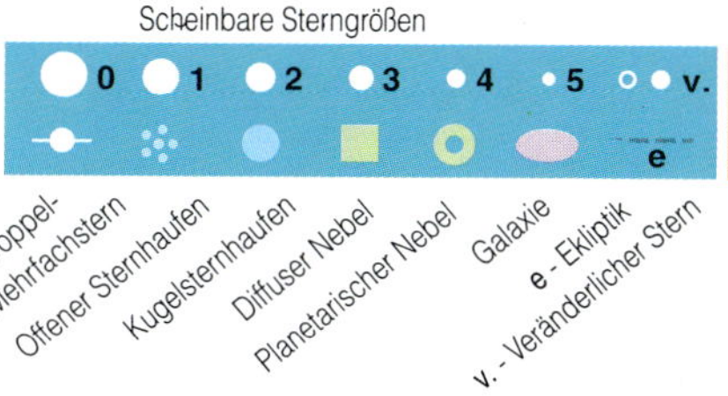

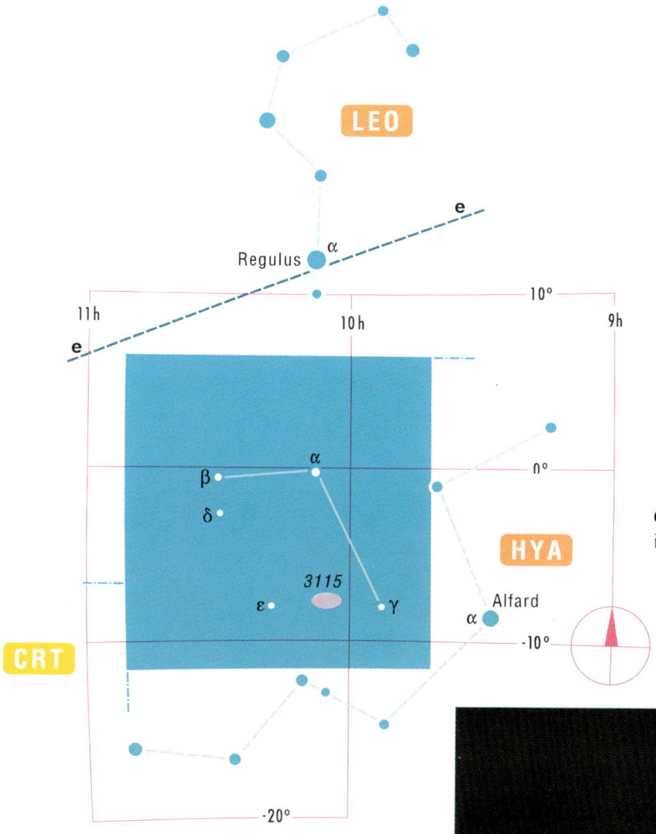

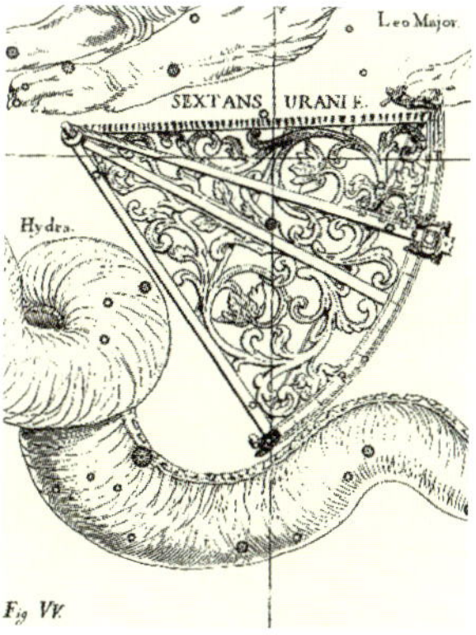

Oben: Darstellung des Sextanten in Hevelius' Atlas von 1690.

Rechts: Die helle Galaxie **NGC 3115** hat die Winkelmaße 8' x 3'. Ihre Entfernung wird auf 21–25 Millionen Lj geschätzt.

TAURUS

Tauri Tau Stier

Ein uraltes, schon in den ältesten Kulturen bekanntes Sternbild. Auf Figuralkarten kämpft der Stier mit dem großen Jäger Orion. Die Dreieckskontur der Hyaden markiert den Stierkopf, in seinem Auge strahlt der orangefarbene Aldebaran, die Hörner reichen bis an die Sterne Beta und Zeta.

Alpha Tauri – Aldebaran, $1\overset{m}{,}0$, ein orangener Riese der Spektralklasse K5 mit einem Durchmesser wie 36 Sonnen. Mit seiner Entfernung von 65 Lj ist er uns viel näher als die Hyaden, zu denen er auch nicht gehört.

Die **Hyaden** (Melotte 25) sind ein Bewegungssternhaufen: Alle seine Sterne fliegen auf Parallelbahnen durchs All. Sie haben einige hundert Glieder, Realdurchmesser 8 Lj, Entfernung 151 Lj. Auch **M 45**, die **Plejaden** oder das **Siebengestirn**, sind ein Bewegungssternhaufen. Mit bloßem Auge sind normalerweise 6-7 Plejaden zu sehen, das Fernrohr zeigt über 100 Sterne. Der Durchmesser des Haufens beträgt 7, seine Entfernung 380 Lj.

M 1 – NGC 1952 – Krabbennebel (Abb. auf S. 196) ist der Überrest einer Supernova, die im Jahr 1054 in einer Entfernug von 6500 Lj aufflammte. Der Nebel mißt 9 x 14 Lj und dehnt sich immer weiter aus. Der Überrest des ursprünglichen Sterns ist ein sogenannter Pulsar, ein zusammengebrochener Neutronenstern von ca. 10 km Durchmesser und der Masse von 1,4 Sonnen, der 30mal pro Sekunde um die eigene Achse rotiert.

Der offene Sternhaufen der **Plejaden**.

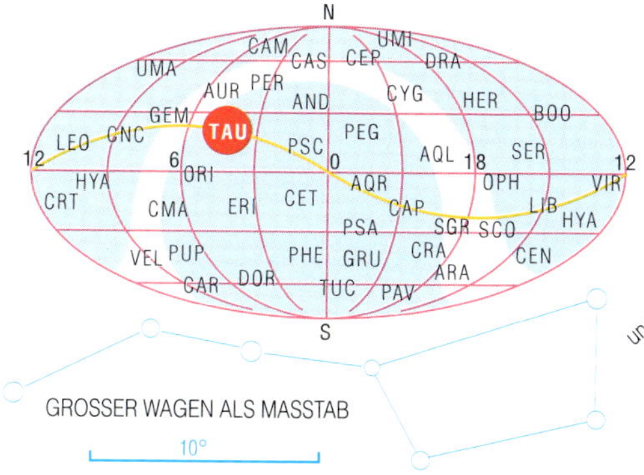

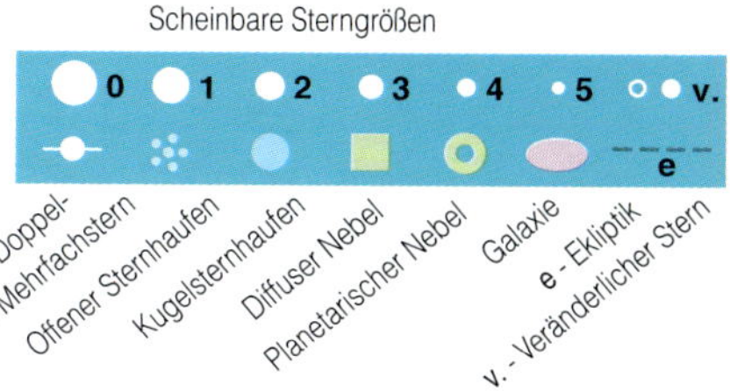

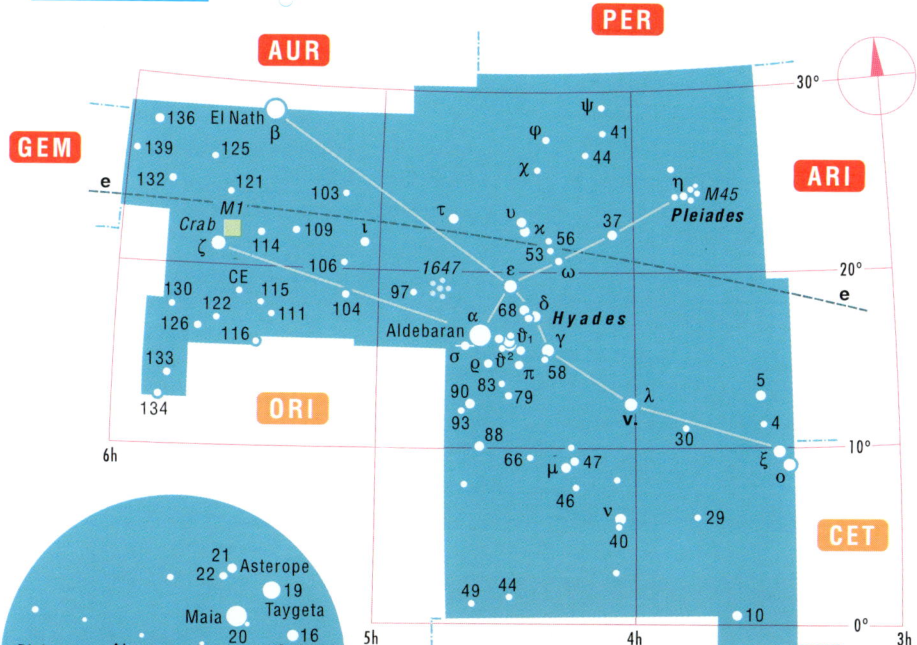

Oben: Plejadenkarte mit Namen und Flamsteed-Nummern der Sterne.
Rechts: Die Hyaden mit dem orangegelben Aldebaran. Winkeldurchmesser des Haufens 3,5°.

TELESCOPIUM

Telescopii Tel Fernrohr

Das Sternbild führte um die Mitte des 18. Jahrhunderts Nicolas Louis de Lacaille ein, quasi als ewige Erinnerung an die Erfindung eines Geräts, das von umwerfender Bedeutung für die Astronomie wurde. Auf Lacailles Karte war es ein überlanges Linsenteleskop des 17. und 18. Jahrhunderts. Heute fehlt im Sternbild Gamma Telescopii, aus dem G Scorpii am „Stachel" des Skorpions geworden ist. Die heutige Fernrohrversion ist wesentlich kürzer als der ursprüngliche Entwurf, für den sich Lacaille Sterne aus Nachbarsternbildern ausgeliehen hatte.

Alpha Telescopii, $3\overset{m}{,}5$, ist ein blauweißer Stern der Spektralklasse B3, 249 Lj entfernt. **Epsilon Telescopii**, $4\overset{m}{,}5$, ist ein Doppelstern mit einem sehr schwachen Begleiter von $13\overset{m}{,}0$ im Winkelabstand von 21". Von diesem Stern trennen uns etwa 410 Lj.

Die Galaxie **NGC 6845** ist das größte Glied eines Galaxienhaufens, der etwa 325 Millionen Lj von unserer Galaxis entfernt liegt. Hier ist ein über 100 000 Lj langer Spiralarm zu sehen, der nach Nordosten zu einer kleinen Galaxie vom Typ Sc ausläuft.

Zu S. 194:
M 1 – Krabbennebel im Stier – der Überrest einer Supernova aus dem Jahr 1054. Das Gewirr aus Radialfilamenten (Ausläufern) zeugt von einer unvorstellbaren Explosion, die den Krabbennebel entstehen ließ. Diese Filamente bildeten einst die Atmosphäre des Sterns. Die Supernova hatte nach dem Aufleuchten eine Helligkeit von $-5\overset{m}{,}0$ und war sogar bei Tageslicht 23 Tage lang zu sehen. In der Nacht war sie erst nach 653 Tagen nicht mehr zu beobachten.

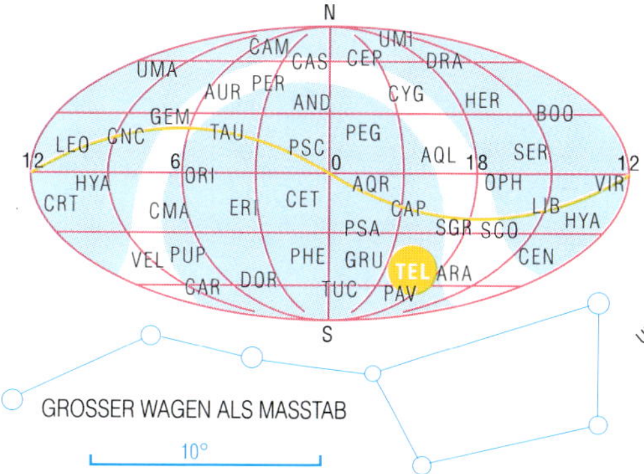

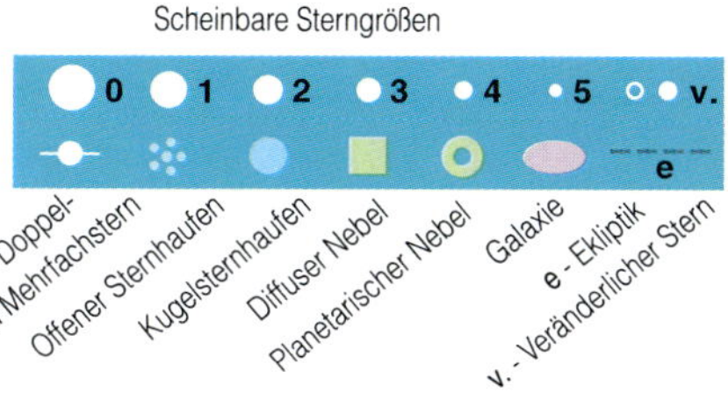

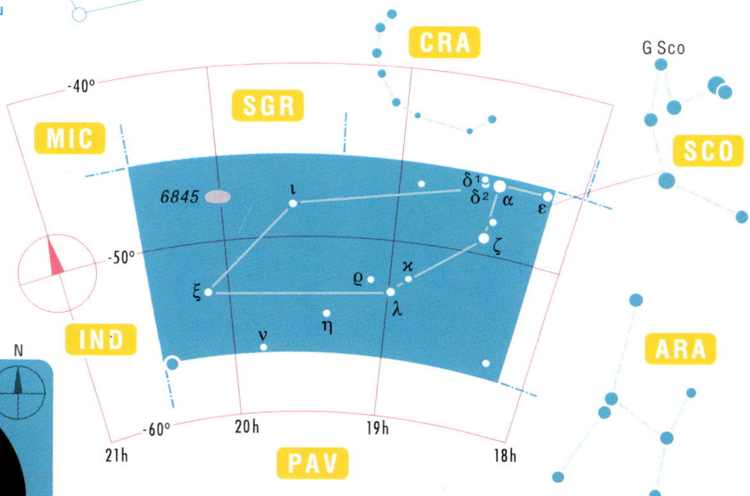

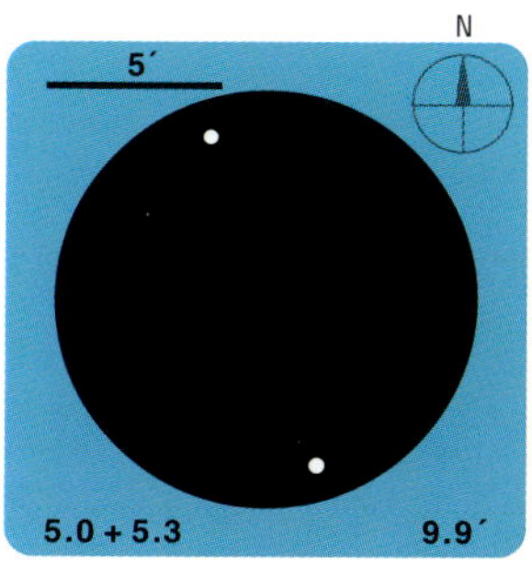

Der optische Doppelstern **Delta Telescopii**, dessen Komponenten man mit dem bloßen Auge sehen kann.

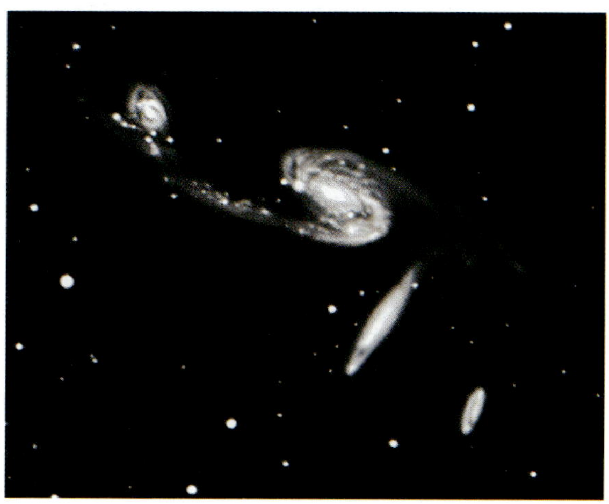

Galaxiengruppe im Sternbild Fernrohr. Die größte im Bild ist die Galaxis **NGC 6845**.

TRIANGULUM

Trianguli Tri Dreieck

Das kleine, aber markante Dreieck gehört zu den klassischen Sternbildern des Altertums. Bei den Griechen hieß es Deltoton wegen seiner Ähnlichkeit mit dem großen Buchstaben Delta (△). Aratos von Soli geht bei seiner Beschreibung des Sternbilds von der Ähnlichkeit mit dem dreieckigen Umriß Siziliens aus, wenn er schreibt: „Unweit der Andromeda liegt die Insel Sizilien, die einem Dreieck gleicht, dessen kürzere Seite von nah beieinander stehenden Sternen geziert ist."

Die drei Sterne an den Ecken des Dreiecks befinden sich in beträchtlich unterschiedlichen Entfernungen. **Alpha Trianguli**, $3^{m}{,}4$, hat zwei schwache Begleiter von $12^{m}{,}0$ und $12^{m}{,}9$ im Winkelabstand von 222" und 83". Alpha strahlt in einer Entfernung von 64 Lj. **Beta Trianguli**, $3^{m}{,}0$, ist ein weißer Riese, 124 Lj weit weg. **Gamma Trianguli**, $4^{m}{,}0$, ist ein Stern der Spektralklasse A1, 118 Lj entfernt. Wenn man sich versuchsweise das Dreieck im Raum vorstellt, ergibt sich eine ganz andere Gestalt als bei der Projektion auf den Himmel!

Die Spiralgalaxie **M 33 – NGC 598** (Abb. unten), Typ Sc, ist neben unserer und der Galaxie M 31 in der Andromeda das drittgrößte Glied der Lokalen Galaxiengruppe. Neuesten Bestimmungen zufolge liegt die Entfernung vom M 33 in den Grenzen zwischen 2,2 und 2,9 Millionen Lj.

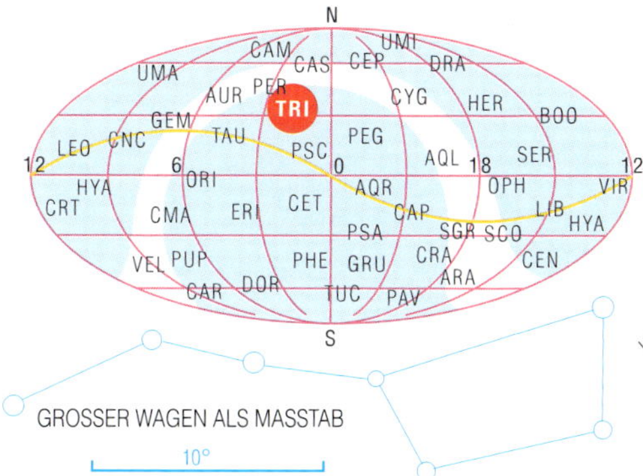

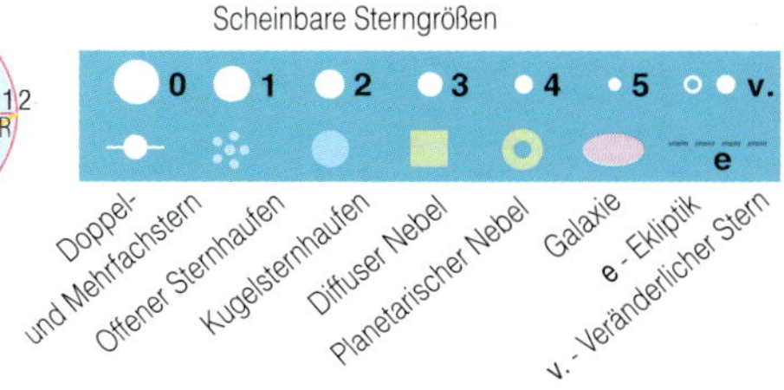

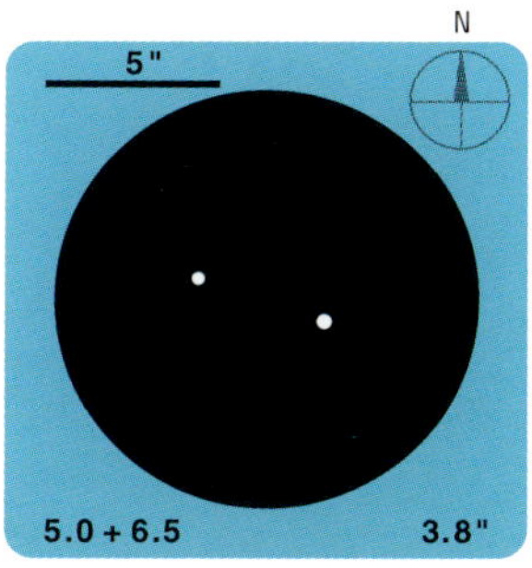

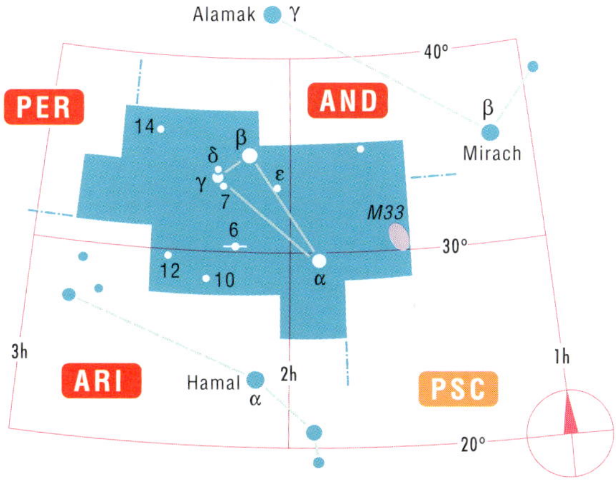

Oben: Der Doppelstern **6 Trianguli** – ein physisches Paar aus Komponenten der Spektralklassen G5 und F5.

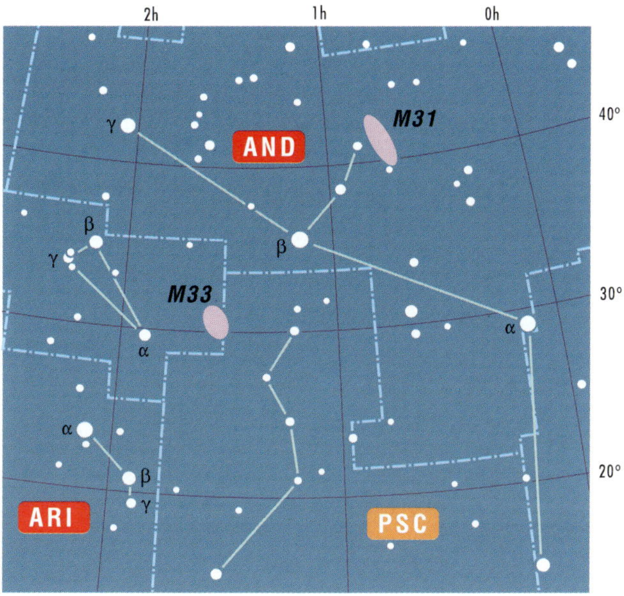

Rechts: Die Galaxie M 33 findet man unweit der Verbindungslinie zwischen den Sternen Alpha Trianguli und Beta Andromedae. Das Objekt hat einen Winkeldurchmesser von fast 1°, jedoch eine geringe Flächenhelligkeit und läßt sich nur unter Schwierigkeiten beobachten. Man nimmt dazu am besten einen Feldstecher oder ein Fernrohr mit geringer Vergrößerung und einem breiten Gesichtsfeld. Die ein Stück weiter liegende Galaxie M 31 ist von M 33 etwa 570 000 Lj entfernt.

TRIANGULUM AUSTRALE

Trianguli Australis TrA Südliches Dreieck

Östlich von den Richtungsweisern Alpha und Beta Centauri erkennt man gut das kleine, aber markante Südliche Dreieck, an dessen Ecken helle Sterne zweiter bis dritter Größe strahlen. Es ist eins der 12 Sternbilder am Südhimmel, mit denen P. D. Keyser am Ende des 16. Jahrhunderts und nach ihm J. Bayer 1603 die bis dato bekannte Kollektion der 48 Sternbilder des Altertums bereicherten. So entstand am Südhimmel ein schönes Gegenstück zum Dreieck am nördlichen Sternhimmel.

Alpha Trianguli Australis, $1^{\mathrm{m}}{,}9$, ist ein orangener Riese der Spektralklasse K2 mit 4000 K Oberflächentemperatur. Der Stern liegt etwa 415 Lj entfernt. **Beta Trianguli Australis**, $2^{\mathrm{m}}{,}9$, hat einen schwachen Begleiter von $14^{\mathrm{m}}{,}0$ im Winkelabstand von 155". Die Hauptkomponente ist ein weißer Stern der Spektralklasse F2, etwa 40 Lj entfernt. An der dritten Dreiecksspitze strahlt **Gamma Trianguli Australis**, $2^{\mathrm{m}}{,}9$, ein blauweißer Stern der Spektralklasse A1, 183 Lj von der Sonne entfernt.

Amateurastronomie

Für jeden Amateur ist der Kontakt mit verwandten Seelen nützlich und oft sogar unerläßlich; Kontakt mit der astronomischen Öffentlichkeit, in der er Rat, Hilfe, Anregung und Bestätigung findet. Über alles, was sich in der Fachwelt abspielt, läßt er sich am besten von Astronomiezeitschriften auf dem Laufenden halten. Besonders geeignet für den Amateur:

Sterne und Weltraum. Nachrichten für Sternfreunde und Amateur-Astronomen. Verlag Sterne und Weltraum, München. ISSN 0039-1263.

Astronomie und Raumfahrt im Unterricht. Friedrich Verlag, Velber. ISSN 0948-4388.

Die Zeitschrift „Astronomie und Raumfahrt“ unterhält einen Serviceteil Astronomie im INTERNET unter der Nummer:

http: //www. Friedrich-Verlag. de

Hier findet man die Adressen von Sternwarten, Literatur, Atlanten und Sternkarten, Zeitschriften, Computer-Software, Videos und sogar aktuelle Fotos aus dem Hubble-Katalog.

TRA

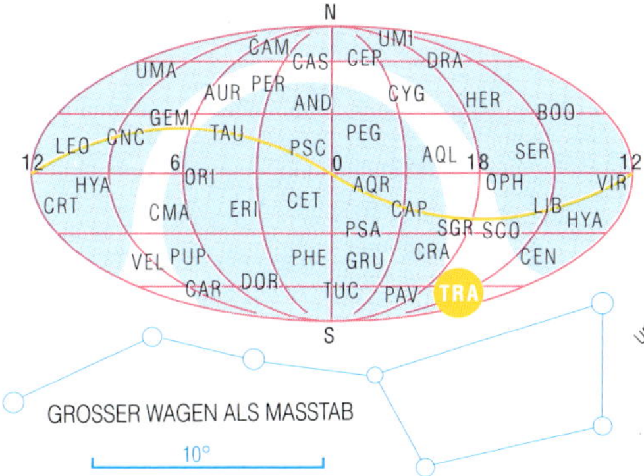

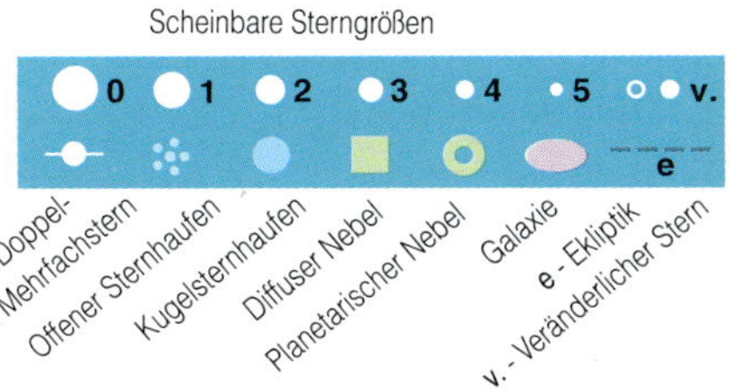

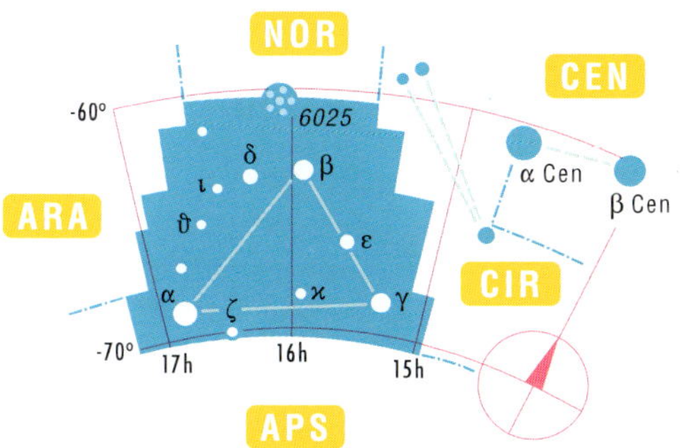

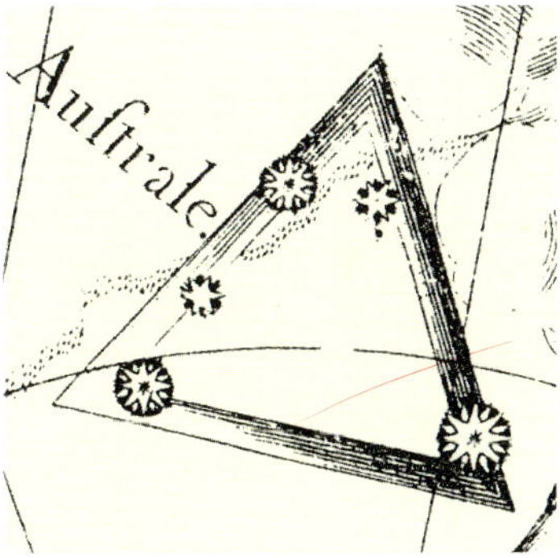

Darstellung des Südlichen Dreiecks im Sternatlas von J. Hevelius aus dem Jahr 1690.

Der offene Sternhaufen **NGC 6025** hat eine Gesamthelligkeit von $5^{m}_{,}5$, seine hellsten Sterne haben $7^{m}_{,}0$. Im Umkreis von 15' finden sich hier ungefähr 140 Sterne. Die Entfernung des Sternhaufens wird auf 2700 Lj geschätzt.

TUCANA

Tucanae Tuc Tukan

Dieser exotische Vogel mit dem mächtigen Schnabel kam auf Vorschlag von P. D. Keyser und dank J. Bayer, der das Sternbild in seinen Atlas „Uranometria" aufnahm, an den Himmel. Das nicht sonderlich auffällige Sternbild findet man mit Hilfe der Kleinen Magellanschen Wolke (SMC), die am Südrand des Tukans in einer Winkelentfernung von weniger als 20° vom Himmelssüdpol liegt.

Beta Tucanae ist ein Sechsersystem. Mit einem kleinen Fernrohr sieht man einen schönen Doppelstern mit den Komponenten Beta 1 und Beta 2, Helligkeit $4^{m}_{,}4$ und $4^{m}_{,}5$ im Abstand von 27". Zu diesem Paar hat die dritte Komponente, Beta 3 mit $5^{m}_{,}1$, 9,3' Abstand. Alle drei Komponenten sind engständige Doppelsterne.

Die **Kleine Magellansche Wolke** (SMC – Small Magellanic Cloud) besteht aus zwei unregelmäßigen Zwerggalaxien, die von der Erde aus in der gleichen Richtung zu sehen sind. Voneinander sind sie ca. 20 000 Lj entfernt; sie stehen beide unter dem Gravitationseinfluß unserer Galaxis. Das Galaxienpaar in der SMC ist von uns etwa 200 000 Lj entfernt. Die zwei hellen Kugelsternhaufen **NGC 104** und **NGC 362** sieht man am Himmel nur zufällig in der gleichen Richtung wie die SMC, in Wirklichkeit stehen sie viel näher und gehören zu unserer Galaxis. Der Sternhaufen NGC 362 ist von uns etwa 32 000 Lj entfernt.

Der Kugelsternhaufen **47 Tucanae – NGC 104** ist der zweithellste seiner Art (nach dem Sternhaufen Omega Centauri). Mit bloßem Auge sieht man ihn als vernebeltes Sternchen von $5^{m}_{,}0$. Die hellsten Sterne darin haben $11^{m}_{,}5$, deshalb braucht man zu ihrer visuellen Unterscheidung ein größeres Fernrohr. Die Entfernung des Sternhaufens wird in der Spanne zwischen 13 000 und 20 000 Lj angegeben.

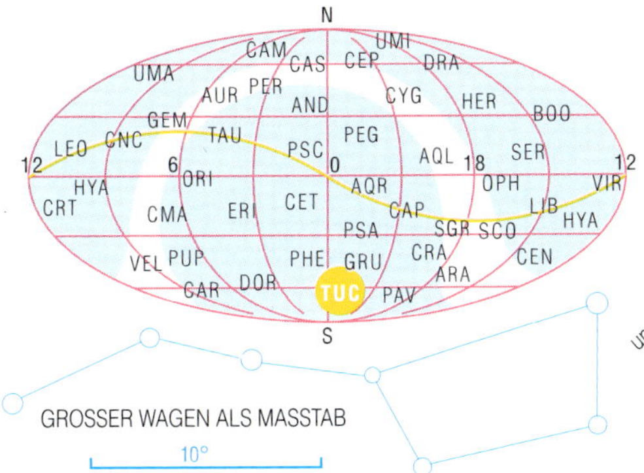

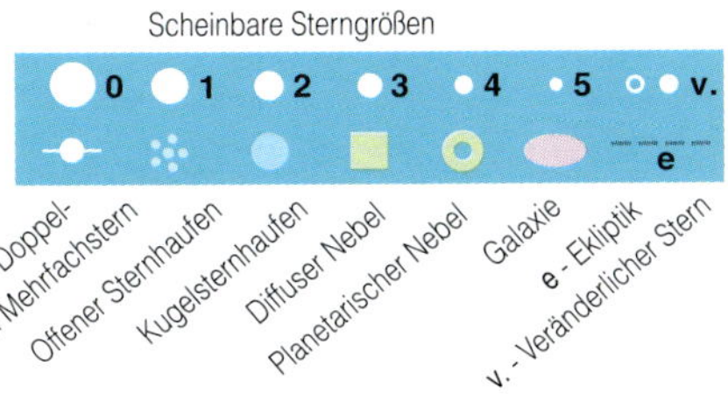

TUC

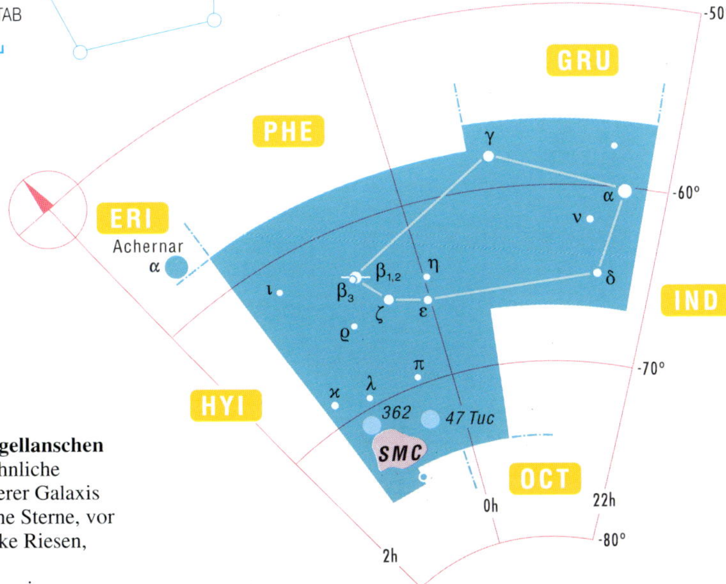

In der **Kleinen Magellanschen Wolke** kann man ähnliche Objekte wie in unserer Galaxis beobachten: einzelne Sterne, vor allem sehr lichtstarke Riesen, ferner offene und Kugelsternhaufen sowie Nebelwolken.

URSA MAIOR

Ursae Maioris UMa Großer Bär, Großer Wagen

Eins der ältesten und bekanntesten Sternbilder, bei den verschiedenen Völkern mit zahlreichen Legenden und verschiedenen Namen behaftet. Die sieben hellsten Sterne im Großen Bären sind in Europa als Großer Wagen geläufiger, in Amerika als Big Dipper (Großer Schöpflöffel), in England auch Plough (Pflug), Great Wain (Großes Fuhrwerk).

Das Siebengestirn des Großen Wagens ist ausnahmsweise keine zufällig zusammengebrachte Sterngruppe: Außer den Sternen Dubhe und Benetnash bilden die restlichen fünf zusammen mit zwölf weiteren an verschiedenen Stellen am Himmel einen **Bewegungssternhaufen** und den nächsten Sternhaufen überhaupt: Sein Mittelpunkt ist etwa 80 Lj von der Erde entfernt, der Durchmesser beträgt rund 30 Lj, und das ganze System bewegt sich mit einer Geschwindigkeit von 14 km/s in Richtung Schütze. Eine ähnliche Formation sind die Hyaden im Stier (S. 195).

Mizar und **Alcor** sind der bekannteste Mehrfachstern. Mit dem bloßen Auge sieht man zwei Sterne: **Zeta UMa – Mizar**, $2\overset{m}{,}4$; 11,8' östlich davon liegt der schwächere **80 UMa – Alcor**, $4\overset{m}{,}0$. Mizar ist 78 Lj, Alcor 81 Lj von uns entfernt.

Das Galaxienpaar **M 81 – NGC 3031** (oben) und **M 82 – NGC 3034** (unten) stellt den Kern einer zwölfgliedrigen Galaxiengruppe in rund 11 Millionen Lj Entfernung dar. Vor etwa 200 Millionen Jahren zog M 81 in der Nähe von M 82 vorbei, die Folge der wechselseitigen Gravitationswirkung war die außergewöhnliche Struktur und Aktivität von M 82. Beide Galaxien sind durch eine „Gasbrücke" miteinander verbunden. Am Himmel stehen sie in einem Winkelabstand von 38' und werden auch in kleinen Fernrohren sichtbar.

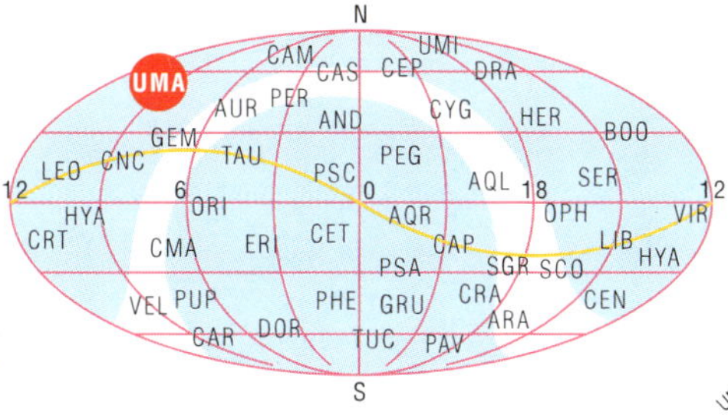

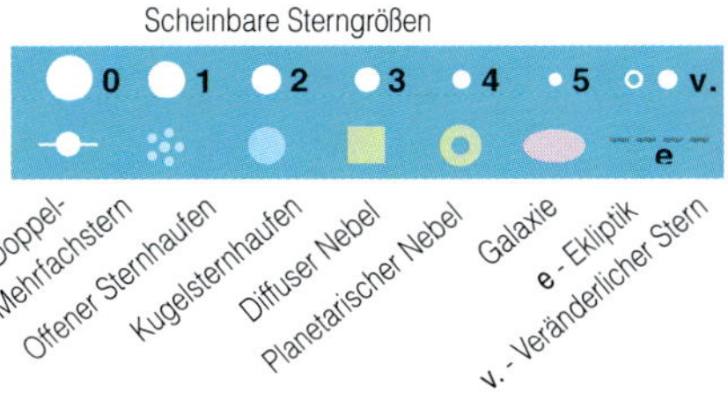

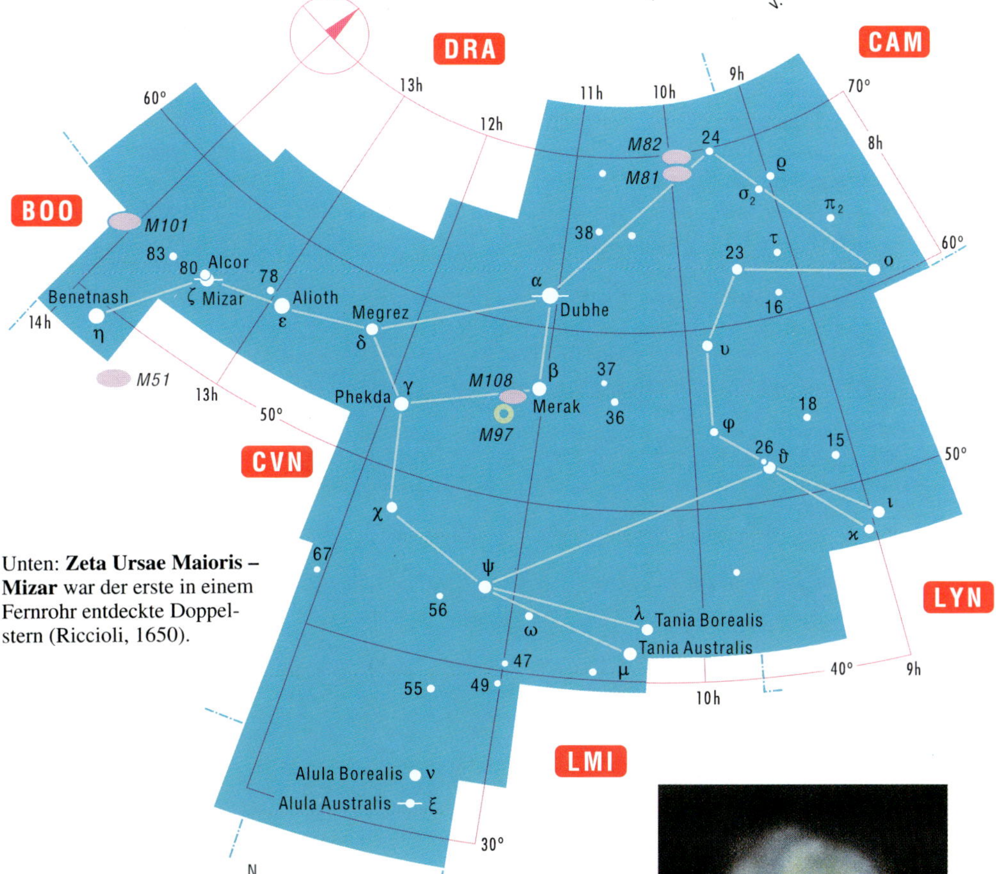

Unten: **Zeta Ursae Maioris – Mizar** war der erste in einem Fernrohr entdeckte Doppelstern (Riccioli, 1650).

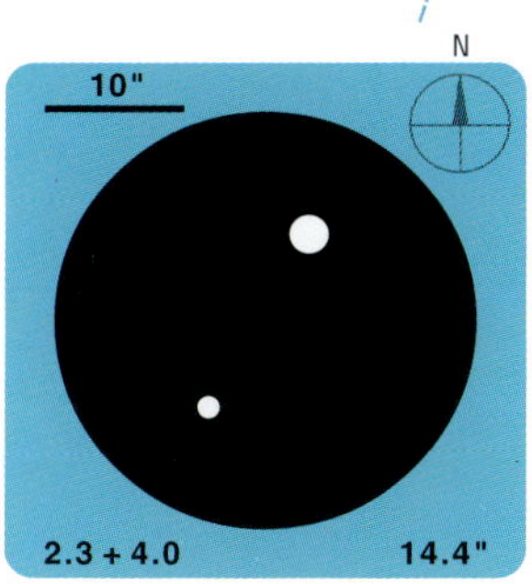

Rechts: Der planetarische Nebel **M 97 – NGC 3587 – Eulennebel** hat einen Winkeldurchmesser von 3'. Er leuchtet nur schwach, zur Beobachtung ist ein größeres Fernrohr erforderlich.

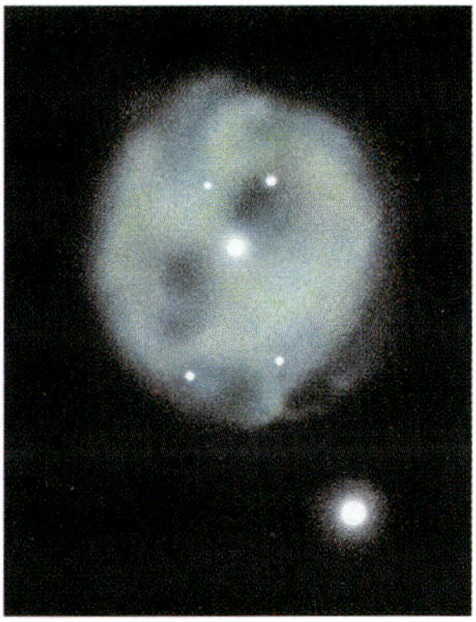

URSA MINOR

Ursae Minoris UMi Kleiner Bär, Kleiner Wagen

Das Sternbild enthält einen besonders gut bekannten, möglicherweise den bekanntesten Stern überhaupt – den Polarstern, der wie ein Leuchtturm bei der Suche nach dem Himmelsnordpol fungiert. Der Polarstern und sechs weitere schwächere Sterne bilden den Kleinen Wagen, eine viel unauffälligere Konstellation als der majestätische Große Wagen. Eben diese Sterngruppe ziert das Bild des Kleinen Bären mit dem Polarstern an der Spitze seines unglaublich langen Schwanzes. Wie die altgriechische Mythologie berichtet, haben beide Bären lange Schwänze, weil Zeus sie an eben diesen Schänzen in den Himmel hinaufgezogen hat. Und warum? Zeus, der es mit der ehelichen Treue nicht so genau nahm, hatte mit der schönen Kallisto einen Sohn, Arkas. Seine eifersüchtige Gemahlin Hera verwandelte Kallisto in eine Bärin, die der nichtsahnende Arkas auf der Jagd um ein Haar getötet hätte. Zeus konnte das im letzten Augenblick verhindern, indem er Arkas auch in einen Bären verwandelte, um dann beide als Sternbilder an den Himmel zu setzen.

Alpha Ursae Minoris – Polaris (Polarstern), $2^{\mathrm{m}},1$, war früher als pulsierender Veränderlicher oder Cepheide bekannt, der in einer Periode von 4 Tagen seine Helligkeit um $0^{\mathrm{m}},12$ veränderte. Die Pulsierung wurde immer schwächer und endete um die Mitte der neunziger Jahre bei $0^{\mathrm{m}},02$. Der Polarstern ist auch ein Doppelstern mit einem Begleiter von $9^{\mathrm{m}},0$ im Winkelabstand von 18,4". Alpha UMi ist ein Überriese, 432 Lj entfernt.

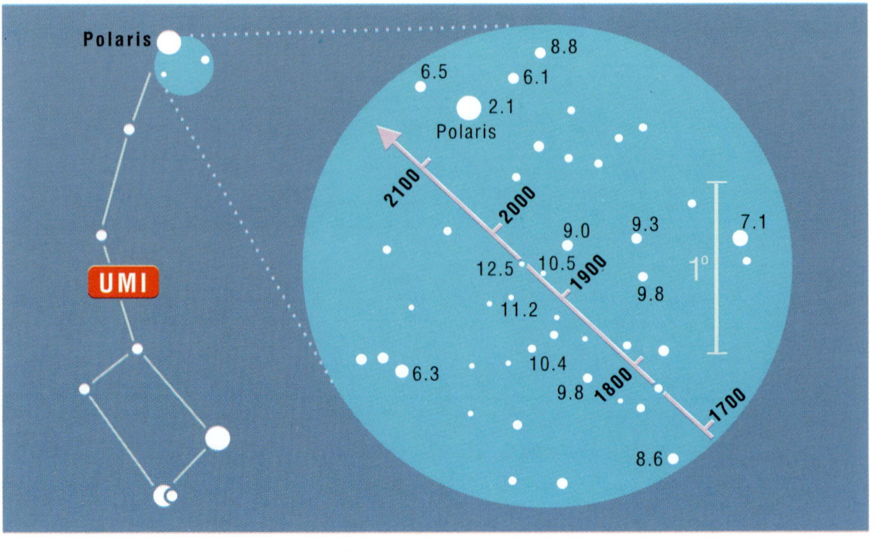

UMI

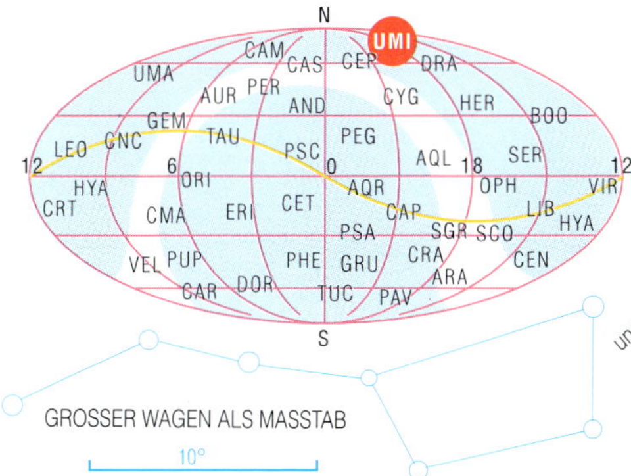

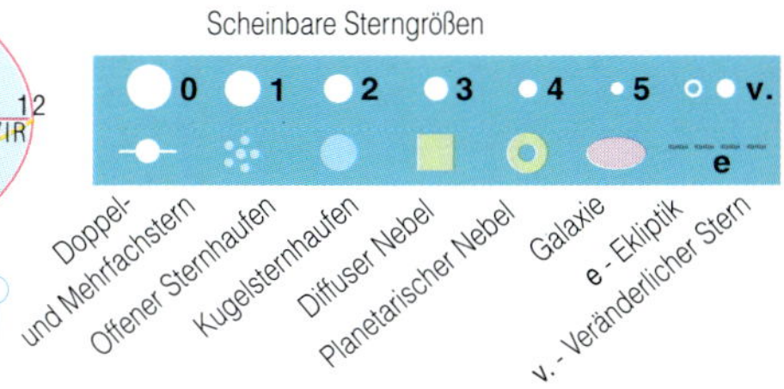

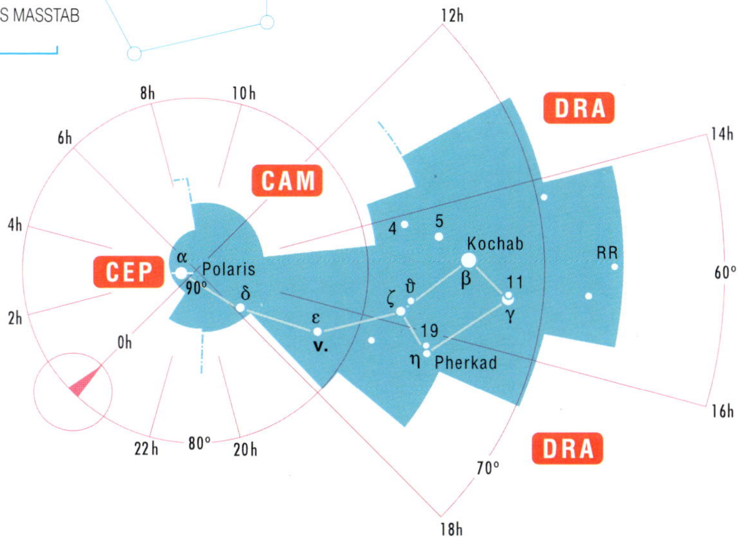

Links: Die Lage des Himmelsnordpols zwischen den Sternen ändert sich infolge der Erdachsen-Präzessionsbewegung (S. 58). Im Jahr 2102 wird der Polarstern dem Pol am nächsten kommen (27'37"). Schwache Sterne mit verzeichneter Magnitudo kann man zur Einschätzung der geringsten, mit dem jeweiligen Fernrohr noch sichtbaren Sterngröße heranziehen.

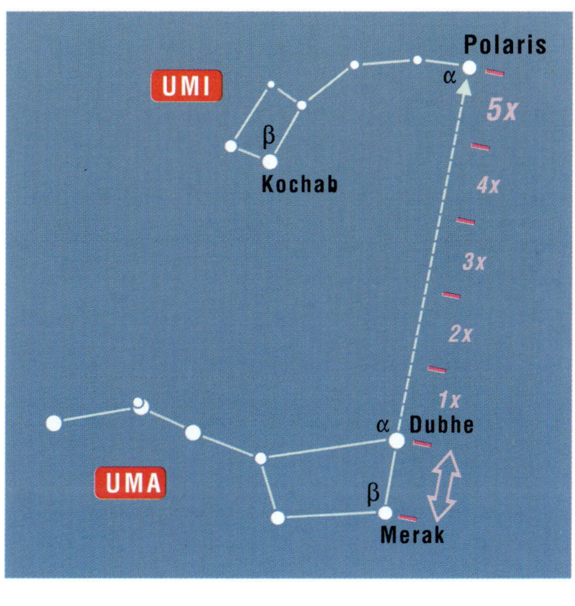

Rechts: Den Polarstern findet man auf der fünffach verlängerten Verbindungslinie von Merak und Dubhe.

VELA

Velorum Vel Segel

Das Sternbild Segel ist einer der Überreste des Schiffes Argo, das von Lacaille um die Mitte des 18. Jahrhunderts in mehrere kleinere Sternbilder zergliedert wurde (s. auch Carina, Puppis, Pyxis).

Gamma Velorum ist ein Mehrfachsystem, in dem ein heller Doppelstern mit den sogar im Feldstecher zu findenden Komponenten A und B hervorsticht. Komponente A ist ein engständiger Doppelstern, der den hellsten bekannten „Wolf-Rayetschen" Stern enthält, d.h. einen außerordentlich lichtstarken (15 000 Sonnen) und heißen (30 000 K) Riesen mit einer schnell expandierenden Gashülle.

NGC 3132 ist einer der ganz hellen planetarischen Nebel an der Grenze zum Sternbild Antlia (s. S. 48).

Die **Überreste der Supernova SNR Vela** (Abb. unten) haben das Aussehen eines zarten Gewebes aus leuchtenden Fasern auf einer Fläche mit einem Durchmesser von 6°. Die Explosion der Supernova erfolgte vor rund 12 000 Jahren, der Stern wurde hundertmillionenfach heller und war das hellste Himmelsobjekt gleich nach dem Mond. Unweit der Mitte des expandierenden Nebels befindet sich ein Pulsar, ein rasend schnell rotierender (11mal pro Sekunde!) Neutronenstern von nur 10–15 km Durchmesser – der Überrest des urspünglichen Sterns.

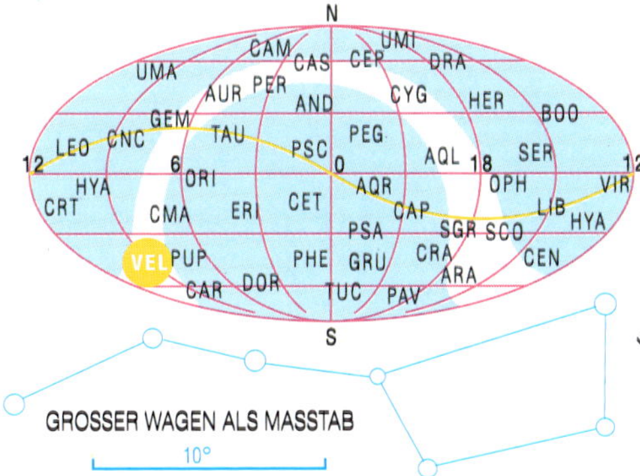

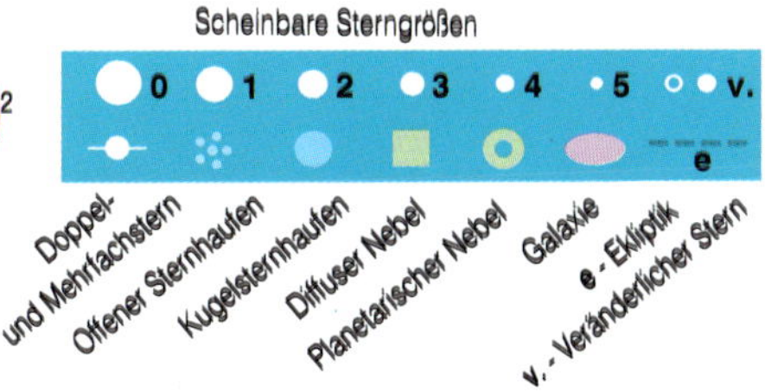

Unten: Das Mehrfachsystem **Gamma Velorum**. Eine weitere Komponente, Gamma D, 9,m0, liegt etwa 1,5' südöstlich von Gamma A.

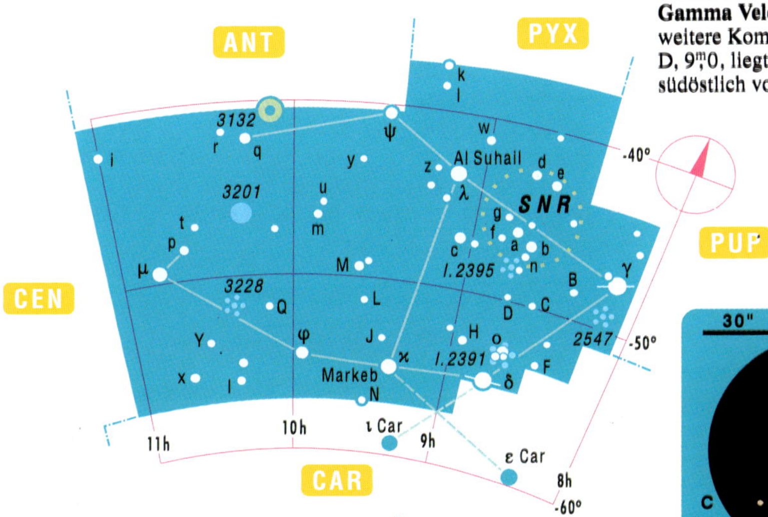

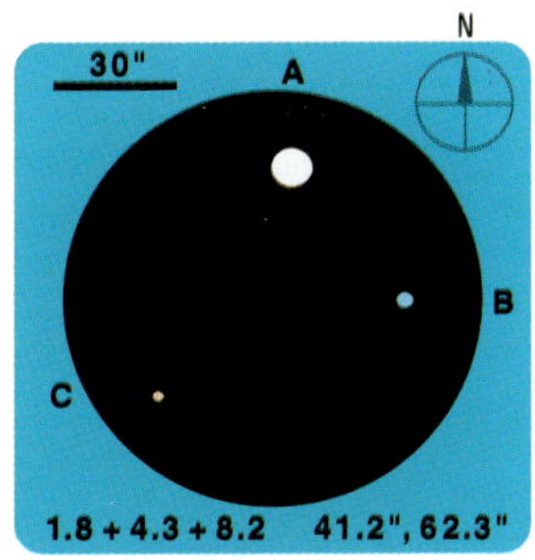

Unten: Die Sterne Kappa und Delta Velorum bilden zusammen mit den Sternen Jota und Epsilon Carinae das augenfällige „falsche Kreuz". Auf das richtige Kreuz des Südens verweisen die Sterne Alpha und Beta Centauri.

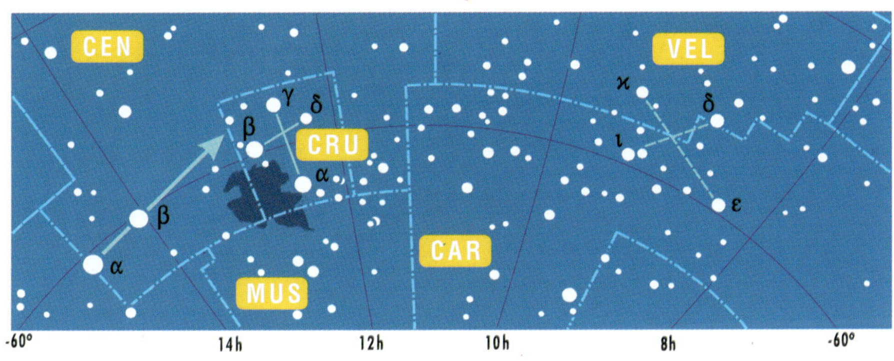

VIRGO

Virginis Vir Jungfrau

Die Himmelsdame wird in der Mythologie vorwiegend mit der Fruchtbarkeits- oder der Gerechtigkeitsgöttin in Verbindung gebracht. Die Gerechtigkeit wird von der benachbarten Waage symbolisiert, als Fruchtbarkeitssymbol hält die Jungfrau einen Ährenstrauß in der Hand: dort, wo der Stern Spica (lat. Ähre) strahlt. Die Jungfrau ist das großflächigste Tierkreis-Sternbild und das zweitgrößte Sternbild überhaupt.

Alpha Virginis – Spica, $0\overset{\text{m}}{,}9$, die Helligkeit schwankt um ca. $0\overset{\text{m}}{,}05$. Der Stern hat die Leuchtkraft von 1600 Sonnen und ist 262 Lj entfernt. **Gamma Virginis – Porrima**, Gesamthelligkeit $2\overset{\text{m}}{,}9$, ist ein sehr schöner Doppelstern, 39 Lj entfernt.

Bis über die Sternbildgrenze des Haars der Berenike reicht der weitläufige **Galaxienhaufen in der Jungfrau**; seine Mittelpartie mit rund 3000 Gliedern wird von der punktierten Kreislinie auf der Karte rechts angedeutet. Das ist der am nächsten liegende große Galaxienhaufen, so daß hier viele helle Galaxien in der Reichweite von Amateurfernrohren liegen. Obgleich dieser Haufen relativ nahe steht, kommen bei der Entfernungsbestimmung nach unterschiedlichen Methoden Ergebnisse zwischen 45 und 80 Millionen Lj zustande.

Oben: **M 87 – NGC 4486**, eines der großen Objekte des Galaxienhaufens in der Jungfrau, bekannt als **Virgo A**. Dabei wird ein Materieausbruch aus dem Galaxienkern sichtbar. Die Umlaufbewegungen der Sterne in dieser Galaxie lassen auf die Anwesenheit eines schwarzen Lochs in ihrem Kern schließen.

Unten: Die Umlaufzeit der Doppelstern-Komponenten von **Gamma Virginis** macht 171 Jahre aus, derzeit kommen sie einander näher.

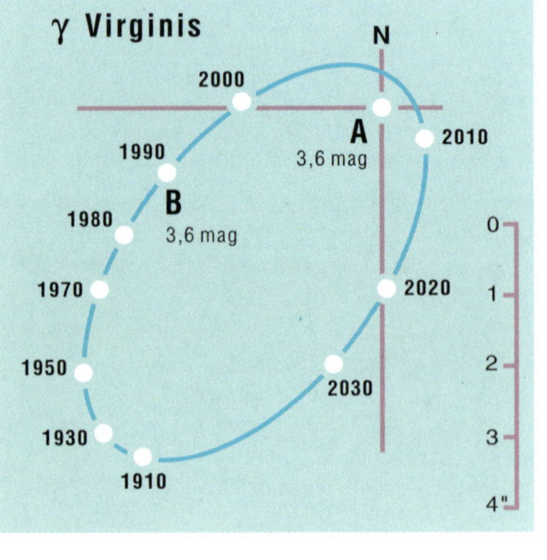

VIR

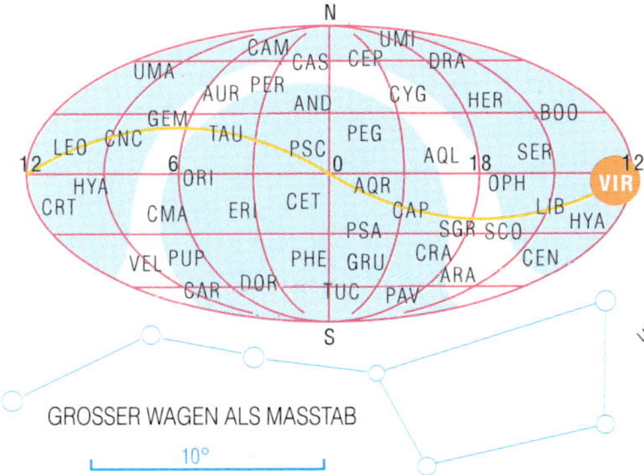

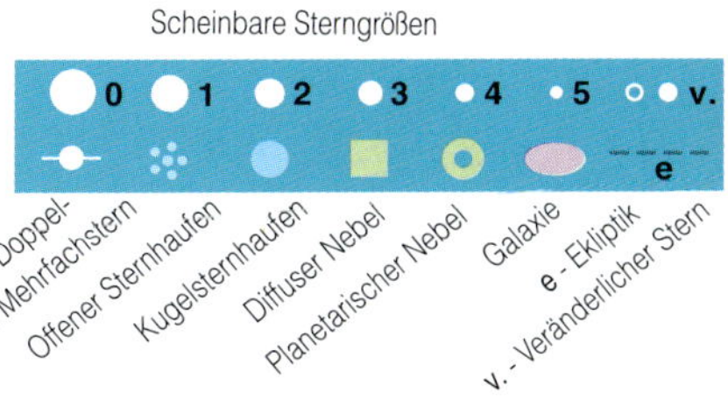

Die Galaxie **M 104 – NGC 4594 – Sombrero** ist ein anschauliches Beispiel für den Streifen aus dünner Interstellarmaterie längs der Galaxien-Äquatorebene.

VOLANS

Volantis Vol Fliegender Fisch

Das Sternbild Fliegender Fisch machte Johann Bayer in seinem Atlas „Uranometria“ von 1603 bekannt. Volans ist eine von vielen Kreationen des holländischen Seefahrers P. D. Keyser. Es ist wohl kein Zufall, daß er gerade das Schiff Argo begleitet, das zu Bayers Zeiten noch als zusammenhängendes Sternbild galt, ehe es von Lacaille zerstückelt wurde. Den unscheinbaren Fliegenden Fisch findet man in der Nachbarschaft der Großen Magellanschen Wolke in Richtung auf das falsche Kreuz (s. Vela).

Alpha Volantis, $4^{m}{,}0$, ist ein Stern der Spektralklasse A, 124 Lj entfernt. **Beta Volantis** ist ein orangener Riese der Spektralklasse K2 in einer Entfernung von 108 Lj. Der gelbe Überriese **Delta Volantis**, $4^{m}{,}0$, schickt seine Strahlen aus 660 Lj Entfernung. Mit einem Kleinfernohr kann man den Doppelstern **Epsilon Volantis** mit den Komponenten von $4^{m}{,}3$ und $7^{m}{,}4$ im Winkelabstand von 6" sehen.

Die Abbildung unten zeigt die Galaxie **NGC 2442** des Typs SBb mit zwei deutlichen Spiralarmen und einem kleinen Kern. Die Galaxie enthält in großen Mengen Staub, dessen Wolken vor allem in einem breiten Streifen des Nordarms zu sehen sind.

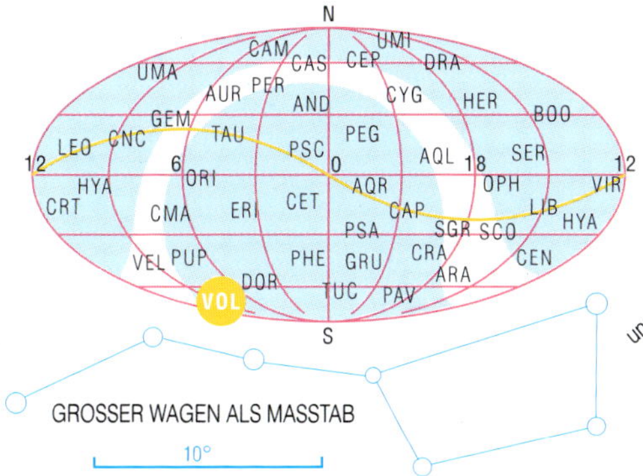

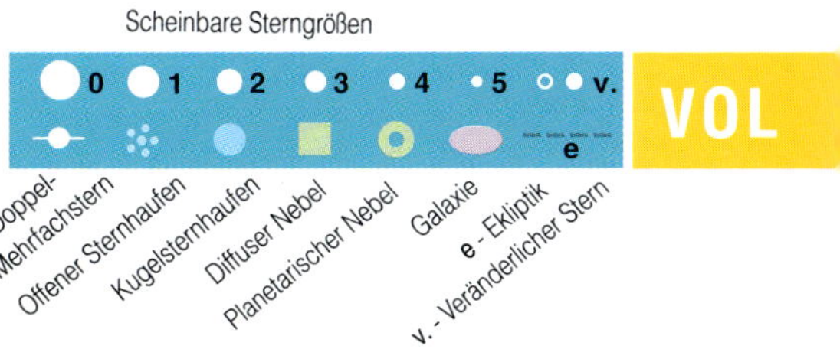

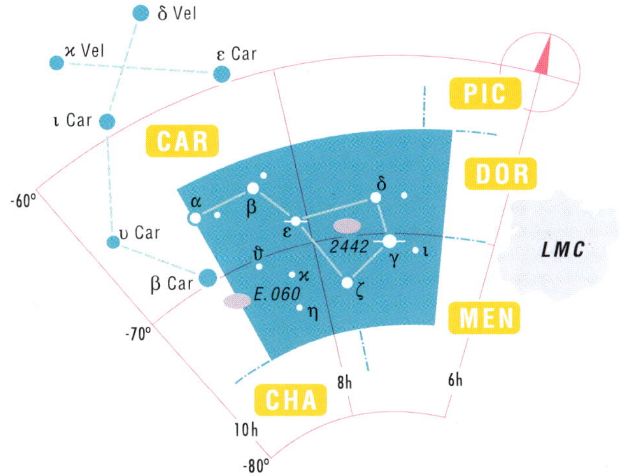

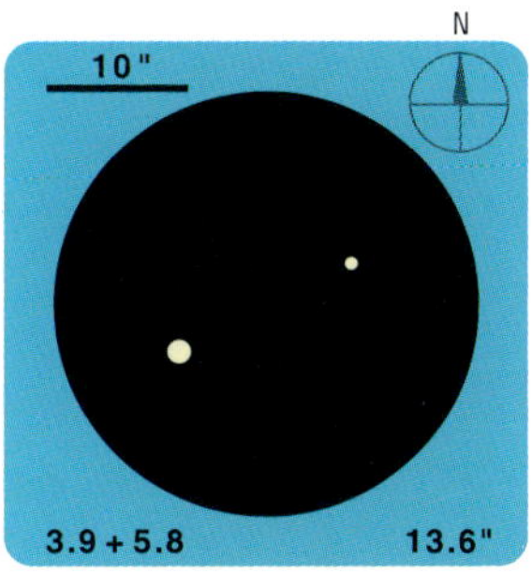

Oben: Der Doppelstern **Gamma Volantis** ist ein schönes Objekt, das man mit einem kleinen Fernrohr beobachten kann. Die hellere Komponente ist leicht gelblich.

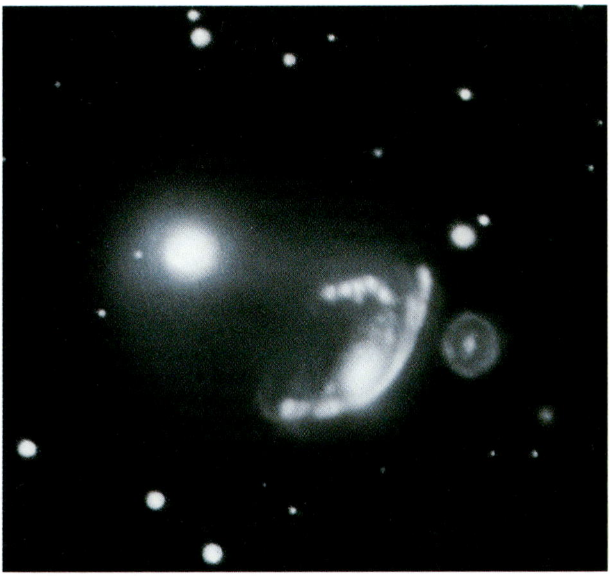

Rechts: Die kleine Galaxiengruppe **ESO 060**, die bei einer Himmelsuntersuchung vom Südeuropa-Observatorium (ESO) entdeckt wurde. Die große Galaxie in der Mitte deutet Gravitationswirkungen an, die vermutlich durch die Begegnung mit einer Nachbargalaxie in Gang gekommen sind.

VULPECULA

Vulpeculae Vul — Fuchs, Füchslein

In der Nachbarschaft des Schwans findet man eins der nicht sonderlich gelungenen Sternbilder, die der Danziger Astronom Johannes Hevelius 1690 einführte, ursprünglich hieß es „Vulpecula cum Ansere“, d.h. Fuchs mit Gans. In alten Atlanten findet man tatsächlich eine Gans, die leblos an ihrem Hals im zähnestarrenden Fang des flüchtenden Fuchses hängt. Innerhalb der modernen Sternbildgrenzen blieb nur der Fuchs. Über den Verbleib der Gans berichtet keine Sage, die Erklärung steht der Phantasie frei.

Ein schönes Objekt für Beobachtungen mit dem Feldstecher ist die Sterngruppe **C 399** (Collinder 399), die auf Englisch auch Coathanger, Kleiderbügel, genannt wird. Auf der Abbildung rechts unten sieht man, daß sechs Sterne in einer Reihe den Bügel (1,5° lang) und weitere vier den Haken darstellen. Diese zehn Sterne haben eine Helligkeit zwischen $5\overset{m}{,}0$ und $7\overset{m}{,}0$.

M 27 – NGC 6853 – Hantelnebel gehört zu den größten und hellsten planetarischen Nebeln, die man mit dem Feldstecher erblicken kann. Seine Winkelmaße betragen 5' x 8'.

Der planetarische Nebel **M 27 – Hantelnebel** dehnt sich mit einer Geschwindigkeit von ca. 30 km/sec aus. Seine Entfernung wird von verschiedenen Autoren in der Spanne zwischen 300 und 900 Lj geschätzt. Der Zentralstern von $14\overset{m}{,}0$ hat eine Temperatur von ungefähr 85 000 K.

VUL

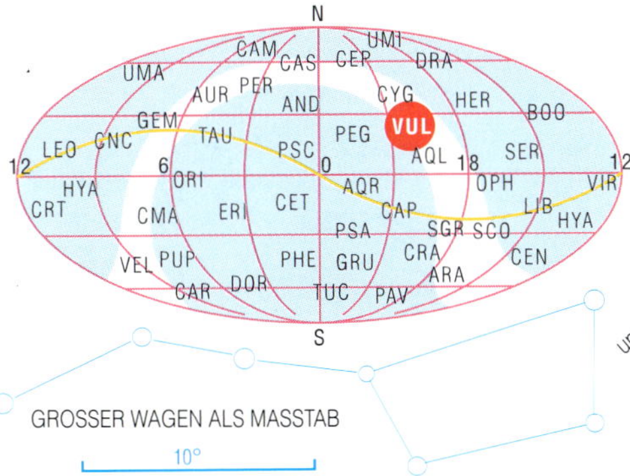

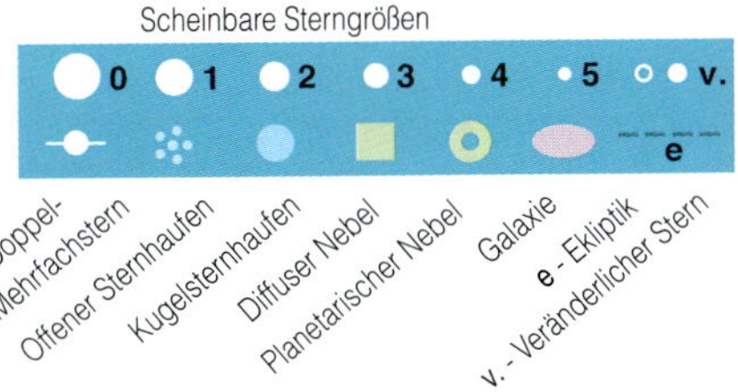

Der Fuchs greift ins Sommerdreick ein, an dessen Spitzen die Sterne Deneb-Wega-Atair strahlen.

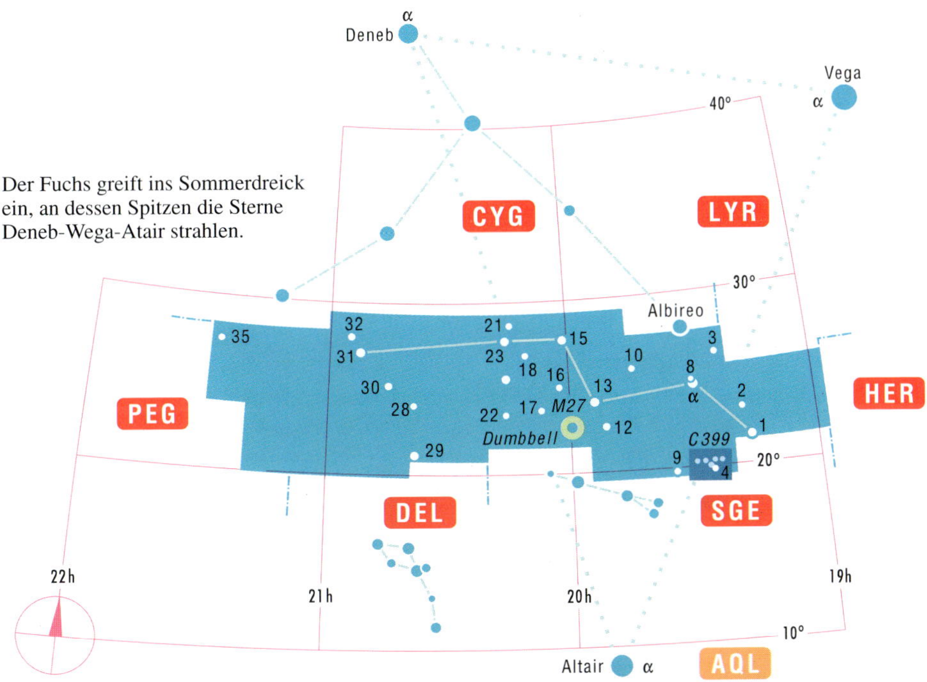

Die Sterngruppe **C 399**, „Kleiderbügel“ genannt, wurde früher für einen offenen Sternhaufen gehalten. Genaue Messungen der Sternparallaxen aus der Sonde HIPPARCOS haben jedoch gezeigt, daß es sich lediglich um zufällige Sterngebilde handelt. Die einzelnen Sterne sind dabei in beträchtlich unterschiedlichen Entfernungen von der Erde plaziert.

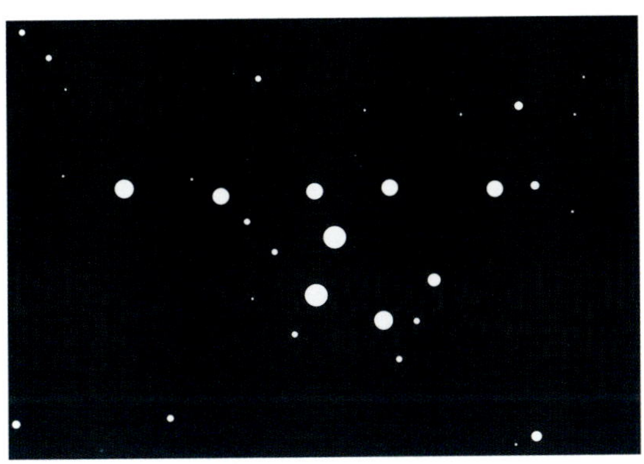

VERZEICHNIS DER STERNNAMEN

Name	Bezeichnung
Acamar	ϑ Eri
Achernar	α Eri
Achird	η Cas
Acrux	α Cru
Acsella	ζ Sgr
Acubens	α Cnc
Adhafera	ζ Leo
Adhara	ε CMa
Agena	β Cen
Akrab	β Sco
Alamak	γ And
Albali	ε Aqr
Albireo	β Cyg
Al Chiba	α Crv
Alchita	α Crv
Alcor	80 UMa
Alcyone	η Tau
Aldebaran	α Tau
Alderamin	α Cep
Al Dhanab	γ Gru
Alfard	α Hya
Algenib	γ Peg
Algenib	α Per
Algieba	γ Leo
Algiedi	α Cap
Algol	β Per
Algorab	δ Crv
Alhena	γ Gem
Alioth	ε UMa
Alkalurops	μ Boo
Alkes	α Crt
Almaaz	ε Aur
Alnair	α Gru
Al Nasl	γ Sgr
Alnilam	ε Ori
Alnitak	ζ Ori
Alphard	α Hya
Alphirk	β Cep
Al Rischa	α Psc
Alshain	β Aql
Al Suhail	λ Vel
Altair	α Aql
Aludra	η CMa
Alula Australis	ξ UMa
Alula Borealis	ν UMa
Alya	ϑ Ser
Ancha	ϑ Aqr
Angetenar	τ_2 Eri
Arkab Posterior	β_2 Sgr
Antares	α Sco
Arcturus	α Boo
Arkab Prior	β_1 Sgr
Arneb	α Lep
Arrakis	μ Dra
Asellus Australis	δ Cnc
Asellus Borealis	γ Cnc
Asmidiske	ξ Pup
Asterion	β CVn
Asterope	21 Tau
Atair	α Aql
Atik	ο Per
Atlas	27 Tau
Azelfafage	π_1 Cyg
Azha	η Eri
Barnards Pfeilstern	(Oph)
Baten Kaitos	ζ Cet
Beid	o_1 Eri
Bellatrix	γ Ori
Benetnash	η UMa
Beteigeuze	α Ori
Betelgeuse	α Ori
Botein	δ Ari
Canopus	α Car
Capella	α Aur
Caph	β Cas
Castor	α Gem
Cebalrai	β Oph
Celaeno	16 Tau
Cih	γ Cas
Cor Caroli	α CVn
Coxa	ϑ Leo
Cursa	β Eri
Dabih	β Cap
Deneb	α Cyg
Deneb Algiedi	δ Cap
Deneb Kaitos	β Cet
Deneb Okab	δ Aql
Denebola	β Leo
Diadem	α Com
Dschubba	δ Sco
Dubhe	α UMa
Dziban	ψ Dra
Electra	17 Tau
El Nath	β Tau
Eltanin	γ Dra
Enif	ε Peg
Erakis	μ Cep
Er Rai	γ Cep
Etamin	γ Dra
Fomalhaut	α PsA
Furud	ζ CMa
Gemma	α CrB
Gianfar	λ Dra
Giedi	α Cap
Gienah	ε Cyg
Gomeisa	β CMi
Graffias	β Sco
Granatstern	μ Cep
Gredi	α Cap
Groombridgestern	(UMa)
Grumium	ξ Dra
Hadar	β Cen
Hamal	α Ari
Haris	γ Boo
Hassaleh	ι Aur
Heka	λ Ori
Heze	ζ Vir
Hinds Karmesinstern	R Lep
Hoedus I	ζ Aur
Hoedus II	η Aur
Homam	ζ Peg
Izar	ε Boo
Kaffaljidhmah	γ Cet
Kajam	ω Her
Kapteyns Stern	(Pic)
Kaus Australis	ε Sgr
Kaus Borealis	λ Sgr
Kaus Meridionalis	δ Sgr

Name	Bezeichnung	Name	Bezeichnung	Name	Bezeichnung
Keid	o_2 Eri	Nihal	β Lep	Sham	α Sge
Keplerscher Stern	(Oph)	Nodus I	ζ Dra	Shaula	λ Sco
Kitalpha	α Equ	Nodus II	δ Dra	Sheliak	β Lyr
Kochab	β UMi	Nunki	σ Sgr	Sheratan	β Ari
Kraz	β Crv	Peacock	α Pav	Sirius	α CMa
Ksora	δ Cas	Phakt	α Col	Sirrah	α And
Kuma	ν Dra	Phekda	γ UMa	Skat	δ Aqr
Lacaille 9352	(PsA)	Pherkad	γ UMi	Spica	α Vir
La Superba	γ CVn	Pleione	28 Tau	Sualocin	α Del
Lesath	ν Sco	Polaris	α UMi	Subra	o Leo
Maasym	λ Her	Polarstern	α UMi	Sulaphat	γ Lyr
Maia	20 Tau	Pollux	β Gem	Tabit	π_3 Ori
Marfak	κ Her	Porrima	γ Vir	Tania Australis	μ UMa
Markab	α Peg	Procyon	α CMi	Tania Borealis	λ UMa
Markeb	κ Vel	Proxima Centauri	(Cen)	Tarazed	γ Aql
Matar	η Peg	Pulcherrima	ε Boo	Taygeta	19 Tau
Mebsuta	ε Gem	Rana	δ Eri	Tejat Posterior	μ Gem
Megrez	δ UMa	Ras Algethi	α Her	Tejat Prior	η Gem
Mekbuda	ζ Gem	Ras Alhague	α Oph	Theemin	ν_2 Eri
Menkalinan	β Aur	Ras Elased		Thuban	α Dra
Menkar	α Cet	Australis	ε Leo	Toliman	α Cen
Menkib	ζ Per	Ras Elased		Tureis	ι Car
Merak	β UMa	Borealis	μ Leo	Tychos Stern	(Cas)
Merope	23 Tau	Rastaban	β Dra	Unukalhai	α Ser
Mesarthim	γ Ari	Reda	γ Aql	Unuk Elhaia	α Ser
Metallah	α Tri	Regulus	α Leo	Van Maanens	
Miaplacidus	β Car	Rigel	β Ori	Stern	(Psc)
Minelauva	δ Vir	Rigil Kentaurus	α Cen	Vega	α Lyr
Minkar	ε Crv	Rotanev	β Del	Vindemiatrix	ε Vir
Mintaka	δ Ori	Rukbat	α Sgr	Wasat	δ Gem
Mira	o Cet	Rutilicus	β Her	Wega	α Lyr
Mirach	β And	Sabik	η Oph	Wezen	δ CMa
Miram	η Per	Sadalachbia	γ Aqr	Yed Posterior	ε Oph
Mirzam	β CMa	Sadalmelik	α Aqr	Yed Prior	δ Oph
Misam	κ Per	Sadalsuud	β Aqr	Zaurak	γ Eri
Mirfak	α Per	Sadr	γ Cyg	Zavijah	β Vir
Mizar	ζ UMa	Saiph	κ Ori	Zibal	ζ Eri
Muliphein	γ CMa	Sarin	δ Her	Zosma	δ Leo
Mufrid	η Boo	Sceptrum	53 Eri	Zuben el Akrab	γ Lib
Naos	ζ Pup	Scheat	β Peg	Zuben el Genubi	α Lib
Nashira	γ Cap	Schedar	α Cas	Zuben el Schemali	β Lib
Nekkar	β Boo	Segin	ε Cas		

FACHBEGRIFFE

Absolute Temperatur. Wird vom absoluten Nullpunkt gerechnet, d.h. von der tiefstmöglichen Temperatur, so daß sie nur positive Werte aufweist. Angaben in Kelvin (K). Absoluter Nullpunkt = 0 K = -273,16 °C. Gefrierpunkt = 273,16 K = 0 °C.
Absorption (von Strahlung). Aufnahme von Strahlung durch Atome oder Moleküle. Im weiteren Sinne jede Strahlenminderung auf dem Weg von der Quelle zum Beobachter.
Alignement. Verbindungslinien zwischen ausgewählten, hellen Sternen eines Sternbilds, dessen Charakteristikum sie darstellen.
Äquinoktium. Tagundnachtgleiche: sie tritt ein, wenn die Sonne den Himmelsäquator von Süden nach Norden oder umgekehrt überkreuzt. Die Schnittpunkte der Ekliptik mit dem Himmelsäquator werden daher auch Äquinoktialpunkte, bzw. Frühlings- oder Herbstpunkt, genannt. Etwa am 21. März bzw. 23. September ist die Zeit des Frühlings- bzw. Herbstäquinoktiums.
Astronomische Einheit - AE. Mittlere Entfernung Erde-Sonne, d.h. 149,6 Millionen km. Wird als Einheit für Entfernungsangaben im Sonnensystem verwendet. Ein Lichtjahr = 63 240 AE.
Cepheide. Pulsierender veränderlicher Stern. Ein typischer Vertreter ist der Stern δ Cephei. Cepheidenveränderliche sind helle Überriesen, deren Durchmesser und Temperatur sich regelmäßig in Perioden von 1 bis 60 Tage ändern. Die Periode ist proportional zur Leuchtkraft eines Cepheiden; deshalb kann man, wenn die Leuchtkraft bekannt ist, die Entfernung des Sterns oder des ganzen Sternsystems (Sternhaufen, Galaxie), dem der Cepheide angehört, berechnen.
Deep-Sky-Objekte. Englischer Sammelausdruck, mit dem in der astronomischen Fachliteratur alle Objekte des Sternenalls bezeichnet werden, wie Sternhaufen, Nebel, Galaxien.
Deklination. Analogie zur geographischen Breite. Winkelabstand eines Himmelskörpers vom Himmelsäquator. Man mißt die Deklination an dem Himmelsmeridian (Analogie zum Erdmeridian), auf dem der Himmelskörper liegt und der senkrecht zum Äquator verläuft. Liegt ein Himmelskörper nördlich des Äquators, wird die Deklination positiv, liegt er südlich, negativ angegeben.
Doppelstern. Die Komponenten von Doppelsternen werden normalerweise mit A (heller) und B (schwächer) bezeichnet. Bei Mehrfachsternen auch C, D usw.
Bedeckungs-D. - Die Komponenten lassen sich nicht im Fernrohr unterscheiden, doch ihre regelmäßige gegenseitige Überdeckung zeigt sich als periodische Helligkeitsschwankung (s. z.B. Beta Persei - Algol).
Farblicher D. - Unterschiedliche Temperatur und Helligkeit der Komponenten lassen in Zusammenwirkung mit der Farbwahrnehmungsphysiologie Farbkontraste zwischen den Komponenten entstehen (s. z.B. Beta Cygni - Albireo).
Optischer D. - Zwei Sterne stehen am Himmel scheinbar sehr eng beieinander, bilden aber kein physisches System.
Physischer D. - System aus zwei durch ihre Anziehungskraft aneinander gebundenen, um einen gemeinsamen Schwerpunkt rotierenden Sterne.
Spektroskopische D. - Zwei sehr engständige Komponenten lassen sich nicht im Fernrohr unterscheiden, sind aber an der Doppelung ihrer Spektrallinien zu erkennen.
Visueller D. - Die Komponenten lassen sich im Fernrohr unterscheiden.
Durchmesser, scheinbarer (eines Objekts), auch Winkeldurchmesser. Im Winkelmaß ausgedrückter Durchmesser eines Himmelsobjekts. Beispiel: die Mondscheibe hat etwa 30 Bogenminuten (30').
Eigenbewegung (von Sternen). Positionswechsel eines Sterns am Himmel, hervorgerufen durch seine tatsächliche Bewegung im All. Die größte Eigenbewegung hat der Barnardsche Pfeilstern im Schlangenträger: 10,34" pro Jahr.
Ekliptik. Scheinbare Sonnenbahn an der Himmelssphäre. Die Sonne durchläuft die Ekliptik in einem Jahr.
Elektron. Stabiles Elementarteilchen, Träger der negativen Ladung. Die Elektronen bilden die äußere Hülle aller Atome.
Expansion des Weltalls. Je größer der Abstand einer Galaxie von uns ist, desto rascher entfernt sie sich von uns. Das bedeutet keineswegs, daß unsere Galaxie der Mittelpunkt des sich ausdehnenden Weltalls ist, denn die gleiche Erscheinung würde man von jeder anderen Galaxie aus beobachten. Die Expansionsgeschwindigkeit wird durch die *Hubblesche Konstante* angegeben, deren genauen Zahlenwert wir bisher nicht kennen. Er dürfte etwa 55 km/s pro 1 MPc (1 Million Parsec) betragen.
Fernrohr. Optisches Gerät für astronomische Beobachtungen. Das Objektiv läßt das Bild des Objekts entstehen, das man mit einer starken Lupe, dem Okular, betrachtet. Man kennt zwei Grundtypen:
Refraktoren (Linsenfernrohre) - das Objektiv besteht aus einer Sammellinse oder einem Sammellinsensystem;
Reflektoren (Spiegelfernrohre) - das Objektiv besteht aus einem sphärischen oder parabolischen Hohlspiegel.

Frühlingspunkt. Schnittpunkt der Ekliptik mit dem Äquator, den die Sonne beim Frühlingsäquinoktium überquert. Er dient als Nullpunkt für das System der äquatorialen Koordinaten (Rektaszension, Deklination).
Galaxie. Unsere Galaxie (Galaxis) - Sternsystem, dessen Bestandteil die Sonne ist. Die übrigen Teile projizieren sich als Milchstraße an den Himmel.
Fremde Galaxien - Sternsysteme, die unserer Galaxis ähneln.
Galaxiengruppe, Lokale. Eine Gruppe von Galaxien, zu der auch unsere Galaxie mit den Magellanschen Wolken, die Galaxie M 31 in der Andromeda, M 33 im Triangulum und eine Reihe weiterer kleinerer Galaxien gehören. Die Lokale Galaxiengruppe hat etwa 30 Mitglieder und einen wahren Durchmesser von mehr als 6 Millionen Lichtjahren.
Galaxienhaufen. Großes System aus mehreren hundert bis mehreren tausend Galaxien. Bekannt sind mehrere tausend Galaxienhaufen, z.B. in der Jungfrau.
Gas, interstellares. Gasförmige Komponenten der Interstellarmaterie, bestehend aus Elektronen, Ionen, Atomen und Molekülen. Rund 99% des interstellaren Gases bestehen aus Wasserstoff und Helium. Die Grundformen sind H-I-Regionen und H-II-Regionen (H - Hydrogenium - Wasserstoff).
H-I-Regionen enthalten kalte, nicht leuchtende Wolken aus neutralem Wasserstoff. Diese sind unsichtbar, emittieren aber eine Radiostrahlung von 21 cm Wellenlänge, daher können sie mit Radioteleskopen beobachtet werden.
H-II-Regionen sind Wolken aus ionisiertem Wasserstoff in der Umgebung sehr heißer Sterne vom Spektraltyp O und B. Bei hinreichender Gasdichte erscheinen sie als leuchtende Nebel.
Griechisches Alphabet. Mit den kleinen Buchstaben des griechischen Alphabets werden in den Sternbildern helle Sterne bezeichnet. Diese Praxis führte J. Bayer in seinem Atlas „Uranometria“ von 1603 ein.

α alpha	ι jota	ρ rho
β beta	κ kappa	σ sigma
γ gamma	λ lambda	τ tau
δ delta	μ my	υ ypsilon
ε epsilon	ν ny	φ phi
ζ zeta	ξ xi	χ chi
η eta	ο omikron	ψ psi
ϑ theta	π pi	ω omega

Helligkeit, absolute. Um die Leuchtkraft verschiedener Sterne vergleichen zu können, standardisiert man ihre scheinbare Helligkeit auf einen Wert, der einer einheitlichen Entfernung von 10 Parsec entspricht. Man erhält auf diese Weise die absolute Helligkeit M.
Es gilt: $M = m + 5 - 5 \log r$, wobei r die Entfernung in Parsec angibt.
Himmelsachse. Verlängerte Rotationsachse der Erde. Durchschneidet die Himmelssphäre im nördlichen und südlichen Himmelspol.
Himmelsäquator. Projektion des Erdäquators auf die Himmelssphäre. Bezugskreis für das Äquatorsystem (Rektaszension und Deklination), der die Himmelssphäre in eine nördliche und eine südliche Halbkugel teilt. Er hat die Deklination 0°.
Himmelspole. Die Schnittpunkte der Erdachse mit der Himmelssphäre. Der Nordpol hat die Deklination + 90°, der Südpol - 90°. Um diese Pole führt die Himmelssphäre eine scheinbare Drehung aus.
Himmelssphäre. Scheinbare Kugel mit unendlich großem Radius, in deren Mittelpunkt sich der Beobachter (Erde) befindet. Auf die Himmelssphäre werden alle kosmischen Objekte projiziert.
HR-Diagramm. Hertzsprung-Russell-Diagramm, auch HRD, ein Temperatur-Leuchtkraft- oder Spektrum-Leuchtkraft-Diagramm. Von grundlegender Bedeutung für die Veranschaulichung der Beziehungen zwischen den wichtigsten Eigenschaften der Sterne.
Ionisierung. Umwandlung eines elektrisch neutralen Partikels (Atom, Molekül) in ein Partikel, das Träger einer elektrischen Ladung ist (Ion).
Kataloge, astronomische. Verzeichnisse von kosmischen Objekten, deren Koordinaten und Eigenschaften. Populär sind Kataloge von nonstellaren Objekten, unter denen meist Sternhaufen, Nebel und Galaxien verstanden werden:
M - Messier-Katalog
NGC - New General Catalogue.
Beispiel: M 31 - NGC 224 - Große Galaxie in der Andromeda.
Leuchtkraft. Energie, die von der gesamten Oberfläche eines Sterns (Sternsystems) in einer Zeiteinheit ausgestrahlt wird. Der Anschaulichkeit halber wird sie häufig im Verhältnis zur Sonnenleuchtkraft angegeben (Sonne = 1).
Lichtjahr, Abk. Lj. Entfernungseinheit, die vor allem in der astronomischen Populärliteratur verwendet wird. Ein Lj ist die Strecke, die ein Lichtstrahl in einem Jahr zurücklegt. Die Lichtgeschwindigkeit liegt bei 300 000 km/sec, also gilt:
1 Lj = 9 460 000 000 000 km = $9{,}46 \cdot 10^{12}$ km = 9,5 Billionen km;

1 Lj = 63 240 AE = 0,306 pc.
Lichtkurve. Graphische Darstellung des Verlaufs von Helligkeitsschwankungen eines kosmischen Objekts (z.B. eines Veränderlichen).
Magnitudo. s. Sterngröße.
Nebel (galaktische N.) Gas- oder Staubgasgebilde im Interstellarraum.
Diffuse N. - Nebel von unregelmäßiger Form. Das können Emissions- oder Reflexionsnebel, eine H-II-Region oder eine Kombination aus diesen sein.
Dunkelnebel - zeigen sich als dunkle Kontur vor dem Hintergrund strahlender Nebel und Sternfelder.
Emissionsnebel (leuchtender N.) - Das Gas leuchtet dank der Strahlung naher heißer Sterne.
Planetarische N. - große Hülle um sehr heiße Sterne, hat in der Regel Scheibenform wie ein Planet, daher der Name.
Reflexionsnebel - Staubwolken, die durch das zerstreute Licht naher Sterne zum Leuchten kommen.
Neutronenstern. Endstadium der Entwicklung eines Sterns mit einer ursprünglichen Masse von 1,4 bis 2,5 Sonnen. Der Stern kollabiert zu einer Kugel mit 10-20 km Radius, die vorwiegend aus freien Neutronen besteht. Die Dichte eines N. ist hundertbillionenfach (10^{14}) größer als die Dichte von Wasser. Einige N. rotieren, sie zeigen sich als Pulsare.
Nova. Stern, der seine Helligkeit explosionsartig um $7\,^{m}\!\!,0$–$16\,^{m}\!\!,0$ steigert und dann wieder auf die ursprüngliche Helligkeit zurückfällt. An diesem Phänomen sind weiße Zwerge beteiligt, die engständige Doppelsterne mit „gewöhnlichen“ Sternen auf der Hauptreihe bilden. Das Aufflammen der Nova rührt von einer Explosion der Gasmaterie her, die vom zweiten Stern auf den weißen Zwerg strömt.
Parallaxe (jährliche). Winkel, unter dem man von einem Stern aus den Halbmesser der Erdumlaufbahn sehen könnte. Der reziproke Wert der Parallaxe Pi, in Bogensekunden ausgedrückt, ist die Entfernung **d** in Parsec: d(pc) = 1/Pi.
Parsec. Abk. **pc**. Grundeinheit für Entfernungen in der Astronomie. Ein pc ist die Entfernung, aus der eine astronomische Einheit (Radius der Erdumlaufbahn) unter dem Winkel einer Bogensekunde erscheint.
1 Parsec = 206 265 astronomische Einheiten = 3,26 Lichtjahre.
1000 pc = 1 kpc = 1 Kiloparsec.
1 000 000 pc = 1 Mpc = 1 Megaparsec.
Plasma. Gasgemisch aus frei beweglichen Elektronen und ionisierten Atomen (Ionen). Ensteht bei hohen Temperaturen. Das Plasma bildet den Großteil der Materie des Weltalls.
Positionswinkel (bei Doppelsternen). Richtung der Verbindungslinie der helleren Komponente eines Doppelsterns mit der lichtschwächeren Komponente, gemessen gegen die Nordrichtung. Man mißt die Positionswinkel von Norden (0°) über Osten (90°), das heißt gegen den Uhrzeigersinn.
Präzession (der Erdachse). Bewegung der Erdachse auf dem Mantel eines Kegels, dessen Spitze der Erdschwerpunkt ist. Als Folge der Präzession bewegen sich die Himmelspole in einem Zeitabschnitt von etwa 26 000 Jahren um die Pole der Ekliptik. Gleichzeitig verschiebt sich der Frühlingspunkt auf der Ekliptik und es ändern sich Rektaszension und Deklination aller Sterne und Himmelsobjekte. Deshalb muß auf jeder Sternkarte angegeben sein, für welche Lage des Frühlingspunkts oder für welches Äquinoktium (Datum) sie gilt. Alle Sternkarten dieses Buches gelten für das Äquinoktium 2000, d.h. für den Anfang des Jahres 2000.
Pulsar. Schnell pulsierende Quelle von Radio- (optischer, Röntgen-)strahlung. Pulsare sind rasch rotierende Neutronensterne, die schmale Strahlenbündel ähnlich wie ein Leuchtturm aussenden. Wenn der rotierende Strahl die Erde trifft, kann ein ganz kurzer Puls registriert werden. Beispiel: der Pulsar im Krebsnebel.
Rektaszension. Äquatoriale Koordinate, die gemeinsam mit der Deklination eindeutig die Lage eines Punktes an der Himmelssphäre definiert. Die Rektaszension ist die Analogie der geographischen Länge. Sie wird auf dem Himmelsäquator von dem Frühlingspunkt (Nullmeridian) zu dem Deklinationskreis des zu bestimmenden Punktes gemessen. Die Rektaszension wird meistens im Zeitmaß von 0 h bis 24 h angegeben.
Riese, Überriese. Stern mit sehr hoher Leuchtkraft und einem viel größeren Durchmesser (10-1000-fach) als die Sonne.
Rotverschiebung. Verschiebung der Spektrallinien eines strahlenden Himmelskörpers in der Richtung zum roten (langwelligen) Ende des Spetrums; sie wird dadurch verursacht, daß das Objekt sich vom Beobachter entfernt.
Schwarzes Loch. Kollabierter Stern mit mehr als doppelter Sonnenmasse. Schwarz deshalb, weil keine Strahlen mehr nach außen dringen können und der Stern sich nur noch durch Gravitationswirkung bemerkbar macht.
Sonne (als Maßeinheit). Als gut bekannter Stern mit durchschnittlichen Eigenschaften dient die Sonne als Vergleichsmaßstab. Masse, Leuchtkraft, Durchmesser und Dichte von Sternen werden deshalb oft

in Sonnen-Einheiten angegeben, z.B. 30 Sonnendurchmesser - Durchmesser 30mal größer als der der Sonne.

Spektrum (des Lichts). *Kontinuierliches Spektrum*: Farbband, in dem nebeneinander nach Wellenlängen die einzelnen Farbkomponenten des Lichts angeordnet sind: violett, blau, grün, gelb, orange und rot. Das kontinuierliche Spektrum entsteht durch Zerlegung des Lichts in einem Prisma oder durch ein Beugungsgitter. Ein kontinuierliches Spektrum wird durch leuchtende, feste Körper und stark komprimierte Gase erzeugt. Ein *Linienspektrum* kann ein Emissions- oder ein Absorptionsspektrum sein. Das *Emissionsspektrum* besteht aus einzelnen Farblinien, den *Emissionslinien*, die den Wellenlängen entsprechen, in denen ein bestimmtes Gas leuchtet. Das *Absorptionsspektrum* weist dunkle Linien auf dem farbigen, kontinuierlichen Spektrum auf. Es entsteht, wenn eine Strahlung ein transparentes Material durchquert (z.B. ein kühleres Gas in der Atmosphäre eines Sterns), das die Strahlung gewisser Wellenlängen absorbiert. Die *Absorptionslinien* sind „Fingerabdrücke" chemischer Substanzen des absorbierenden Materials. Jedes chemische Element sendet diejenigen Wellenlängen aus, die es auch selbst absorbiert.

Stern. Kosmischer Körper, der vor allem dank thermonuklearen Reaktionen in seinem Inneren eigenes Licht ausstrahlt. Ein S. besteht größtenteils aus Plasma, d.h. einer gasförmigen Mischung aus ionisierten Atomen und Molekülen.

Sternbild. Genau umgrenzter Teil des Sternhimmels. Im engeren Sinne eine Gruppe aus (hellen) Sternen, die sich zu einem markanten Bild zusammenfügen. Der gesamte Himmel ist in 88 Sternbilder unterteilt, deren Grenzen von der Internationalen Astronomische Union festgelegt wurden.

Sterngröße (Magnitudo, Symbol ^{m}). Maßstab für die Helligkeit eines Sterns. Die schwächsten noch mit bloßem Auge sichtbaren Sterne haben sechste Größe (Magnitudo) oder $6\overset{m}{,}0$. Sehr helle Sterne haben $1\overset{m}{,}0$ (Spica), noch hellere $0\overset{m}{,}0$ (Wega), die allerhellsten haben eine negative Größe, z.B. - $1\overset{m}{,}4$ (Sirius). Ein Stern einer bestimmten Größe ist 2,512mal heller als ein um eine ganze Größenklasse schwächerer Stern. So ist ein Stern von $1\overset{m}{,}0$ 100mal heller als ein Stern von $6\overset{m}{,}0$ ($2{,}512^5 = 100$). Wenn es nicht ausdrücklich anders angeführt ist, versteht man unter diesem Begriff immer die scheinbare Sterngröße, also die Helligkeit des Sterns, wie sie sich am Himmel dem Betrachter zeigt.

Sternhaufen. System aus Sternen mit gemeinsamem Ursprung, durch Gravitation aneinandergebunden.

Offener S. (auch galaktischer S.) - unregelmäßige Form, enthält durchweg junge Sterne (ein paar hundert Millionen Jahre) in geringerer Anzahl.

Kugelsternhaufen - regelmäßige Kugelform mit zentraler Verdichtung, kann mehrere Millionen Sterne enthalten. Das Alter von K. macht nicht selten über 10 Milliarden Jahre aus.

Supernova. Explosion eines Sterns, bei der sich seine Leuchtkraft zehnmilliardenfach steigern kann. Zu solch einer Explosion kommt es beim Gravitationskollaps eines massereichen Sterns; er kann dabei zu einem Neutronenstern werden. Aus dem abgestoßenen Material entsteht als Überrest der Supernova ein expandierender Nebel (z.B. der Krabbennebel im Stier).

Tierkreis (Zodiak). Band auf der Himmelssphäre längs der Ekliptik, in dem sich Sonne, Mond und Planeten bewegen. Enthält die 12 Tierkreissternbilder.

Veränderlicher Stern. Stern mit schwankender Helligkeit. Haupttypen: Pulsierende Veränderliche, die periodisch ihren Umfang vergrößern und schrumpfen lassen. Eruptive Veränderliche, die ihre Helligkeit jäh und manchmal ganz erheblich (Nova, Supernova) und meist völlig unregelmäßig ändern. Eine Sondergruppe bilden die Bedeckungsveränderlichen oder besser Bedeckungsdoppelsterne, deren Helligkeitsschwankungen durch die periodische Verdeckung einer Komponente durch die andere zustandekommen.

Winkelmaß. Der volle Kreis ist in 360° (Grad) unterteilt, jeder Grad in 60' (Minuten), jede Minute in 60" (Sekunden). Im Winkelmaß werden unter anderem die scheinbare Ausdehnung der Objekte und ihr gegenseitiger Abstand an der Himmelssphäre angegeben. Einen anschaulichen Maßstab liefert der Monddurchmesser, der annähernd 0,5° = 30' ausmacht.

Zwerg, roter. Kleiner Stern mit niedriger Temperatur der Spektralklasse M oder K. Sterne der Hauptreihe mit der niedrigsten Leuchtkraft.

Zwerg, weißer. Kollabierter Stern in seiner Entwicklungsendphase. Besteht aus degeneriertem Gas, d.h. aus zerdrückten Atomen, deren Kerne eng beieinanderliegen, wodurch die Dichte des Sterns enorm gestiegen ist. Weiße Zwerge haben eine Größe wie Planeten, aber eine Masse wie die Sonne. Ihre Dichte ist riesig, bis zu 1000 kg/cm^3.

LITERATUR

Das Angebot an Astronomietiteln auf dem Buchmarkt wechselt rasch, daher sollte man ruhig auf die Bibliotheken in Sternwarten und Planetarien zurückgreifen. Manche Informationen veralten schnell, das gilt nicht nur für die Zahlen. Über Neuentdeckungen usw. informiert man sich am besten aus Fachzeitschriften. Noch aktueller ist natürlich das Info-Angebot im INTERNET (s. auch S. 200).

RATSCHLÄGE FÜR EINSTEIGER

DIE ILLUSTRATIONEN

Anders als in der geläufigen Astronomieliteratur wurden in diesem Buch keine Originalfotos abgedruckt, sondern ausschließlich Zeichnungen von kosmischen Objekten. Natürlich wurden sie nach fotografischen Vorlagen angefertigt, größtenteils anhand mehrerer Aufnahmen desselben Objekts, die von verschiedenen Observatorien, mit verschiedenen Geräten mit unterschiedlichen Belichtungszeiten gemacht wurden. Die resultierenden Zeichnungen stellen eine Synthese dar, bei der nebeneinander sehr helle und sehr schwache Details eines Objekts sichtbar gemacht wurden. Die angewendete Zeichentechnik erlaubte es, die „Porträts" der Himmelskörper optimal für den Druck vorzubereiten, z.B. durch Verstärkung sehr schwacher Partien und Farben von Nebeln oder Galaxien. Dadurch gewannen die Illustrationen an Anschaulichkeit, können jedoch – wie jede Zeichnung von Hand – im Detailbereich gewisse Unterschiede zu echten Fotografien aufweisen.

REGISTER

Weitere Begriffe sind zu finden unter: Verzeichnis der Sternnamen (S. 216–217), Fachbegriffe (S. 218–221), Ratschläge für Einsteiger (S. 222). Da die Sternbilder in diesem Buch alphabetisch geordnet sind, werden ihre internationalen Namen nicht im Register aufgeführt.